中国气象局成都高原气象研究所基本科研业务费专项资助
项目名称：西南低涡年鉴的研编
项目编号：BROP201607

2015 西南低涡年鉴

中国气象局成都高原气象研究所
中国气象学会高原气象学委员会 编著

李跃清 闵文彬 彭 骏 徐会明 肖递祥 罗 清 向朔育 张虹娇

科 学 出 版 社
北 京

内 容 简 介

西南低涡是影响我国灾害性天气的重要天气系统。本年鉴根据对2015年西南低涡的系统分析，得出该年西南低涡的编号、名称、日期对照表、概况、影响简表、影响地区分布表、中心位置资料表及活动路径图，计算得出该年影响降水的各次西南低涡过程的总降水量图、总降水日数图。

本年鉴可供气象、水文、水利、农业、林业、环保、航空、军事、地质、国土、民政、高原山地等方面的科技人员参考，也可作为相关专业教师、研究生、本科生的基本资料。

审图号：GS(2009)1573号

图书在版编目(CIP)数据

西南低涡年鉴. 2015 / 中国气象局成都高原气象研究所，中国气象学会高原气象学委员会编著. —北京：科学出版社，2016.12

ISBN 978-7-03-051233-8

Ⅰ. ①西… Ⅱ. ①中… ②中… Ⅲ. ①低涡－天气图－西南地区－2015－年鉴 Ⅳ. ①P447-54

中国版本图书馆CIP数据核字(2016)第321029号

责任编辑：罗 吉
责任校对：刘亚琦 / 责任印制：肖 兴

科 学 出 版 社 出版
北京东黄城根北街16号
邮政编码：100717
http://www.sciencep.com

北京盛通印刷股份有限公司 印刷

科学出版社编务公司排版制作
科学出版社发行 各地新华书店经销

*

2017年1月第 一 版 开本：A4（880×1230）
2017年1月第一次印刷 印张：15 1/4
字数：513 000

定价：598.00元

（如有印装质量问题，我社负责调换）

前　言

西南低涡（简称西南涡）是在青藏高原特殊地形影响下，我国西南地区生成的特有的天气系统。其发生、发展和移动常常伴随暴雨、洪涝等气象灾害，并且，我国夏季多发泥石流、滑坡等地质灾害，在很大程度上也与西南低涡的发展、东移密切相关。西南低涡不仅影响我国西南地区，而且东移影响我国青藏高原以东广大地区，是我国主要的灾害性天气系统，它造成的暴雨强度、频次、范围仅次于台风及残余低压。

新中国成立以来，随着观测站网的建立、卫星资料的应用以及我国第一、第二次青藏高原大气科学试验的开展，尤其是中国气象局成都高原气象研究所近几年实施的西南低涡加密观测科学试验，关于西南低涡的科研工作也取得了一些新的成果，使我国西南低涡的科学研究、业务预报水平不断提升，在气象服务中做出了显著的贡献。

为了进一步适应经济社会发展、人民生活生产的需要，满足广大气象、农业、水利、国防、经济等部门科研、业务和教学的要求，更好地掌握西南低涡的演变规律，系统地认识西南低涡发生、发展的基本特征，提高科学研究水平和预报技术能力，做好气象灾害的防御工作，由中国气象局成都高原气象研究所负责，四川省气象台等单位参加，组织人员，开展了西南低涡年鉴的研编工作。

经过项目组的共同努力，以及有关省、市、自治区气象局的大力协助，西南低涡年鉴顺利完成。它的整编出版，将为我国西南低涡研究和应用提供基础性保障，推动我国灾害性天气研究与业务的深入发展，发挥对国家防灾减灾、环境保护、公共安全的气象支撑作用。

本年鉴由中国气象局成都高原气象研究所李跃清、闵文彬、彭骏、罗清、向朔育，四川省气象台肖递祥，成都市气象台徐会明，四川省气象服务中心张虹娇完成。

本册《西南低涡年鉴2015》的内容主要包括西南低涡概况、路径以及西南低涡引起的降水等资料图表。

Foreword

As a unique weather system, the Southwest China Vortex (SCV) is originated in Southwest China due to the terrain effect of Tibetan Plateau. Rain storms, floods and other meteorological disasters are usually caused by the generation, development and movement of SCV, frequently resulting in the natural disasters such as mud-rock flow and landslide in summer. The moving SCV could bring strong rainfall over the vast areas east of Tibetan Plateau stretching from Southwest China to Central-Eastern China. As a severe weather system, the SCV is known just to be inferior to the typhoon and its residual low in respect of intensity, periods and areas of rainfall in China.

After the foundation of P. R. China, the enormous advances of scientific research and operational prediction on the SCV have been made along with the establishment of meteorological monitoring network and the application of satellite data. The achievements from the First and the Second Tibetan Plateau Experiment of Atmospheric Sciences, especially the intensive observation scientific experiment of SCV organized by Institute of Plateau Meteorology, China Meteorological Administration, Chengdu (IPM) during recent years have already benefited the scientific research of SCV, its operational weather prediction and the meteorological service in disaster prevention and the public safety.

To further adapt to the economic social development with the people life and production requirements and to meet the demands of research, teaching and professional work in meteorological agricultural, hydrological, military, and economic sectors, the characterizations of SCV generation and evolution should be better and comprehensively understood, improving the scientific level and forecast capacity of SCV for more efficient disaster prevention, Therefore, IPM organized to compile the SCV Yearbook with the participation of Sichuan Provincial Meteorological Observatory (SPMO) and the other groups.

With the joint efforts of all research groups and the great support from related meteorological bureaus of provinces, autonomous Regions and cities, this *SCV Yearbook* has been completed successfully. It provides the basis summary for the SCV research and the application, promoting our scientific research and operational forecast of hazardous weather. And it could be useful to the natural disaster prevention, environment protection and public safety service in China.

The *SCV Yearbook* has been accomplished by Li Yueqing, Min Wenbin, Peng Jun, Luo Qing and Xiang Shuoyu of IPM, Xiao Dixiang of SPMO, Xu Huiming of Chengdu Municipal Meteorological Observatory and Zhang Hongjiao of Sichuan Meteorological Service Center.

The *SCV Yearbook* is mainly composed of figures, tables and data of SCV-survey, -tracks and -rainfall.

说　明

本年鉴主要整编西南低涡生成的位置、路径及西南低涡引起的降水量、降水日数等基本资料。

西南低涡是指700hPa等压面上反映的生成于青藏高原背风坡(99°~109°E、26°~33°N)，连续出现两次或者只出现一次但伴有云涡,有闭合等高线的低压或有三个站风向呈气旋式环流的低涡。

冬半年指1~4月和11~12月，夏半年指5~10月。

本年鉴所用时间一律为北京时间。

● 西南低涡概况

西南低涡根据低涡生成区域可以分为九龙低涡、四川盆地低涡(简称盆地涡)和小金低涡。

九龙低涡是指生成于99°E以东至＜104°E、26°N以北至≤30.5°N范围内的低涡。

小金低涡是指生成于99°E以东至＜104°E、30.5°N以北至≤33°N范围内的低涡。

四川盆地低涡是指生成于104°E以东至109°E、26°N以北至33°N范围内的低涡。

西南低涡移出是指九龙低涡、四川盆地低涡、小金低涡移出其生成的区域。

西南低涡编号是以“D”字母开头，按年份的后二位数与当年低涡顺序三位数组成。

西南低涡移出几率是指某月西南低涡移出个数与该年西南低涡个数的百分比。

西南低涡月移出率是指某月西南低涡移出个数与该年西南低涡移出个数的百分比。

西南低涡当月移出率是指某月西南低涡移出个数与该月西南低涡个数的百分比。

九龙低涡或四川盆地低涡或小金低涡移出几率是指某月移出其生成区域的低涡个数与该年其生成区域低涡个数的百分比。

九龙低涡或四川盆地低涡或小金低涡月移出率是指某月移出其生成区域的低涡个数与该年移出其生成区域低涡个数的百分比。

九龙低涡或四川盆地低涡或小金低涡当月移出率是指某月移出其生成区域的低涡个数与该月其生成区域低涡个数的百分比。

西南低涡中心位势高度最小值频率分布指按各时次西南低涡700hPa等压面上位势高度（单位：位势什米）最小值统计的频率分布。

说　明

● 西南低涡中心位置资料表

“中心强度”指在700hPa等压面上低涡中心位势高度，单位：位势什米。

● 西南低涡纪要表

1．“发现点”指不同涡源的西南低涡活动路径的起始点，由于资料所限，此点不一定是真正的源地。

2．西南低涡活动的发现点、移出涡源的地点，一般准确到县、市。

3．“转向”指路径总的趋向由向某一个方向移动转为向另一个方向移动。

4．“移出涡源区”指西南低涡移出其发现点所属的低涡(九龙低涡或四川盆地低涡或小金低涡)生成的范围。

● 西南低涡降水及移动路径

1．降水量统计使用的是12小时雨量资料。

2．西南低涡和其他天气系统共同造成的降水，仍列入整编。

3．“总降水量及移动路径图”指一次西南低涡活动过程的移动路径和在我国引起的总降水量分布图。总降水量一般按0.1mm、10mm、25mm、50mm、100mm等级，以色标示出，绘出降水区外廓线，标注出中心最大的总降水量数值。

4．“总降水日数图”指一次西南低涡活动过程在我国引起的总降水量≥0.1mm的降水日数区域分布图。

目 录 Contents

目　录 Contents

目　录 Contents

目　录 Contents

㊾ D15049 6月12~15日
总降水量及移动路径图 132
总降水日数图 133
㊿ D15050 6月14日
总降水量及移动路径图 134
总降水日数图 135
51 D15051 6月17~18日
总降水量及移动路径图 136
总降水日数图 137
52 D15052 6月18~20日
总降水量及移动路径图 138
总降水日数图 139
53 D15053 6月21~23日
总降水量及移动路径图 140
总降水日数图 141
54 D15054 6月28~29日
总降水量及移动路径图 142
总降水日数图 143
55 D15055 6月29~30日
总降水量及移动路径图 144
总降水日数图 145
56 D15056 6月30日
总降水量及移动路径图 146
总降水日数图 147
57 D15057 7月2~3日
总降水量及移动路径图 148
总降水日数图 149
58 D15058 7月2~4日
总降水量及移动路径图 150
总降水日数图 151
59 D15059 7月8~9日
总降水量及移动路径图 152
总降水日数图 153
60 D15060 7月13~18日
总降水量及移动路径图 154
总降水日数图 155
61 D15061 7月21~23日
总降水量及移动路径图 156
总降水日数图 157
62 D15062 7月30~31日
总降水量及移动路径图 158
总降水日数图 159
63 D15063 8月6~7日
总降水量及移动路径图 160
总降水日数图 161
64 D15064 8月13日
总降水量及移动路径图 162
总降水日数图 163
65 D15065 8月15~20日
总降水量及移动路径图 164
总降水日数图 165
66 D15066 8月17日
总降水量及移动路径图 166
总降水日数图 167

目 录 Contents

目录 Contents

⑧⑤ D15085 11月19日
总降水量及移动路径图 204
总降水日数图 205
⑧⑥ D15086 11月27~28日
总降水量及移动路径图 206
总降水日数图 207
⑧⑦ D15087 12月3~4日
总降水量及移动路径图 208
总降水日数图 209
⑧⑧ D15088 12月3~4日
总降水量及移动路径图 210
总降水日数图 211
⑧⑨ D15089 12月12~13日
总降水量及移动路径图 212
总降水日数图 213
⑨⓪ D15090 12月14~15日
总降水量及移动路径图 214
总降水日数图 215
⑨① D15091 12月18~19日
总降水量及移动路径图 216
总降水日数图 217
⑨② D15092 12月28~29日
总降水量及移动路径图 218
总降水日数图 219
⑨③ D15093 12月29~30日
总降水量及移动路径图 220
总降水日数图 221
西南低涡中心位置资料表 222~230

2015年西南低涡概况

2015年发生在西南地区的低涡共有93个，其中在四川九龙附近生成的低涡有53个，在四川盆地生成的低涡有32个，在四川小金附近生成的低涡有8个（表1~表4）。

2015年西南低涡最早生成在1月初，最迟生成在12月底。虽然每月都有西南低涡生成，但生成个数存在较大差异，5、6月生成最多，都是11个，3月、4月、9月次之，都生成了10个，这五个月生成的低涡个数占到全年的55.91%，10月西南低涡生成个数最少，只有3个，占全年的3.23%（表1）。

2015年九龙低涡最早生成在1月初，最迟生成在12下旬；九龙低涡5月、6月和9月生成个数较多，分别是7个、8个和8个，这三个月共23个，占全年的43.39%，其他各月均有九龙低涡生成（表2）。四川盆地低涡最早生成在1月上旬，最迟生成在12月底；12月生成个数最多，有5个，占全年的15.63%，7月、10月生成最少，都是1个，各占全年的3.13%（表3）。小金低涡最早生成在3月上旬，最迟生成在8月中旬，3月生成个数最多，有3个，占全年的37.5%，1月、2月、9月、10月、11月和12月均没有小金低涡生成（表4）。

2015年移出的西南低涡共有33个（表5），其中九龙低涡移出18个，四川盆地低涡移出9个，小金低涡移出6个（表6~表8）。西南低涡移出的地点分布于四川、陕西、重庆、贵州、云南、湖北、湖南和甘肃8个省市，其中四川19个，贵州4个，湖北4个，湖南2个，陕西、重庆、云南和甘肃各1个（表9）。九龙低涡移出的地点分布在四川、贵州和云南3个省，其中四川13个，贵州4个，云南1个（表10）。四川盆地低涡移出的地点分布于陕西、重庆、湖北、湖南和甘肃5个省市，其中湖北4个，湖南2个，陕西、重庆和甘肃各1个（表11）。小金低涡移出的地点全部在四川，共移出了6个（表12）。

2015年西南低涡中心位势高度最小值在304~311位势什米范围内最

多，占82.28%（表13）。夏半年的西南低涡，其中心位势高度最小值在304~311位势什米范围内最多，占87.32%；冬半年的西南低涡，其中心位势高度最小值也是在304~311位势什米范围内最多，占74.73%（表15）。

2015年西南低涡偏南风最大风速在6~14m/s的频率最多，占79.74%（表16）。夏半年，西南低涡偏南风最大风速在4~12m/s的频率最多，占86.61%（表17）。冬半年，西南低涡偏南风最大风速在6~10m/s和14~16m/s范围内的频率最多，占74.73%（表18）。

2015年的93次西南低涡过程，造成明显降水的有92次，无降水的有1次。西南低涡过程降水量在100mm以上的有11次，200mm以上的有5次，对应的西南低涡编号为D15040、D15060、D15061、D15065和D15068，300mm以上只有1次，其对应的西南低涡编号是D15065，造成四川高坪过程降水量达331.2mm，降水日数为4天。

就西南低涡造成的过程降水量、影响范围和持续时间而言，D15065、D15060和D15068号西南低涡较为突出。

D15065号小金低涡是本年度单站过程降水量最大的西南低涡，生成于四川丹巴，历时6天。该低涡于8月15日20时生成，中心强度为304位势什米，生成后向东北方向移动，16日20时移出源地至四川绵阳，中心强度减弱为311位势什米，然后转为东南移，17日08时移至四川蓬溪，开始在蓬溪与南充间打转，直到19日08时才移出四川到达陕西境内，之后，低涡中心强度维持在312位势什米，并一直保持东北移，直到20日08时逐渐减弱消失。受其影响，四川大部、甘肃南部、陕西南部、河南中、东、南部、山东南部、江苏、安徽、湖北、湖南北部、重庆、贵州北部和云南东北部均有降水，在四川有降水量大于100mm的成片区域，其中四川高坪过程降水量最大，为331.2mm，降水日数为4天。

D15060号九龙低涡是本年度对我国降水影响范围最大、持续时间最长的西南低涡，生成于四川康定，历时6天。该低涡生成于7月13日20时，中心强度为307位势什米，低涡向东北移动；14日20时移出九龙涡源区，到达四川邻水，中心强度为306位势什米；15日08时，低涡中心移出四川到达重庆奉节；然后低涡继续保持东北方向移动，同时中心强度保持不变，16日20时，低涡到达安徽境内，然后转为西南方向移动，17日08时中心强度变为307位势什米，直到17日20时消失在湖北境内。受其影响，在低涡的移动路径上造成大范围降水，其分布区域主要在四川南、东部、陕西南部、河南大部、山东南部、江苏、浙江中、北部、安徽、江西北部、湖北、湖南北部、重庆、贵州北部和云南北部，其中四川、湖北和安徽有降水量大于100mm的成片区域，安徽定远降水量最大，为210.9mm，降水日数为3天。

D15068号九龙低涡是对我国西南部降水影响范围最大、持续时间最长的低涡，在云南丽江生成，历时4天。该低涡生成于8月26日08时，中心强度为310位势什米，低涡向东北移动；26日20时，低涡到达四川，中心强度增强到306位势什米，转为东南移；27日20时，低涡移出九龙涡源区，到达贵州遵义，中心强度减弱到311位势什米，低涡转为西南方向移动，直到29日08时减弱消失于广西。该低涡造成我国西南部大范围降水，受其影响四川南部、重庆中、南部、云南、贵州、广西西部、湖北西南部和湖南西部均有降水，在云南、贵州有降水量大于50mm的成片区域，其中贵州长顺降水量最大，为251.6mm，降水日数为3天。

表1　西南低涡出现频次

	1月	2月	3月	4月	5月	6月	7月	8月	9月	10月	11月	12月	全年
次数	5	9	10	10	11	11	6	7	10	3	4	7	93
频率 / %	5.38	9.68	10.75	10.75	11.83	11.83	6.45	7.53	10.75	3.23	4.30	7.53	100

表2　九龙低涡出现频次

	1月	2月	3月	4月	5月	6月	7月	8月	9月	10月	11月	12月	全年
次数	2	5	4	5	7	8	4	4	8	2	2	2	53
频率 / %	3.77	9.43	7.55	9.43	13.21	15.09	7.55	7.55	15.09	3.77	3.77	3.77	100

表3　四川盆地低涡出现频次

	1月	2月	3月	4月	5月	6月	7月	8月	9月	10月	11月	12月	全年
次数	3	4	3	4	3	2	1	2	2	1	2	5	32
频率 / %	9.38	12.50	9.38	12.50	9.38	6.25	3.13	6.25	6.25	3.13	6.25	15.63	100

表4　小金低涡出现频次

	1月	2月	3月	4月	5月	6月	7月	8月	9月	10月	11月	12月	全年
次数	0	0	3	1	1	1	1	1	0	0	0	0	8
频率 / %	0.00	0.00	37.50	12.50	12.50	12.50	12.50	12.50	0.00	0.00	0.00	0.00	100

表5　西南低涡移出源地次数

	1月	2月	3月	4月	5月	6月	7月	8月	9月	10月	11月	12月	全年
次数	4	2	4	5	4	2	2	2	4	2	2	0	33
移出几率 / %	4.30	2.15	4.30	5.38	4.30	2.15	2.15	2.15	4.30	2.15	2.15	0.00	35.48
月移出率 / %	12.12	6.06	12.12	15.15	12.12	6.06	6.06	6.06	12.12	6.06	6.06	0.00	100
当月移出率 / %	80.00	22.22	40.00	50.00	36.36	18.18	33.33	28.57	40.00	66.67	50.00	0.00	/

表6　九龙低涡移出源地次数

	1月	2月	3月	4月	5月	6月	7月	8月	9月	10月	11月	12月	全年
次数	2	1	1	2	3	1	1	1	3	2	1	0	18
移出几率 / %	3.77	1.89	1.89	3.77	5.66	1.89	1.89	1.89	5.66	3.77	1.89	0.00	33.96
月移出率 / %	11.11	5.56	5.56	11.11	16.67	5.56	5.56	5.56	16.67	11.11	5.56	0.00	100
当月移出率 / %	100.00	20.00	25.00	40.00	42.86	12.50	25.00	25.00	37.50	100.00	50.00	0.00	/

表7　四川盆地低涡移出源地次数

	1月	2月	3月	4月	5月	6月	7月	8月	9月	10月	11月	12月	全年
次数	2	1	0	3	0	1	0	0	1	0	1	0	9
移出几率 / %	6.06	3.03	0.00	9.09	0.00	3.03	0.00	0.00	3.03	0.00	3.03	0.00	27.27
月移出率 / %	22.22	11.11	0.00	33.33	0.00	11.11	0.00	0.00	11.11	0.00	11.11	0.00	100
当月移出率 / %	66.67	25.00	0.00	75.00	0.00	50.00	0.00	0.00	50.00	0.00	50.00	0.00	/

表8　小金低涡移出源地次数

	1月	2月	3月	4月	5月	6月	7月	8月	9月	10月	11月	12月	全年
次数	0	0	3	0	1	0	1	1	0	0	0	0	6
移出几率 / %	0.00	0.00	37.50	0.00	12.50	0.00	12.50	12.50	0.00	0.00	0.00	0.00	75.00
月移出率 / %	0.00	0.00	50.00	0.00	16.67	0.00	16.67	16.67	0.00	0.00	0.00	0.00	100
当月移出率 / %	0.00	0.00	100.00	0.00	100.00	0.00	100.00	100.00	0.00	0.00	0.00	0.00	/

表9　西南低涡移出源地的地区分布

	四川	陕西	重庆	贵州	云南	湖北	湖南	甘肃	安徽	河南	合计
次数	19	1	1	4	1	4	2	1	0	0	33
出源地率 / %	57.58	3.03	3.03	12.12	3.03	12.12	6.06	3.03	0.00	0.00	100

表10　九龙低涡移出源地的地区分布

	四川	陕西	重庆	贵州	云南	湖北	湖南	甘肃	安徽	河南	合计
次数	13	0	0	4	1	0	0	0	0	0	18
出源地率 / %	72.22	0.00	0.00	22.22	5.56	0.00	0.00	0.00	0.00	0.00	100

表11　四川盆地低涡移出源地的地区分布

	四川	陕西	重庆	贵州	云南	湖北	湖南	甘肃	安徽	河南	合计
次数	0	1	1	0	0	4	2	1	0	0	9
出源地率 / %	0.00	11.11	11.11	0.00	0.00	44.44	22.22	11.11	0.00	0.00	100

表12　小金低涡移出源地的地区分布

	四川	陕西	重庆	贵州	云南	湖北	湖南	甘肃	安徽	河南	合计
次数	6	0	0	0	0	0	0	0	0	0	6
出源地率 / %	100.00	0.00	0.00	0.00	0.00	0.00	0.00	0.00	0.00	0.00	100

表13　西南低涡中心强度频率分布

位势高度 / 位势什米	315–312	311–308	307–304	303–300	299–296	295–292	291–288	287–284	283–280
频率 / %	9.7	51.48	30.80	8.02					

表14　夏半年西南低涡中心强度频率分布

位势高度 / 位势什米	315–312	311–308	307–304	303–300	299–296	295–292	291–288	287–284	283–280
频率 / %	11.27	58.45	28.87	1.41					

表15 冬半年西南低涡中心强度频率分布

位势高度 / 位势什米	315–312	311–308	307–304	303–300	299–296	295–292	291–288	287–284	283–280
频率 / %	7.37	41.05	33.68	17.90					

表16 西南低涡偏南风最大风速频率分布

最大风速 /（m/s）	2	4	6	8	10	12	14	16	18	20	22	24
频率 / %	1.27	9.70	17.72	16.88	24.05	10.97	10.12	6.75	1.27	1.27		

表17 夏半年西南低涡偏南风最大风速频率分布

最大风速 /（m/s）	2	4	6	8	10	12	14	16	18	20	22	24
频率 / %		10.56	20.42	18.31	25.35	11.97	9.86	2.11	0.71	0.71		

表18 冬半年西南低涡偏南风最大风速频率分布

最大风速 /（m/s）	2	4	6	8	10	12	14	16	18	20	22	24
频率 / %	3.16	8.42	13.68	14.74	22.10	9.47	10.53	13.68	2.11	2.11		

西南低涡纪要表

序号	编号	中英文名称	起止日期（月/日）	中心最小位势高度/位势什米	发现点经纬度	移出涡源的地点	移出涡源的时间（月/日^{时}）	移出涡源中心位势高度/位势什米	路径趋向
1	D15001	康定，Kangding	1/2	308	30.15°N,102.40°E	习水	$1/2^{20}$	310	东南行
2	D15002	南充，Nanchong	1/5～1/6	303	30.69°N,105.79°E	略阳	$1/6^{08}$	304	东北行
3	D15003	蓬溪，Pengxi	1/8	310	30.88°N,105.69°E				源地生消
4	D15004	毕节，Bijie	1/11～1/13	308	27.56°N,105.44°E	安化	$1/12^{20}$	309	渐东行
5	D15005	康定，Kangding	1/24	300	30.25°N,102.25°E	仁寿	$1/24^{20}$	304	东行
6	D15006	梁平，Liangping	2/4～2/5	308	30.49°N,107.80°E	常德	$2/5^{20}$	308	西行转东南行
7	D15007	康定，Kangding	2/6	301	30.06°N,101.71°E	康定	$2/6^{20}$	301	源地附近活动
8	D15008	木里，Muli	2/7	306	28.74°N,101.04°E				南行
9	D15009	康定，Kangding	2/10	305	29.34°N,101.45°E				源地生消
10	D15010	西充，Xichong	2/13	305	31.07°N,105.95°E				源地生消
11	D15011	南充，Nanchong	2/14～2/15	300	30.78°N,105.78°E				东南行
12	D15012	康定，Kangding	2/15～2/16	303	29.28°N,101.11°E				南行
13	D15013	会理，Huili	2/19	309	26.90°N,102.45°E				源地生消

西南低涡纪要表（续-1）

序号	编号	中英文名称	起止日期（月/日）	中心最小位势高度/位势什米	发现点经纬度	移出涡源的地点	移出涡源的时间（月/日^{时}）	移出涡源中心位势高度/位势什米	路径趋向
14	D15014	蓬安, Pengan	2/25	302	31.23°N,106.49°E				源地附近活动
15	D15015	雅江, Yajiang	3/6	300	30.40°N,101.06°E				源地生消
16	D15016	苍溪, Cangxi	3/7	301	32.05°N,106.06°E				源地生消
17	D15017	松潘, Songpan	3/8～3/9	307	32.88°N,103.37°E	洪雅	3/9^{08}	309	南行转东北行
18	D15018	康定, Kangding	3/11	308	29.88°N,101.63°E				源地生消
19	D15019	丹巴, Danba	3/12～3/14	304	31.03°N,101.87°E	南部	3/13^{08}	306	东行转西南行转东北行
20	D15020	绵阳, Mianyang	3/14	307	31.51°N,104.99°E				源地生消
21	D15021	松潘, Songpan	3/18～3/19	303	32.76°N,103.54°E	剑阁	3/19^{08}	304	东南行
22	D15022	苍溪, Cangxi	3/20	309	31.97°N,105.85°E				源地生消
23	D15023	康定, Kangding	3/22～3/23	308	29.53°N,101.63°E				南行
24	D15024	九龙, Jiulong	3/28～3/29	308	28.71°N,101.42°E	渠县	3/29^{08}	308	东北行
25	D15025	北川, Beichuan	4/4～4/7	300	31.88°N,104.54°E	巫溪	4/7^{08}	309	东南行转西南行转西北行转渐东行
26	D15026	木里, Muli	4/9	306	28.29°N,101.61°E				东南行

西南低涡纪要表（续-2）

序号	编号	中英文名称	起止日期(月/日)	中心最小位势高度/位势什米	发现点经纬度	移出涡源的地点	移出涡源的时间(月/日^{时})	移出涡源中心位势高度/位势什米	路径趋向
27	D15027	南充, Nanchong	4/11	312	30.94°N,106.12°E				源地生消
28	D15028	旺苍, Wangcang	4/14～4/15	305	32.43°N,106.31°E	南漳	$4/15^{08}$	305	东南行
29	D15029	南充, Nanchong	4/17～4/19	302	30.75°N,106.24°E	郧阳	$4/19^{08}$	303	北行转东行
30	D15030	康定, Kangding	4/19	308	30.00°N,101.56°E				源地生消
31	D15031	木里, Muli	4/21～4/22	307	28.03°N,100.80°E				西南行转东北行
32	D15032	理县, Lixian	4/25	312	31.55°N,103.06°E				源地生消
33	D15033	康定, Kangding	4/26～4/28	310	29.66°N,101.61°E	合江	$4/27^{08}$	311	东南行转西南行
34	D15034	康定, Kangding	4/30～5/1	301	30.19°N,101.76°E	广安	$5/1^{08}$	304	东北行
35	D15035	木里, Muli	5/2	309	28.85°N,100.88°E				源地生消
36	D15036	遂宁, Suining	5/3～5/4	309	30.62°N,105.69°E				东行转东北行
37	D15037	九龙, Jiulong	5/6～5/7	306	28.69°N,101.46°E				源地附近活动
38	D15038	盐源, Yanyuan	5/10～5/11	307	27.45°N,101.45°E	祥云	$5/11^{08}$	312	西南行
39	D15039	松潘, Songpan	5/11～5/12	307	32.26°N,103.91°E	盐亭	$5/12^{20}$	307	西北行转东南行

西南低涡纪要表（续-3）

序号	编号	中英文名称	起止日期(月/日)	中心最小位势高度/位势什米	发现点经纬度	移出涡源的地点	移出涡源的时间(月/日^时^)	移出涡源中心位势高度/位势什米	路径趋向
40	D15040	九龙, Jiulong	5/19～5/21	308	28.92°N,101.53°E	金沙	5/19^20^	308	东南行转东北行
41	D15041	万源, Wanyuan	5/22～5/24	307	31.87°N,107.70°E				西南行转东南行转北行
42	D15042	康定, Kangding	5/27	307	29.25°N,101.19°E				源地生消
43	D15043	康定, Kangding	5/28	305	29.87°N,101.59°E	阆中	5/28^20^	305	东北行
44	D15044	木里, Muli	5/29～5/20	308	28.41°N,100.66°E				东南行
45	D15045	金堂, Jintang	5/31～6/3	304	30.78°N,104.51°E				东行转南行转渐东北行
46	D15046	盐源, Yanyuan	6/4～6/5	309	27.46°N,101.27°E				西北行
47	D15047	平武, Pingwu	6/5～6/7	307	32.41°N,104.51°E	康县	6/6^08^	308	东北行转东南行转西北行转东行
48	D15048	盐源, Yanyuan	6/8	308	27.55°N,101.14°E				源地生消
49	D15049	峨边, Ebian	6/12～6/14	307	29.14°N,103.04°E	通江	6/13^08^	308	东北行转南行转渐北行
50	D15050	木里, Muli	6/14	306	28.25°N,101.21°E				源地生消
51	D15051	九龙, Jiulong	6/17	306	28.92°N,101.49°E				源地附近活动

西南低涡纪要表（续-4）

序号	编号	中英文名称	起止日期（月/日）	中心最小位势高度/位势什米	发现点经纬度	移出涡源的地点	移出涡源的时间（月/日^{时}）	移出涡源中心位势高度/位势什米	路径趋向
52	D15052	丽江, Lijiang	6/18～6/20	302	26.73°N,100.00°E				东北行转东南行
53	D15053	木里, Muli	6/21～6/23	304	28.89°N,100.93°E				北行转东行转西南行
54	D15054	松潘, Songpan	6/28	308	32.77°N,103.47°E				源地生消
55	D15055	丹棱, Danling	6/29～6/30	307	30.06°N,103.40°E				东北行
56	D15056	九龙, Jiulong	6/30	309	28.97°N,101.43°E				源地生消
57	D15057	德昌, Dechang	7/2	305	27.13°N,101.12°E				东行
58	D15058	武胜, Wusheng	7/2～7/3	308	30.38°N,106.31°E				源地附近活动
59	D15059	康定, Kangding	7/8～7/9	308	30.28°N,101.74°E				南行
60	D15060	康定, Kangding	7/13～7/17	306	29.40°N,101.33°E	邻水	7/14^{20}	306	渐东北行转西南行
61	D15061	丹巴, Danba	7/21～7/23	308	30.94°N,101.40°E	广安	7/22^{08}	308	渐东南行
62	D15062	康定, Kangding	7/30	310	29.34°N,101.13°E				源地生消
63	D15063	潼南, Tongnan	8/6	311	30.37°N,106.01°E				源地附近活动
64	D15064	木里, Muli	8/13	311	28.58°N,100.86°E				源地生消

西南低涡纪要表（续-5）

序号	编号	中英文名称	起止日期（月/日）	中心最小位势高度/位势什米	发现点经纬度	移出涡源的地点	移出涡源的时间（月/日 时）	移出涡源中心位势高度/位势什米	路径趋向
65	D15065	丹巴，Danba	8/15～8/20	304	30.71°N,101.71°E	绵阳	8/16[20]	311	渐东北行
66	D15066	木里，Muli	8/17	309	28.85°N,100.82°E				源地生消
67	D15067	古蔺，Gulin	8/25～8/26	310	28.01°N,105.92°E				源地附近活动
68	D15068	丽江，Lijiang	8/26～8/29	306	26.64°N,99.84°E	遵义	8/27[20]	311	东北行转渐东南行
69	D15069	康定，Kangding	8/31	310	29.47°N,101.45°E				源地生消
70	D15070	雅江，Yajiang	9/2～9/3	305	29.67°N,101.17°E				源地附近活动
71	D15071	康定，Kangding	9/5～9/6	312	29.41°N,101.17°E	桐梓	9/5[20]	313	东南行转西南行
72	D15072	雅江，Yajiang	9/7～9/8	304	29.42°N,100.98°E				源地附近活动
73	D15073	雅江，Yajiang	9/9	310	29.17°N,100.98°E				源地生消
74	D15074	木里，Muli	9/16～9/17	306	28.66°N,100.68°E	南江	9/17[08]	313	东北行
75	D15075	西充，Xichong	9/19～9/21	311	31.11°N,105.80°E	石首	9/19[20]	312	东南行
76	D15076	木里，Muli	9/21～9/22	302	28.41°N,101.09°E				源地附近活动
77	D15077	彭山，Pengshan	9/23～9/24	306	30.29°N,103.93°E	通江	9/24[08]	306	东北行

西南低涡纪要表（续-6）

序号	编号	中英文名称	起止日期（月/日）	中心最小位势高度/位势什米	发现点经纬度	移出涡源的地点	移出涡源的时间（月/日[时]）	移出涡源中心位势高度/位势什米	路径趋向
78	D15078	盐亭，Yanting	9/25～9/26	309	31.19°N,105.52°E				源地附近活动
79	D15079	木里，Muli	9/27	310	28.96°N,100.84°E				源地生消
80	D15080	康定，Kangding	10/22	311	29.86°N,101.82°E	松潘	10/22[20]	311	东北行
81	D15081	苍溪，Cangxi	10/26	312	32.01°N,106.19°E				源地生消
82	D15082	雅江，Yajiang	10/27	309	29.51°N,101.02°E	平武	10/27[20]	309	东北行
83	D15083	西充，Xichong	11/14～11/15	304	31.18°N,105.78°E	郧西	11/15[08]	306	东北行
84	D15084	康定，Kangding	11/17～11/18	305	29.17°N,101.07°E				源地附近活动
85	D15085	安岳，Anyue	11/19	311	29.95°N,105.45°E				源地生消
86	D15086	木里，Muli	11/27～11/28	307	28.98°N,101.09°E	广安	11/27[20]	308	东北行转西南行
87	D15087	广安，Guangan	12/3～12/4	311	30.46°N,106.90°E				西行
88	D15088	木里，Muli	12/3～12/4	305	28.98°N,100.65°E				源地附近活动
89	D15089	青川，Qingchuan	12/12～12/13	301	32.36°N,104.95°E				东南行转东北行
90	D15090	井研，Jingyan	12/14	306	29.68°N,104.15°E				东北行

西南低涡纪要表（续-7）

序号	编号	中英文名称	起止日期(月/日)	中心最小位势高度/位势什米	发现点经纬度	移出涡源的地点	移出涡源的时间(月/日 时)	移出涡源中心位势高度/位势什米	路径趋向
91	D15091	盐亭,Yanting	12/18	306	31.27°N,105.25°E				源地生消
92	D15092	雅江,Yajiang	12/28～12/29	308	29.63°N,101.20°E				源地附近活动
93	D15093	资阳,Ziyang	12/29～12/30	312	29.98°N,104.60°E				源地附近活动

西南低涡对我国影响简表

序号	编号	简述活动的情况	西南低涡对我国降水的影响		
			时间（月/日）	概况	极值
1	D15001	九龙低涡东南行	1/2~1/3	降水区域有四川东南部、贵州西部和云南东北部地区，降水日数为1~2天	贵州大方 3.0mm（2天）
2	D15002	盆地低涡东北行	1/5~1/6	降水区域有四川东部、甘肃南部、陕西南部、河南西部、湖北西部、重庆、湖南西北部、贵州北部和云南东北部地区，降水日数为1~2天	重庆忠县 29.9mm（2天）
3	D15003	盆地低涡源地生消	1/8	降水区域有四川中、东部、重庆大部、湖北西南部、湖南西北部、贵州北部和云南东北部地区，降水日数为1天	四川江油 5.3mm（1天）
4	D15004	盆地低涡渐东行	1/11~1/13	降水区域有四川中、南部、云南东部、重庆西部、贵州大部、广西北部、湖南大部、湖北东部、安徽大部、江苏西部、江西、福建西部和广东北部地区，降水日数为1~2天	江西宁冈 29.0mm（2天）
5	D15005	九龙低涡东行	1/24~1/25	降水区域有四川中部个别地区、东部和重庆中、北、西部地区，降水日数为1~2天	四川大竹 1.4mm（2天）
6	D15006	盆地低涡西行转东南行	2/4~2/6	降水区域有四川中、东部、重庆南部、湖北西南部和贵州北部地区，降水日数为1~2天	四川峨眉山 11.1mm（2天）
7	D15007	九龙低涡源地附近活动	2/6~2/7	降水区域有四川中部地区，降水日数为1~2天	四川夹江 4.9mm（2天）
8	D15008	九龙低涡南行	2/7~2/8	降水区域有四川南部、重庆西部、贵州北、西部、广西北部个别地区和云南东部地区，降水日数为1~2天	四川天全 5.9mm（2天）
9	D15009	九龙低涡源地生消	2/10~2/11	降水区域有四川南部地区，降水日数为1~2天	四川宜宾 0.7mm（1天）

西南低涡对我国影响简表（续-1）

序号	编号	简述活动的情况	西南低涡对我国降水的影响		
			时间（月/日）	概况	极值
10	D15010	盆地低涡源地生消	2/13	降水区域有四川中、东部地区，降水日数为1天	四川资阳 6.4mm（1天）
11	D15011	盆地低涡东南行	2/14~2/15	降水区域有四川东北部、重庆大部、湖北西南部、湖南西部和贵州北部地区，降水日数为1~2天	贵州遵义 17.8mm（1天）
12	D15012	九龙低涡南行	2/15~2/16	降水区域有四川中、南部和云南东北部地区，降水日数为1~2天	四川峨眉山 4.5mm（1天）
13	D15013	九龙低涡源地生消	2/19	无降水	
14	D15014	盆地低涡源地附近活动	2/25~2/26	降水区域有四川中、东部、重庆中、南、东部、湖北西南部、湖南西北部、贵州北部和云南东北部地区，降水日数为1~2天	重庆南川 4.2mm（1天）
15	D15015	九龙低涡源地生消	3/6~3/7	降水区域有四川中部地区，降水日数为1~2天	四川都江堰 2.0mm（1天）
16	D15016	盆地低涡源地生消	3/7~3/8	降水区域有四川中部地区，降水日数为1天	四川绵竹 1.3mm（1天）
17	D15017	小金低涡南行转东北行	3/8~3/10	降水区域有四川东南部个别地区、东北部地区，降水日数为1~2天	四川峨眉山 0.2mm（2天）
18	D15018	九龙低涡源地生消	3/11~3/12	降水区域有四川西部个别地区、中、南部地区，降水日数为1~2天	四川理县、沐川 0.2mm（1天）
19	D15019	小金低涡东行转西南行转东北行	3/12~3/14	降水区域有四川东部、陕西南部、重庆中、西部、湖北西南部个别地区和云南东北部地区，降水日数为1~2天	重庆渝北 8.6mm（1天）

西南低涡对我国影响简表（续-2）

序号	编号	简述活动的情况	西南低涡对我国降水的影响		
			时间（月/日）	概　况	极值
20	D15020	盆地低涡源地生消	3/14~3/15	降水区域有四川中、北部、甘肃南部个别地区、陕西南部、重庆北部和湖北西北部个别地区，降水日数为1~2天	四川平昌 12.3mm（1天）
21	D15021	小金低涡东南行	3/18~3/19	降水区域有四川东北部、甘肃南部、陕西南部、重庆北部地区，降水日数为1~2天	四川宣汉 18.1mm（1天）
22	D15022	盆地低涡源地生消	3/20	降水区域有四川中、东部、甘肃南部个别地区、陕西南部、湖北西部、重庆、贵州北部和云南东北部地区，降水日数为1天	重庆开县 17.8mm（1天）
23	D15023	九龙低涡南行	3/22~3/23	降水区域有四川南部地区，降水日数为1~2天	四川峨眉山 9.2mm（2天）
24	D15024	九龙低涡东北行	3/28~3/29	降水区域有四川大部、甘肃南部个别地区、陕西南部个别地区、重庆、湖北西南部、湖南西北部、贵州北部和云南东北部地区，降水日数为1~2天	贵州正安 39.3mm（1天）
25	D15025	盆地低涡东南行转西南行转西北行转渐东行	4/4~4/7	降水区域有四川中、东部、甘肃南部、陕西南部、重庆、湖北西部、贵州北部和云南东北部地区，降水日数为1~4天。其中四川、重庆有成片降水量大于50mm的区域，中心降水量达117.1mm	重庆合川 117.1mm（3天）
26	D15026	九龙低涡东南行	4/9~4/10	降水区域有四川中、南部、贵州西北部和云南东北部地区，降水日数为1~2天	四川丹棱 14.5mm（2天）
27	D15027	盆地低涡源地生消	4/11	降水区域有四川中、东部、陕西南部、重庆北、西部和云南东北部地区，降水日数为1天	四川平昌 21.4mm（1天）
28	D15028	盆地低涡东南行	4/14~4/15	降水区域有四川中、东部、陕西南部、河南南部、安徽西南部、湖北、湖南、江西大部、浙江西部个别地区、福建西南个别地区、广西东北部、贵州东、北和云南东北部地区，降水日数为1~2天	湖北荆州 17.4mm（1天）

西南低涡对我国影响简表（续-3）

序号	编号	简述活动的情况	西南低涡对我国降水的影响		
			时间（月/日）	概况	极值
29	D15029	盆地低涡北行转东行	4/17~4/19	降水区域有四川中、北、东部、甘肃东、南部、宁夏南部、陕西大部、山西南部、河南中、西部、湖北西、北部和重庆大部地区，降水日数为1~3天	陕西康县 42.0mm（3天）
30	D15030	九龙低涡源地生消	4/19~4/20	降水区域有四川中、南、西部地区，降水日数为1~2天	四川昭觉 19.5mm（2天）
31	D15031	九龙低涡西南行转东北行	4/21~4/22	降水区域有四川中、南部、重庆西部、贵州大部、云南和广西西部地区，降水日数为1~2天。其中云南有成片降水量大于25mm的区域，中心降水量达39.8mm。另外云南砚山为55.1mm	云南砚山 55.1mm（2天）
32	D15032	小金低涡源地生消	4/25~4/26	降水区域有四川中、北部、甘肃南部地区，降水日数为1~2天	四川双流 12.3mm（2天）
33	D15033	九龙低涡东南行转西南行	4/26~4/28	降水区域有四川南部、云南北、东部、贵州和湖南西部地区，降水日数为1~3天。其中贵州、湖南有成片降水量大于25mm的区域，中心降水量达65.1mm	贵州息烽 65.1mm（1天）
34	D15034	九龙低涡东北行	4/30~5/2	降水区域有四川南、东部、陕西南部、重庆、湖北中、南部、江西西北部、湖南北部、贵州北部和云南北部地区，降水日数为1~2天。其中湖北、江西有成片降水量大于50mm的区域，中心降水量达104.6mm。另外重庆铜梁为90.1mm	湖南临湘 104.6mm（2天）
35	D15035	九龙低涡源地生消	5/2	降水区域有四川中、南部、云南东北部和贵州西部地区，降水日数为1天	四川冕宁 16.4mm（1天）
36	D15036	盆地低涡东行转东北行	5/3~5/4	降水区域有四川东部、陕西南部、湖北西部、重庆、贵州北部和云南东北部地区，降水日数为1~2天	重庆忠县 40.1mm（2天）
37	D15037	九龙低涡源地附近活动	5/6~5/8	降水区域有四川南部、贵州西、北部和云南北部地区，降水日数为1~3天。其中四川有成片降水量大于50mm的区域，中心降水量达82.9mm	四川峨眉山 82.9mm（2天）

西南低涡对我国影响简表（续-4）

序号	编号	简述活动的情况	西南低涡对我国降水的影响		
			时间（月/日）	概况	极值
38	D15038	九龙低涡西南行	5/10~5/11	降水区域有四川南部和云南北、东部地区，降水日数为1~2天	四川雷波 30.6mm（2天）
39	D15039	小金低涡西北行转东南行	5/11~5/13	降水区域有四川东部、重庆东部个别地区和湖北西部个别地区，降水日数为1天	四川蓬安 重庆奉节 0.1mm（1天）
40	D15040	九龙低涡东南行转东北行	5/19~5/22	降水区域有四川南部、重庆西部、云南东部、贵州、湖南中、南部、江西大部、浙江南部、福建大部、广东中、北部和广西中、北部地区，降水日数为1~2天。其中贵州、广西、江西、广东有成片降水量大于50mm的区域，三个降水中心：广西永福为231.1mm，贵州麻江为106.5mm，江西信丰为134.5mm	广西永福 231.1mm（1天）
41	D15041	盆地低涡西南行转东南行转北行	5/22~5/24	降水区域有四川东部、陕西南部、湖北西部、重庆、湖南西部、贵州大部和云南东北部地区，降水日数为1~3天。其中四川、重庆有成片降水量大于25mm的区域，中心降水量达58.2mm	四川达川 58.2mm（3天）
42	D15042	九龙低涡源地生消	5/27	降水区域有四川西、中、东部和云南东北部地区，降水日数为1天	四川峨边 9.5mm（1天）
43	D15043	九龙低涡东北行	5/28~5/29	降水区域有四川中、东部、重庆西部和云南东北部地区，降水日数为1~2天	四川什邡 26.4mm（2天）
44	D15044	九龙低涡东南行	5/29~5/30	降水区域有四川中、南部、重庆西部个别地区、贵州西部和云南东北部地区，降水日数为1~2天	四川喜德 30.3mm（2天）
45	D15045	盆地低涡东行转南行转渐东北行	5/31~6/3	降水区域有四川中、东部、甘肃南部、陕西南部、重庆、湖北西南部、贵州北部和云南东北部个别地区，降水日数为1~4天。其中四川、重庆、湖北有成片降水量大于50mm的区域，中心降水量达154.4mm	重庆丰都 154.4mm（3天）

西南低涡对我国影响简表（续-5）

序号	编号	简述活动的情况	西南低涡对我国降水的影响		
			时间（月/日）	概　况	极值
46	D15046	九龙低涡西北行	6/4~6/5	降水区域有四川南部、云南大部、贵州西部地区和广西西北部地区，降水日数为1~2天	云南江川 69.8mm（2天）
47	D15047	盆地低涡东北行转东南行转西北行转东行	6/5~6/8	降水区域有四川中、北、东部、青海东南部、甘肃南部个别地区、陕西南部、河南南部、安徽西部、江西北部、湖北、湖南北部、重庆、贵州中、北部和云南东北部地区，降水日数为1~3天。其中重庆、贵州、湖北、湖南、安徽有成片降水量大于25mm的区域，两个降水中心：湖南龙山为64.6mm，湖北江夏为76.5mm	湖北江夏 76.5mm（1天）
48	D15048	九龙低涡源地生消	6/8~6/9	降水区域有四川西南部和云南东、北部地区，降水日数为1~2天	四川仁和 68.3mm（1天）
49	D15049	九龙低涡东北行转南行转渐北行	6/12~6/15	降水区域有四川东、南部、陕西南部、湖北西、南部、重庆、湖南北、西部、贵州大部和云南东北部地区，降水日数为1~3天	重庆大足 42.1mm（1天）
50	D15050	九龙低涡源地生消	6/14	降水区域有四川西南部、云南东北部和贵州西部地区，降水日数为1天	四川康定 26.6mm（1天）
51	D15051	九龙低涡源地附近活动	6/17~6/18	降水区域有四川中、南、西部和云南北部地区，降水日数为1~2天	云南巧家 33.2mm（1天）
52	D15052	九龙低涡东北行转东南行	6/18~6/20	降水区域有四川中、南部和云南大部地区，降水日数为1~3天	四川木里 53.0mm（3天）
53	D15053	九龙低涡北行转东行转西南行	6/21~6/23	降水区域有四川中、西、南部和云南北部地区，降水日数为1~3天	云南华坪 22.3mm（1天）
54	D15054	小金低涡源地生消	6/28~6/29	降水区域有四川中、东部、甘肃南部、陕西南部和重庆北部个别地区，降水日数为1~2天。其中四川、陕西有成片降水量大于25mm的区域，中心降水量达149.3mm	四川南江 149.3mm（2天）

西南低涡对我国影响简表（续-6）

序号	编号	简述活动的情况	西南低涡对我国降水的影响		
			时间（月/日）	概况	极值
55	D15055	盆地低涡东北行	6/29~6/30	降水区域有四川中、东部、重庆、贵州北部和云南东北部地区，降水日数为1~2天。其中四川、重庆有成片降水量大于50mm的区域，中心降水量达189.6mm。另外四川叙永为95.2mm	重庆铜梁 189.6mm（1天）
56	D15056	九龙低涡 源地生消	6/30	降水区域有四川南部、云南东北部地区，降水日数为1天	四川美姑 59.8mm（1天）
57	D15057	九龙低涡东行	7/2~7/3	降水区域有四川南部和云南东、北部地区，降水日数为1~2天	四川会东 47.9mm（2天）
58	D15058	盆地低涡 源地附近活动	7/2~7/4	降水区域有四川东部、陕西南部、重庆大部、贵州北部和云南东北部个别地区，降水日数为1~3天。其中四川有成片降水量大于50mm的区域，中心降水量达80.6mm。另外四川梓潼为65.2mm	四川邻水 80.6mm（3天）
59	D15059	九龙低涡南行	7/8~7/9	降水区域有四川南部和云南中、北部地区，降水日数为1~2天	四川西昌 44.2mm（1天）
60	D15060	九龙低涡 渐东北行转 西南行	7/13~7/18	降水区域有四川南、东部、陕西南部、河南大部、山东南部、江苏、浙江中、北、安徽、江西北部、湖北、湖南北部、重庆、贵州北部和云南北部地区，降水日数为1~4天。其中四川、重庆、贵州、湖北、湖南、河南、安徽、江苏、浙江有成片降水量大于50mm的区域，四个降水中心：四川峨眉为149.5mm，湖北安陆为160.5mm，安徽定远为210.9mm，安徽泾县为102.8mm	安徽定远 210.9mm（3天）
61	D15061	小金低涡 渐东南行	7/21~7/23	降水区域有四川大部、甘肃南部、陕西南部、河南东南部、安徽中、西部、湖北、江西西北部、湖南大部、重庆、贵州大部、广西东北部和云南东北部地区，降雨日数为1~2天。其中四川、重庆、湖北、湖南、河南、安徽有成片降雨量大于50mm的区域，四个降水中心：重庆荣昌为132.4mm，重庆黔江为111.9mm，湖南石门为109.7mm，湖北仙桃为217.9mm	湖北仙桃 217.9mm（1天）

西南低涡对我国影响简表（续-7）

序号	编号	简述活动的情况	西南低涡对我国降水的影响		
			时间（月/日）	概况	极值
62	D15062	九龙低涡源地生消	7/30~7/31	降水区域有四川南部、重庆西部和云南东北部地区，降水日数为1~2天	四川名山 75.7mm（2天）
63	D15063	盆地低涡源地附近活动	8/6~8/7	降水区域有四川中、东部地区，降水日数为1~2天	四川大邑 14.1mm（1天）
64	D15064	九龙低涡源地生消	8/13	降水区域有四川南部地区，降水日数为1天	四川喜德 22.7mm（1天）
65	D15065	小金低涡渐东北行	8/15~8/20	降水区域有四川大部、甘肃南部、陕西南部、河南中、东、南部、山东南部、江苏、安徽、湖北、湖南北部、重庆、贵州北部和云南东北部地区，降水日数为1~4天。其中四川、重庆、陕西、湖北、河南、安徽、山东有成片降水量大于50mm的区域，两个降水中心：江苏盐城为149.9mm，四川高坪区为331.2mm	四川高坪区 331.2mm（4天）
66	D15066	九龙低涡源地生消	8/17	降水区域有四川西、南部和云南北部地区，降水日数为1天	四川金阳 69.5mm（1天）
67	D15067	盆地低涡源地附近活动	8/25~8/26	降水区域有四川东南部、重庆南部、湖北西南部、湖南西部、贵州、广西北部和云南东北部地区，降水日数为1~2天	贵州赫章 63.2mm（1天）
68	D15068	九龙低涡东北行转渐东南行	8/26~8/29	降水区域有四川南部、重庆中、南部、湖北西南部、湖南西部、贵州、广西西部和云南地区，降水日数为1~4天。其中云南、贵州有成片降水量大于50mm的区域，两个降水中心：云南易门为131.1mm，贵州长顺为251.6mm	贵州长顺 251.6mm（3天）
69	D15069	九龙低涡源地生消	8/31	降水区域有四川南部、西藏东部个别地区和云南北部地区，降水日数为1天	四川甘洛 30.8mm（1天）

西南低涡对我国影响简表（续-8）

序号	编号	简述活动的情况	西南低涡对我国降水的影响		
			时间（月/日）	概　况	极值
70	D15070	九龙低涡源地附近活动	9/2~9/3	降水区域有四川中、南部和云南北部地区，降水日数为1~2天	四川仁寿 60.1mm（2天）
71	D15071	九龙低涡东南行转西南行	9/5~9/6	降水区域有四川中、南部、云南北部、贵州、广西北部个别地区和湖南西部地区，降水日数为1~2天。其中贵州有成片降水量大于50mm的区域，两个降水中心：贵州兴仁为122.2mm，贵州遵义为101.8mm	贵州兴仁 122.2mm（1天）
72	D15072	九龙低涡源地附近活动	9/7~9/8	降水区域有四川中、南部和云南西北部地区，降水日数为1~2天	四川米易 45.5mm（1天）
73	D15073	九龙低涡源地生消	9/9	降水区域有四川中、南部和云南北部地区，降水日数为1天	四川冕宁 66.5mm（1天）
74	D15074	九龙低涡东北行	9/16~9/17	降水区域有四川大部、陕西南部、湖北西部、重庆大部、贵州北部和云南北部地区，降水日数为1~2天	四川开江 71.0mm（1天）
75	D15075	盆地低涡东南行	9/19~9/21	降水区域四川东部、重庆、湖北大部、安徽南部、浙江、福建北部、江西中、北部、湖南大部、广西东北部和贵州东北部地区，降水日数为1~2天	重庆武隆 59.7mm（1天）
76	D15076	九龙低涡源地附近活动	9/21~9/22	降水区域有四川西、南部和云南北部地区，降水日数为1~2天	云南宁蒗 44.6mm（1天）
77	D15077	九龙低涡东北行	9/23~9/25	降水区域有四川中、东部、陕西南部、湖北西部和重庆大部地区，降水日数为1~2天	湖北秭归 43.3mm（2天）
78	D15078	盆地低涡源地附近活动	9/25~9/26	降水区域有四川东部、陕西南部、重庆、湖北西南部、湖南西北部和贵州北部地区，降水日数为1~2天	重庆丰都 31.4mm（2天）
79	D15079	九龙低涡源地生消	9/27	降水区域有四川中、南部地区，降水日数为1天	四川峨边 2.9mm（1天）

西南低涡对我国影响简表（续-9）

序号	编号	简述活动的情况	西南低涡对我国降水的影响		
			时间（月/日）	概况	极值
80	D15080	九龙低涡东北行	10/22~10/23	降水区域有四川中、北、东部、陕西南部、重庆西部和云南东北部地区，降水日数为1~2天	四川遂宁 70.8mm（2天）
81	D15081	盆地低涡源地生消	10/26	降水区域有四川东部、陕西南部、湖北西部、重庆大部和云南东北部地区，降水日数为1天	重庆开县 48.7mm（1天）
82	D15082	九龙低涡东北行	10/27~10/28	降水区域有中、东部地区，降水日数为1天	四川通江 1.3mm（1天）
83	D15083	盆地低涡东北行	11/14~11/15	降水区域有四川中、东部、甘肃南部、陕西南部、河南西南部、湖北西北部、重庆北、西部和云南东北部地区，降水日数为1~2天	四川洪雅 7.2mm（2天）
84	D15084	九龙低涡源地附近活动	11/17~11/18	降水区域有四川中、南部地区，降水日数为1~2天	四川黑水 4.8mm（1天）
85	D15085	盆地低涡源地生消	11/19	降水区域有四川中、东部地区，降水日数为1天	四川峨眉 6.6mm（1天）
86	D15086	九龙低涡东北行转西南行	11/27~11/28	降水区域有四川中、东部、重庆大部和云南东北部地区，降水日数为1~2天	四川芦山 6.9mm（2天）
87	D15087	盆地低涡西行	12/3~12/4	降水区域有四川东部、重庆大部、湖北西南部、贵州北部和云南东北部地区，降水日数为1~2天	四川峨眉 13.2mm（2天）
88	D15088	九龙低涡源地附近活动	12/3~12/4	降水区域有四川西、南部和云南北部地区，降水日数为1~2天	四川西昌 25.6mm（1天）
89	D15089	盆地低涡东南行转东北行	12/12~12/13	降水区域有四川东部、甘肃南部、陕西南部、重庆、湖北西部、贵州北部个别地区和云南东北部地区，降水日数为1~2天	四川洪雅 20.6mm（2天）

西南低涡对我国影响简表（续-10）

序号	编号	简述活动的情况	西南低涡对我国降水的影响		
			时间（月/日）	概况	极值
90	D15090	盆地低涡东北行	12/14~12/15	降水区域有四川中、东部、重庆、湖北西南部、贵州北部和云南东北部地区，降水日数为1~2天	重庆丰都 29.9mm（2天）
91	D15091	盆地低涡源地生消	12/18~12/19	降水区域有四川中、东部、重庆大部、贵州北部个别地区和云南东北部地区，降水日数为1~2天	重庆荣昌 6.3mm（2天）
92	D15092	九龙低涡源地附近活动	12/28~12/29	降水区域有四川南部、贵州北部和云南东北部地区，降水日数为1天	四川普格 2.5mm（1天）
93	D15093	盆地低涡源地附近活动	12/29~12/30	降水区域有四川东南部、重庆西部、贵州北部和云南东北部个别地区，降水日数为1~2天	贵州仁怀 1.5mm（2天）

2015年西南低涡编号、名称、日期对照表

未移出九龙的西南低涡		移出九龙的西南低涡	
⑧ D15008木里，Muli	㉛ D15031木里，Muli	① D15001康定，Kangding	㊾ D15049峨边，Ebian
2/7	4/21～4/22	1/2	6/12～6/14
⑨ D15009康定，Kangding	㉟ D15035木里，Muli	⑤ D15005康定，Kangding	60 D15060康定，Kangding
2/10	5/2	1/24	7/13～7/17
⑫ D15012康定，Kangding	㊲ D15037九龙，Jiulong	⑦ D15007康定，Kangding	68 D15068丽江，Lijiang
2/15～2/16	5/6～5/7	2/6	8/26～8/29
⑬ D15013会理，Huili	㊷ D15042康定，Kangding	㉔ D15024九龙，Jiulong	71 D15071康定，Kangding
2/19	5/27	3/28～3/29	9/5～9/6
⑮ D15015雅江，Yajiang	㊹ D15044木里，Muli	㉝ D15033康定，Kangding	74 D15074木里，Muli
3/6	5/29～5/30	4/26～4/28	9/16～9/17
⑱ D15018康定，Kangding	㊻ D15046盐源，Yanyuan	㉞ D15034康定，Kangding	77 D15077彭山，Pengshan
3/11	6/4～6/5	4/30～5/1	9/23～9/24
㉓ D15023康定，Kangding	㊽ D15048盐源，Yanyuan	㊳ D15038盐源，Yanyuan	80 D15080康定，Kangding
3/22～3/23	6/8	5/10～5/11	10/22
㉖ D15026木里，Muli	㊿ D15050木里，Muli	㊵ D15040九龙，Jiulong	82 D15082雅江，Yajiang
4/9	6/14	5/19～5/21	10/27
㉚ D15030康定，Kangding	51 D15051九龙，Jiulong	㊸ D15043康定，Kangding	86 D15086木里，Muli
4/19	6/17	5/28	11/27～11/28

2015年西南低涡编号、名称、日期对照表（续-1）

未移出九龙的西南低涡	
㊾ D15052丽江，Lijiang	⑳ D15070雅江，Yajiang
6/18～6/20	9/2～9/3
㉟ D15053木里，Muli	㉒ D15072雅江，Yajiang
6/21～6/23	9/7～9/8
㊴ D15056九龙，Jiulong	㉓ D15073雅江，Yajiang
6/30	9/9
㊵ D15057德昌，Dechang	㉖ D15076木里，Muli
7/2	9/21～9/22
㊾ D15059康定，Kangding	㉙ D15079木里，Muli
7/8～7/9	9/27
(62) D15062康定，Kangding	(84) D15084康定，Kangding
7/30	11/17～11/18
(64) D15064木里，Muli	(88) D15088木里，Muli
8/13	12/3～12/4
(66) D15066木里，Muli	(92) D15092雅江，Yajiang
8/17	12/28～12/29
(69) D15069康定，Kangding	
8/31	

2015年西南低涡编号、名称、日期对照表（续-2）

未移出小金的西南低涡	移出小金的西南低涡
㉜ D15032理县，Lixian	⑰ D15017松潘，Songpan
4/25	3/8~3/9
(54) D15054松潘，Songpan	⑲ D15019丹巴，Danba
6/28	3/12~3/14
	㉑ D15021松潘，Songpan
	3/18~3/19
	㊴ D15039松潘，Songpan
	5/11~5/12
	(61) D15061丹巴，Danba
	7/21~7/23
	(65) D15065丹巴，Danba
	8/15~8/20

2015年西南低涡编号、名称、日期对照表（续-3）

未移出四川盆地的西南低涡		移出四川盆地的西南低涡	
③ D15003蓬溪，Pengxi	㊶ D15041万源，Wanyuan	(87) D15087广安，Guangan	② D15002南充，Nanchong
1/8	5/22～5/24	12/3～12/4	1/5～1/6
⑩ D15010西充，Xichong	㊺ D15045金堂，Jintang	(89) D15089青川，Qingchuan	④ D15004毕节，Bijie
2/13	5/31～6/3	12/12～12/13	1/11～1/13
⑪ D15011南充，Nanchong	(55) D15055丹棱，Danling	(90) D15090井研，Jingyan	⑥ D15006梁平，Liangping
2/14～2/15	6/29～6/30	12/14	2/4～2/5
⑭ D15014蓬安，Pengan	(58) D15058武胜，Wusheng	(91) D15091盐亭，Yanting	㉕ D15025北川，Beichuan
2/25	7/2～7/3	12/18	4/4～4/7
⑯ D15016苍溪，Cangxi	(63) D15063潼南，Tongnan	(93) D15093资阳，Ziyang	㉘ D15028旺苍，Wangcang
3/7	8/6	12/29～12/30	4/14～4/15
⑳ D15020绵阳，Mianyang	(67) D15067古蔺，Gulin		㉙ D15029南充，Nanchong
3/14	8/25～/26		4/17～4/19
㉒ D15022苍溪，Cangxi	(78) D15078盐亭，Yanting		㊼ D15047平武，Pingwu
3/20	9/25～9/26		6/5～6/7
㉗ D15027南充，Nanchong	(81) D15081苍溪，Cangxi		(75) D15075西充，Xichong
4/11	10/26		9/19～9/21
㊱ D15036遂宁，Suining	(85) D15085安岳，Anyue		(83) D15083西充，Xichong
5/3～5/4	11/19		11/14～11/15

西南低涡降水及移动路径资料

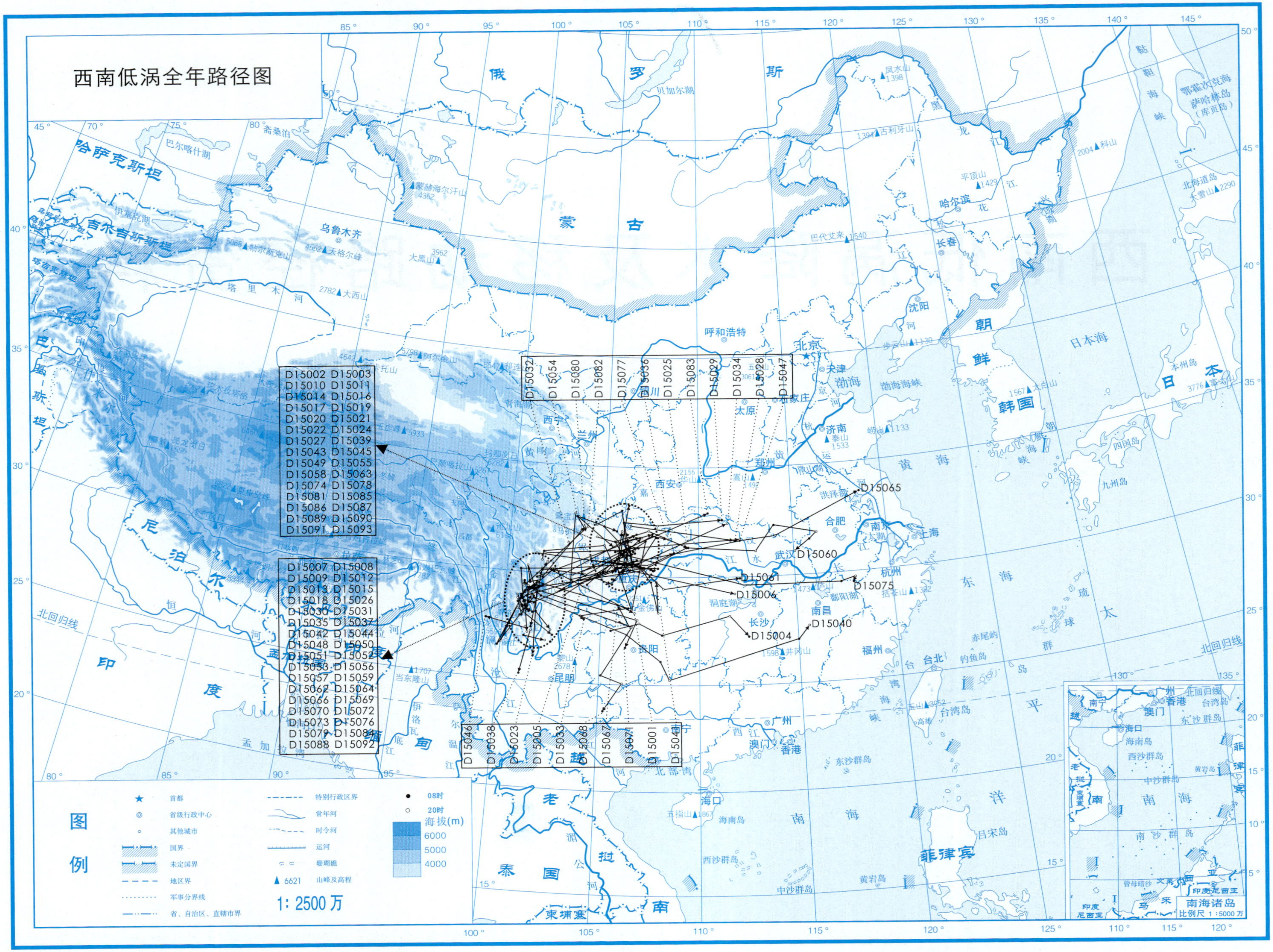
西南低涡全年路径图
D15002 D15003
D15010 D15011
D15014 D15016
D15017 D15019
D15020 D15021
D15022 D15024
D15027 D15039
D15043 D15045
D15049 D15055
D15058 D15063
D15074 D15078
D15081 D15085
D15086 D15087
D15089 D15090
D15091 D15093
D15007 D15008
D15009 D15012
D15013 D15015
D15018 D15026
D15030 D15031
D15035 D15037
D15042 D15044
D15048 D15050
D15051 D15052
D15053 D15056
D15057 D15059
D15062 D15064
D15066 D15069
D15070 D15072
D15073 D15076
D15079 D15084
D15088 D15092
D15032 D15054 D15080 D15082 D15077 D15036 D15025 D15083 D15029 D15034 D15028 D15047
D15046 D15038 D15023 D15005 D15033 D15068 D15067 D15071 D15001 D15041
D15065
D15060
D15061
D15075
D15006
D15004
D15040
图例
首都
省级行政中心
其他城市
国界
未定国界
地区界
军事分界线
省、自治区、直辖市界
特别行政区界
常年河
时令河
运河
珊瑚礁
6621 山峰及高程
08时
20时
海拔(m)
6000
5000
4000
1: 2500 万
南海诸岛
比例尺 1:5000 万

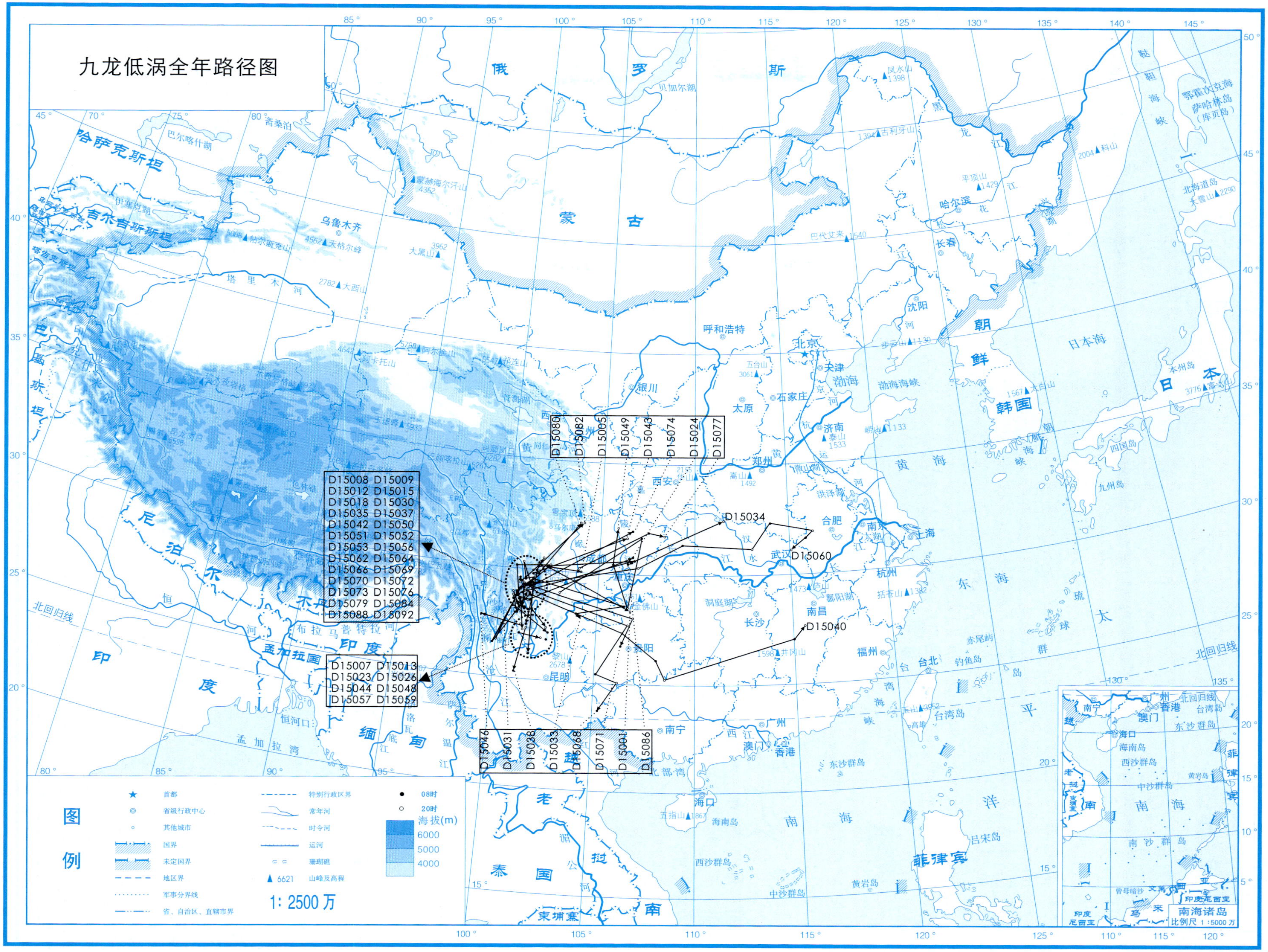
九龙低涡全年路径图
D15080 D15082 D15005 D15049 D15043 D15074 D15024 D15077
D15008 D15009
D15012 D15015
D15018 D15030
D15035 D15037
D15042 D15050
D15051 D15052
D15053 D15056
D15062 D15064
D15066 D15069
D15070 D15072
D15073 D15076
D15079 D15084
D15088 D15092
D15007 D15013
D15023 D15026
D15044 D15048
D15057 D15059
D15046 D15031 D15038 D15033 D15068 D15071 D15001 D15086
D15034
D15060
D15040
俄 罗 斯
蒙 古
哈萨克斯坦
吉尔吉斯斯坦
塔吉克斯坦
巴基斯坦
尼泊尔
不丹
印度
孟加拉国
缅甸
老挝
泰国
越南
柬埔寨
朝鲜
韩国
日本
菲律宾
日本海
黄海
东海
南海
太平洋
北京
天津
石家庄
太原
呼和浩特
沈阳
长春
哈尔滨
济南
郑州
西安
银川
乌鲁木齐
合肥
南京
上海
杭州
武汉
长沙
南昌
福州
台北
贵阳
昆明
南宁
广州
香港
澳门
海口
海南岛
北回归线
图例
首都
省级行政中心
其他城市
国界
未定国界
地区界
军事分界线
省、自治区、直辖市界
特别行政区界
常年河
时令河
运河
珊瑚礁
6621 山峰及高程
08时
20时
海拔(m)
6000
5000
4000
1: 2500 万
南海诸岛
比例尺 1:5000 万

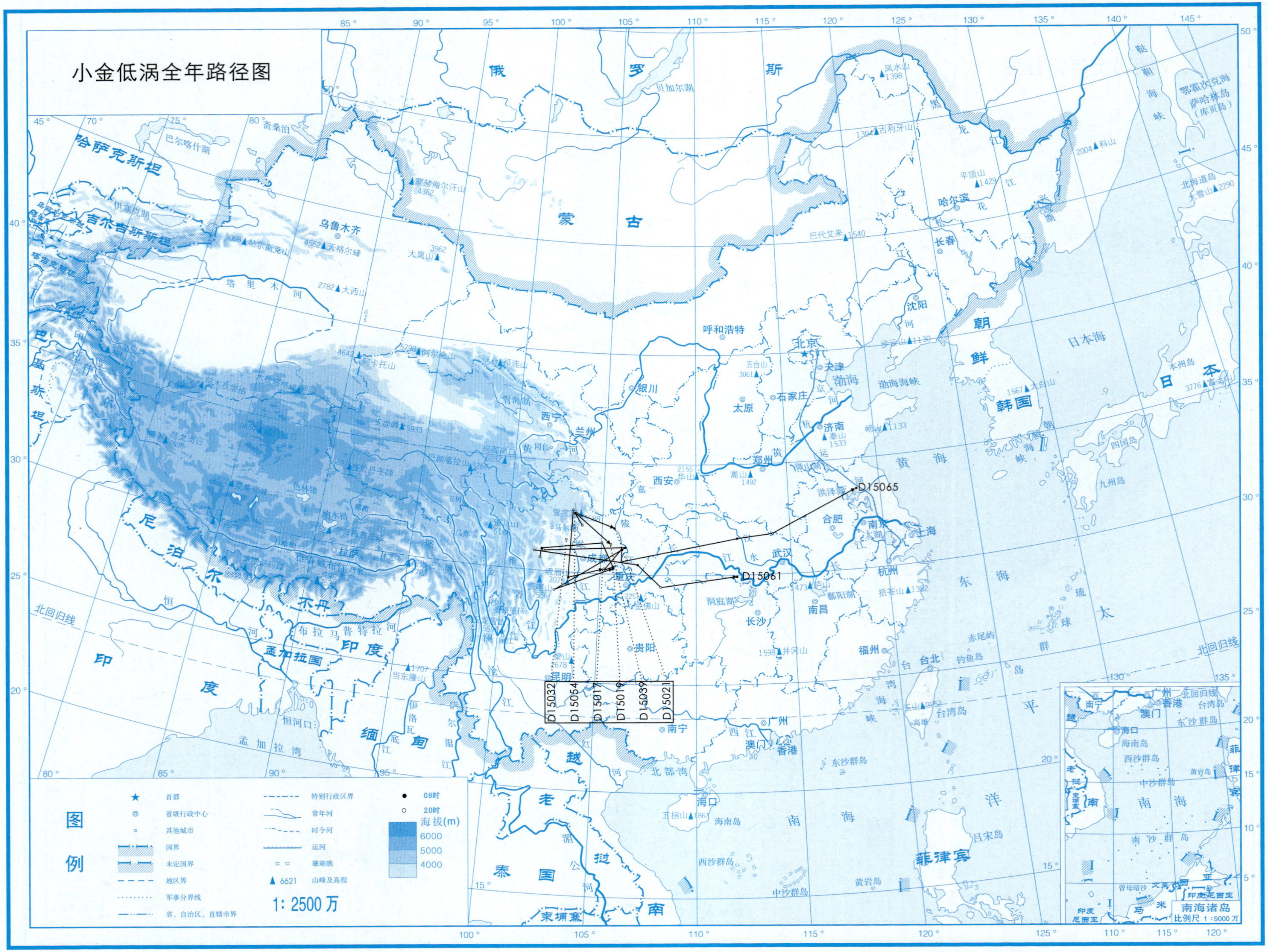
小金低涡全年路径图
D15065
D15061
D15032
D15054
D15017
D15019
D15039
D15021
图例
首都
省级行政中心
其他城市
国界
未定国界
地区界
军事分界线
省、自治区、直辖市界
特别行政区界
常年河
时令河
运河
珊瑚礁
6621 山峰及高程
08时
20时
海拔(m)
6000
5000
4000
1: 2500万
南海诸岛
比例尺 1:5000万

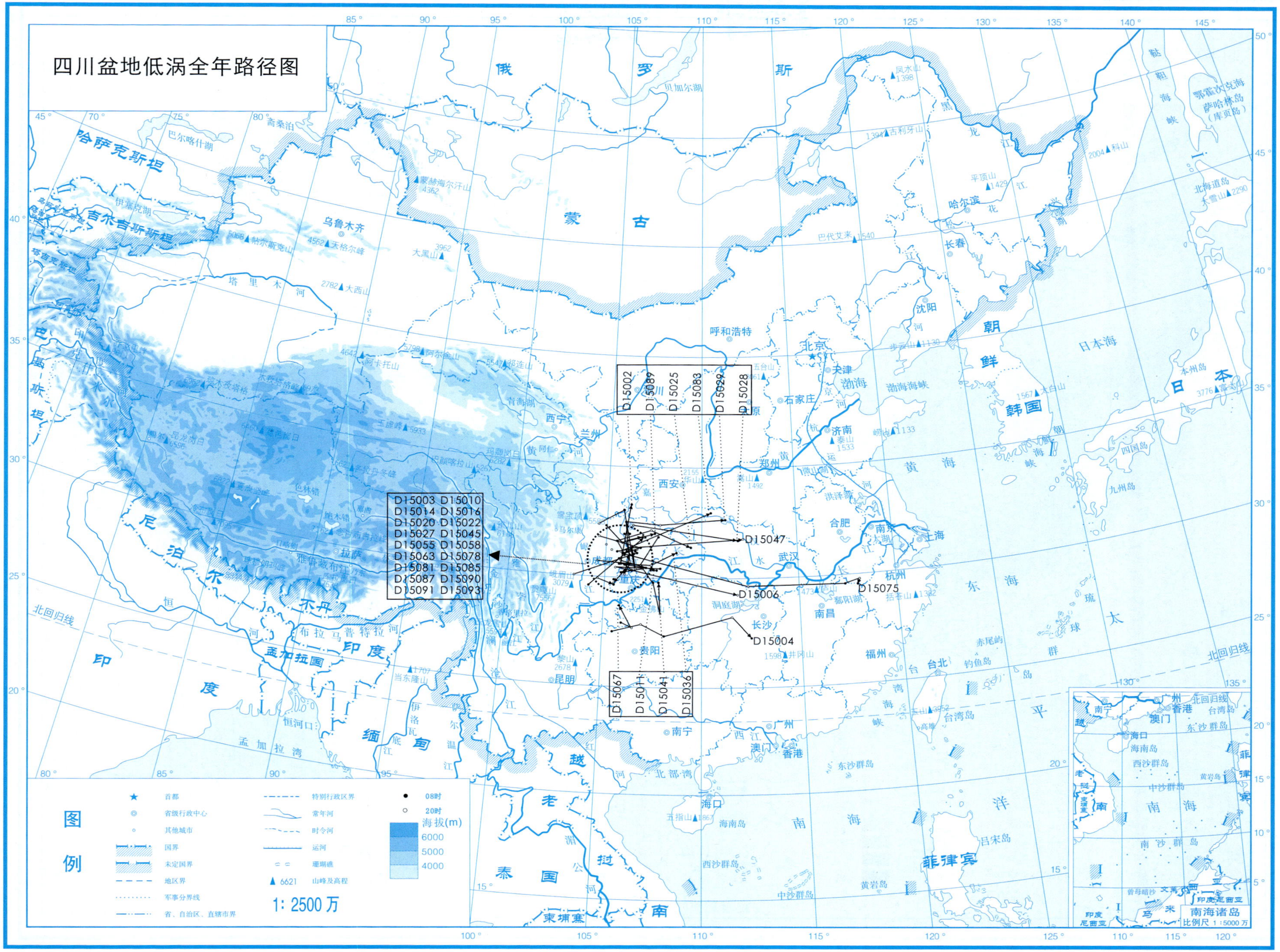

四川盆地低涡全年路径图

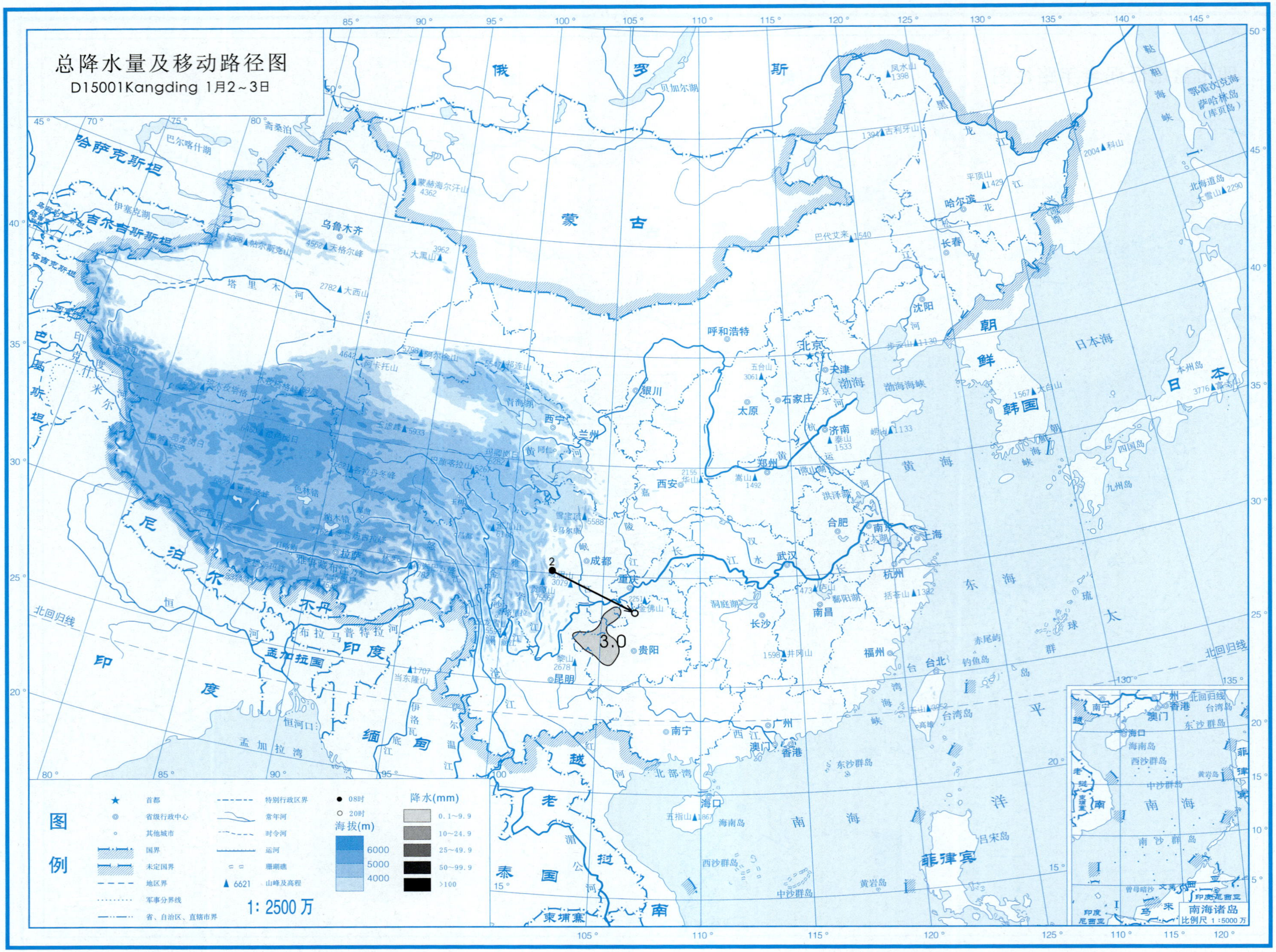
总降水量及移动路径图
D15001Kangding 1月2~3日
图例
首都
省级行政中心
其他城市
国界
未定国界
地区界
军事分界线
省、自治区、直辖市界
特别行政区界
常年河
时令河
运河
珊瑚礁
山峰及高程
08时
20时
海拔(m)
6000
5000
4000
降水(mm)
0.1~9.9
10~24.9
25~49.9
50~99.9
>100
1: 2500万
3.0
南海诸岛
比例尺 1:5000万

总降水日数图

D15001Kangding 1月2~3日

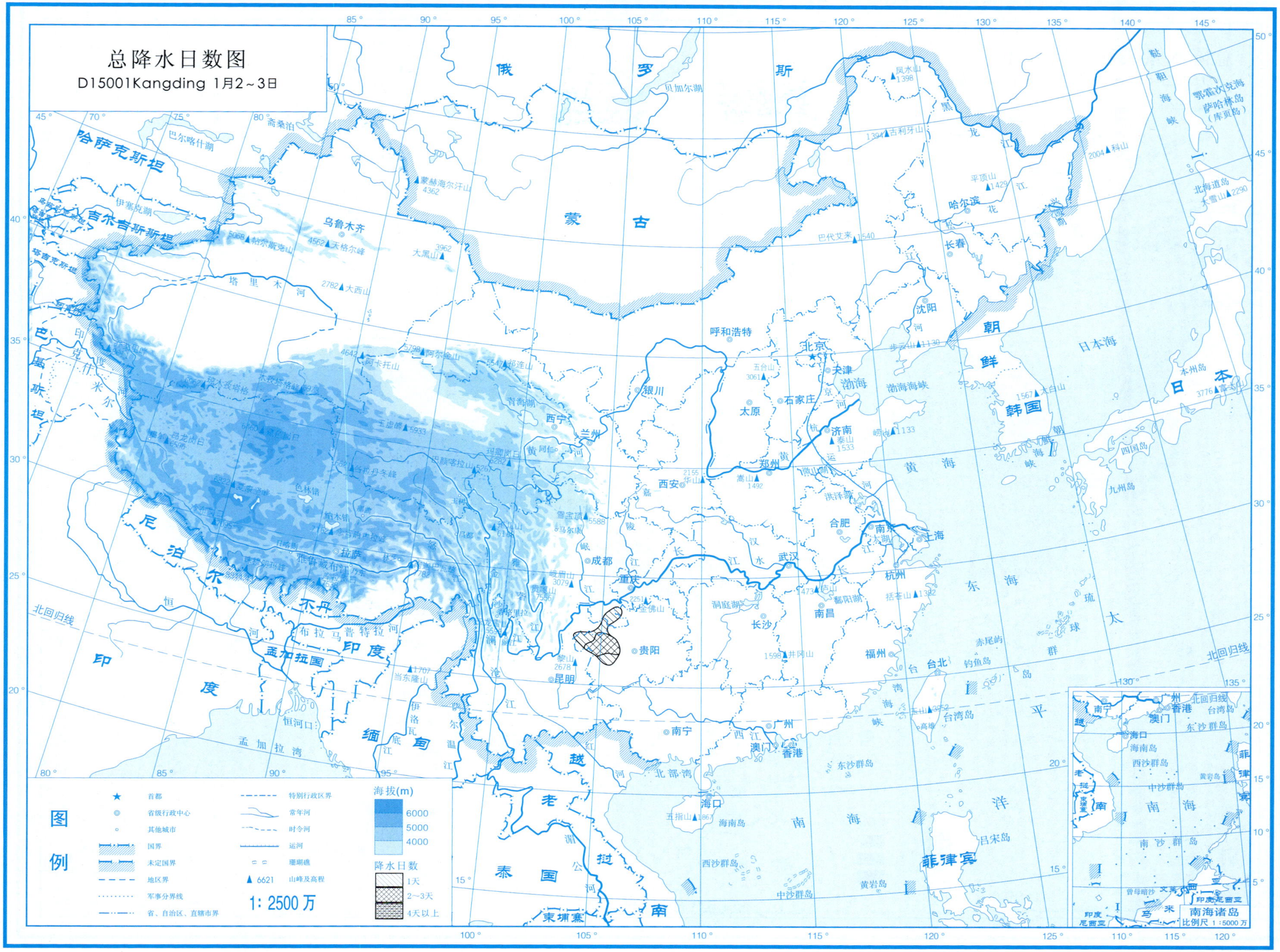

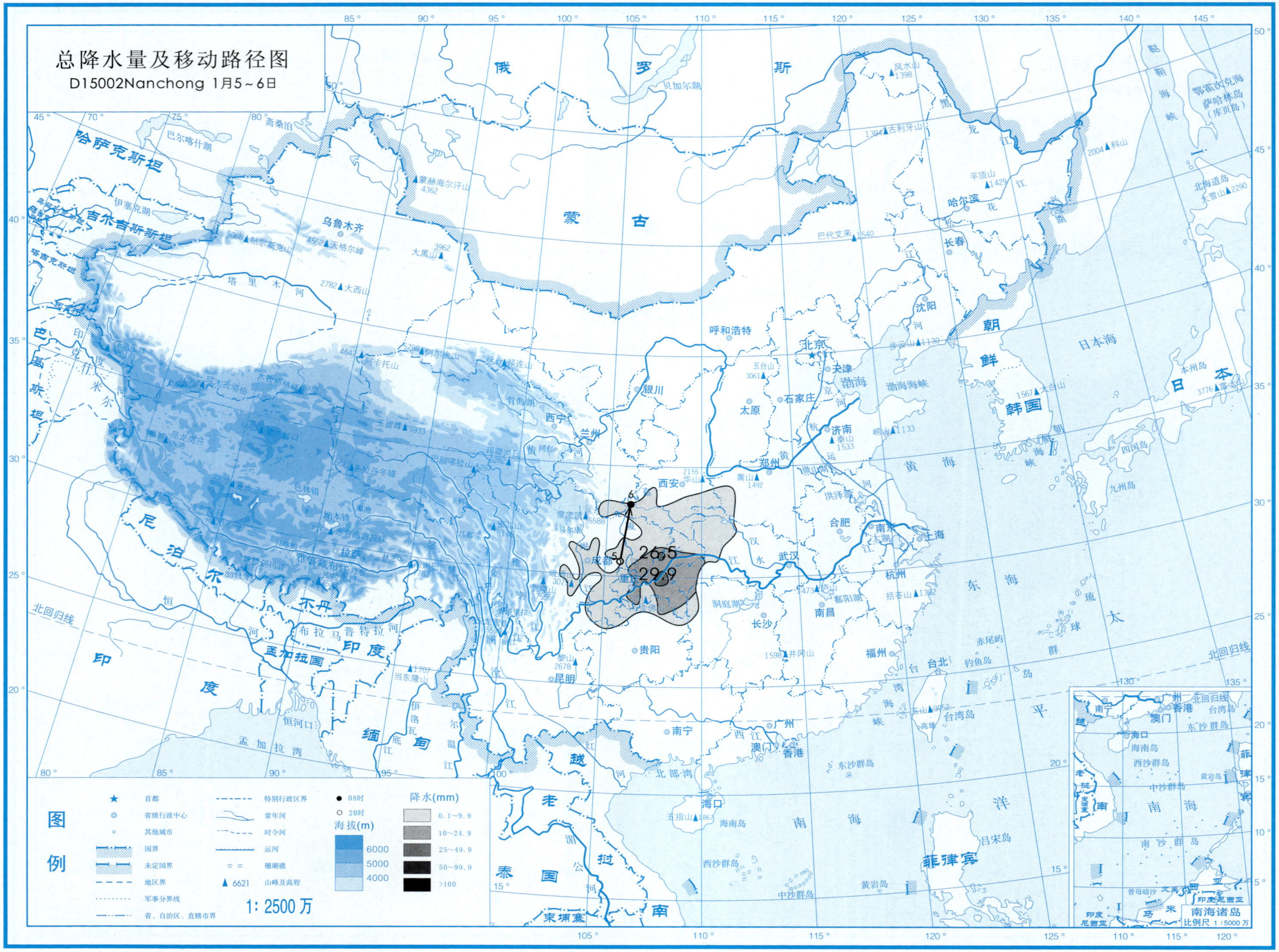
总降水量及移动路径图
D15002Nanchong 1月5～6日
26.5
29.9
图例
首都
省级行政中心
其他城市
国界
未定国界
地区界
军事分界线
省、自治区、直辖市界
特别行政区界
常年河
时令河
运河
珊瑚礁
6621 山峰及高程
● 08时
○ 20时
海拔(m)
6000
5000
4000
降水(mm)
0.1～9.9
10～24.9
25～49.9
50～99.9
>100
1:2500万
南海诸岛
比例尺 1:5000万

总降水日数图

D15002Nanchong 1月5～6日

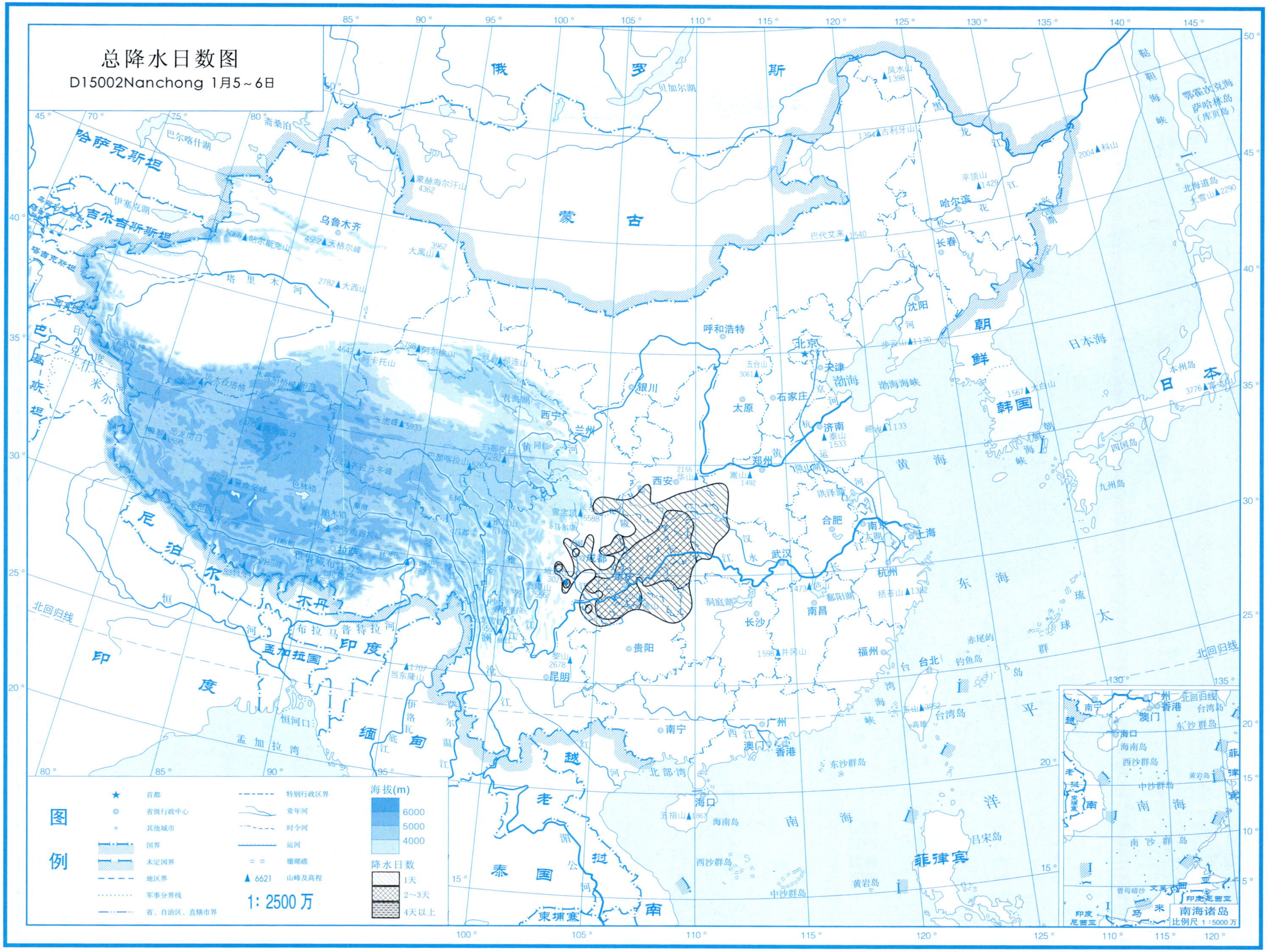

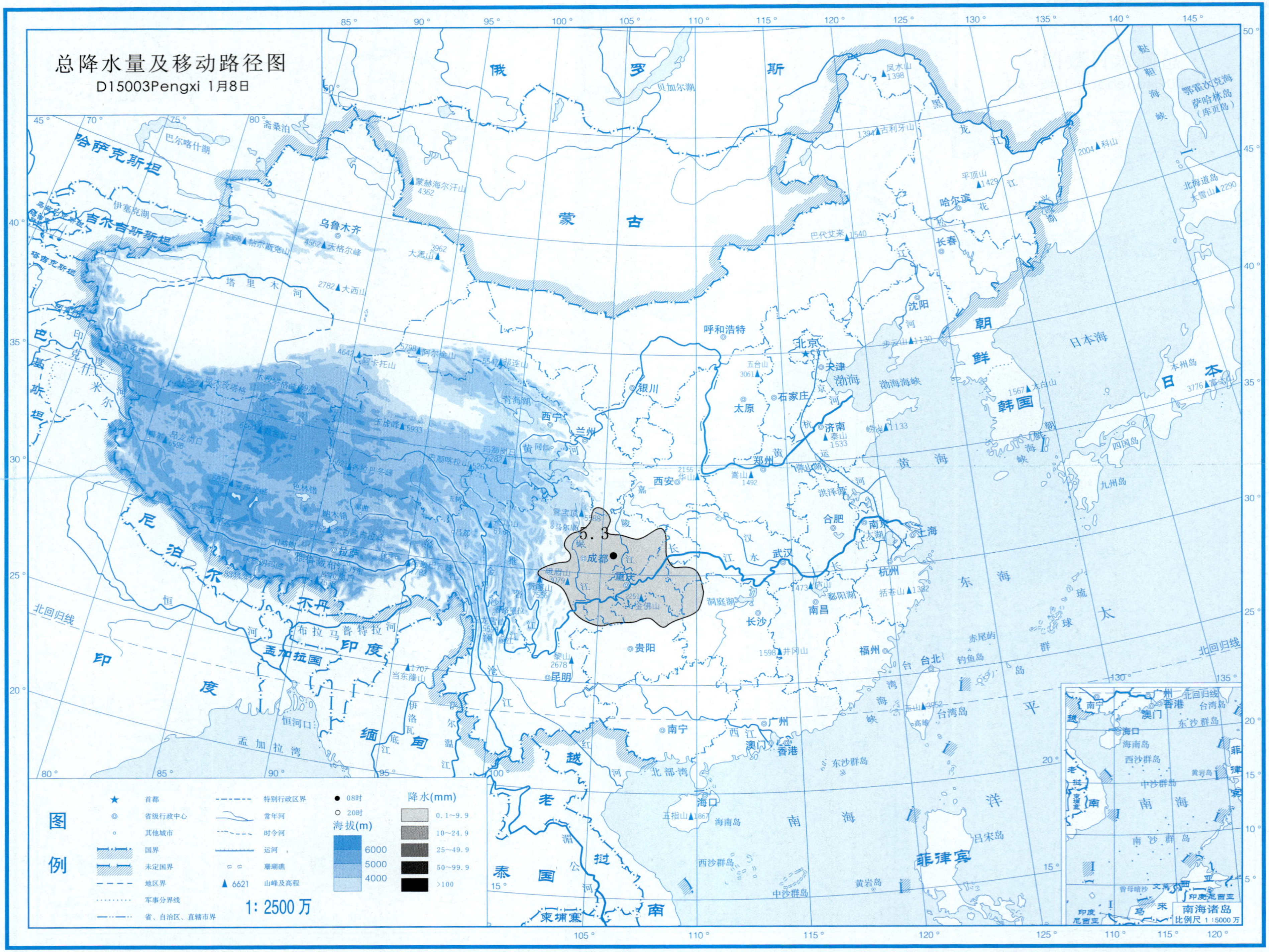
总降水量及移动路径图
D15003Pengxi 1月8日
5.3
成都
重庆
图例
首都
省级行政中心
其他城市
国界
未定国界
地区界
军事分界线
省、自治区、直辖市界
特别行政区界
常年河
时令河
运河
珊瑚礁
6621 山峰及高程
08时
20时
海拔(m)
6000
5000
4000
降水(mm)
0.1~9.9
10~24.9
25~49.9
50~99.9
>100
1: 2500 万
南海诸岛
比例尺 1 : 5000 万

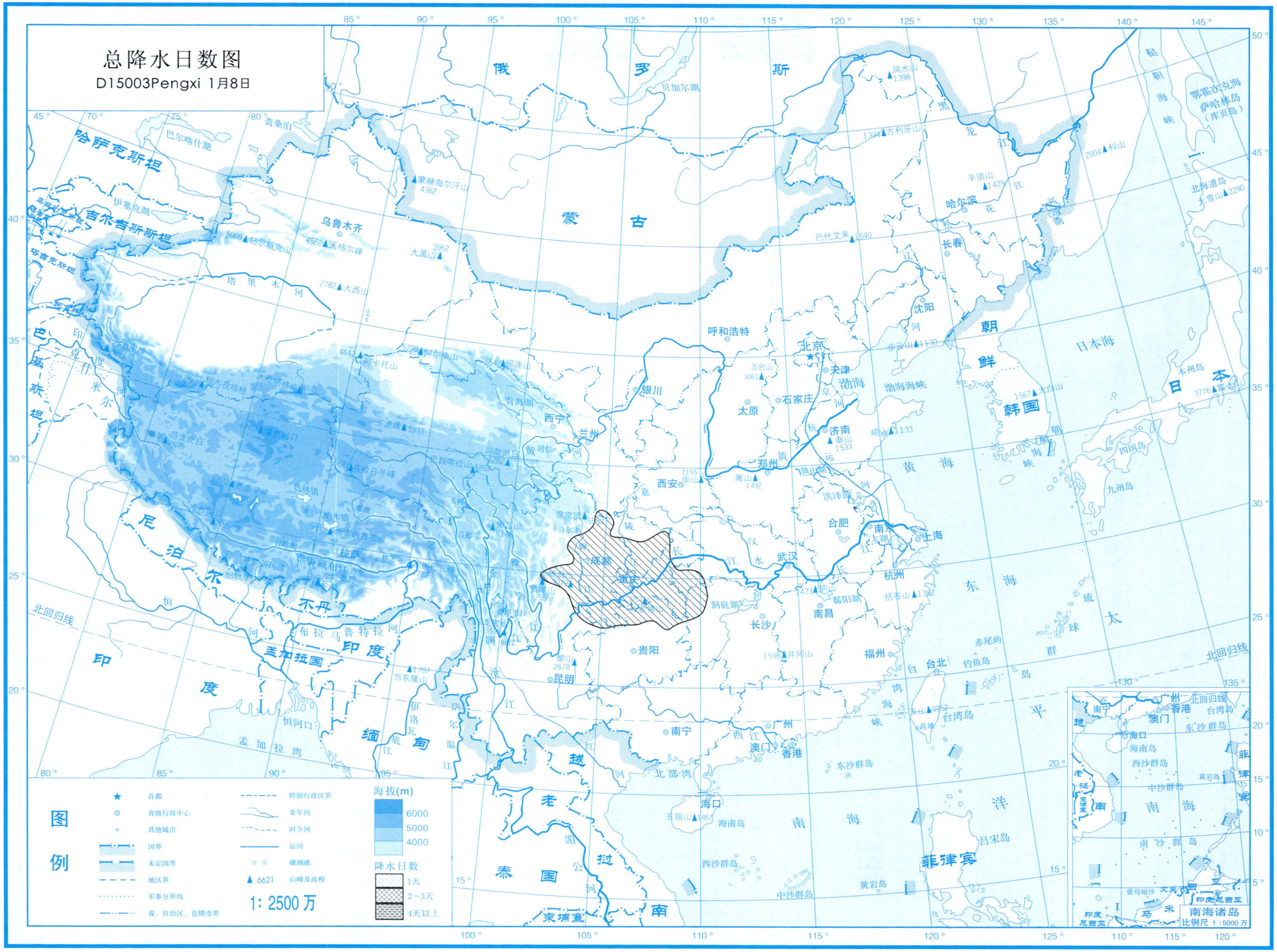
总降水日数图
D15003Pengxi 1月8日
俄 罗 斯
蒙 古
哈萨克斯坦
吉尔吉斯斯坦
塔吉克斯坦
巴基斯坦
尼 泊 尔
不丹
孟加拉国
印 度
缅 甸
老 挝
泰 国
越 南
柬埔寨
朝 鲜
韩国
日 本
菲律宾
北京
天津
上海
重庆
成都
武汉
西安
兰州
西宁
银川
呼和浩特
太原
石家庄
济南
郑州
合肥
南京
杭州
南昌
长沙
贵阳
昆明
南宁
广州
福州
台北
香港
澳门
海口
拉萨
乌鲁木齐
哈尔滨
长春
沈阳
黄 海
东 海
南 海
渤海
日本海
太 平 洋
图例
首都
省级行政中心
其他城市
国界
未定国界
地区界
军事分界线
省、自治区、直辖市界
特别行政区界
常年河
时令河
运河
珊瑚礁
山峰及高程
海拔(m)
6000
5000
4000
降水日数
1天
2~3天
4天以上
1: 2500 万
南海诸岛
比例尺 1:5000 万

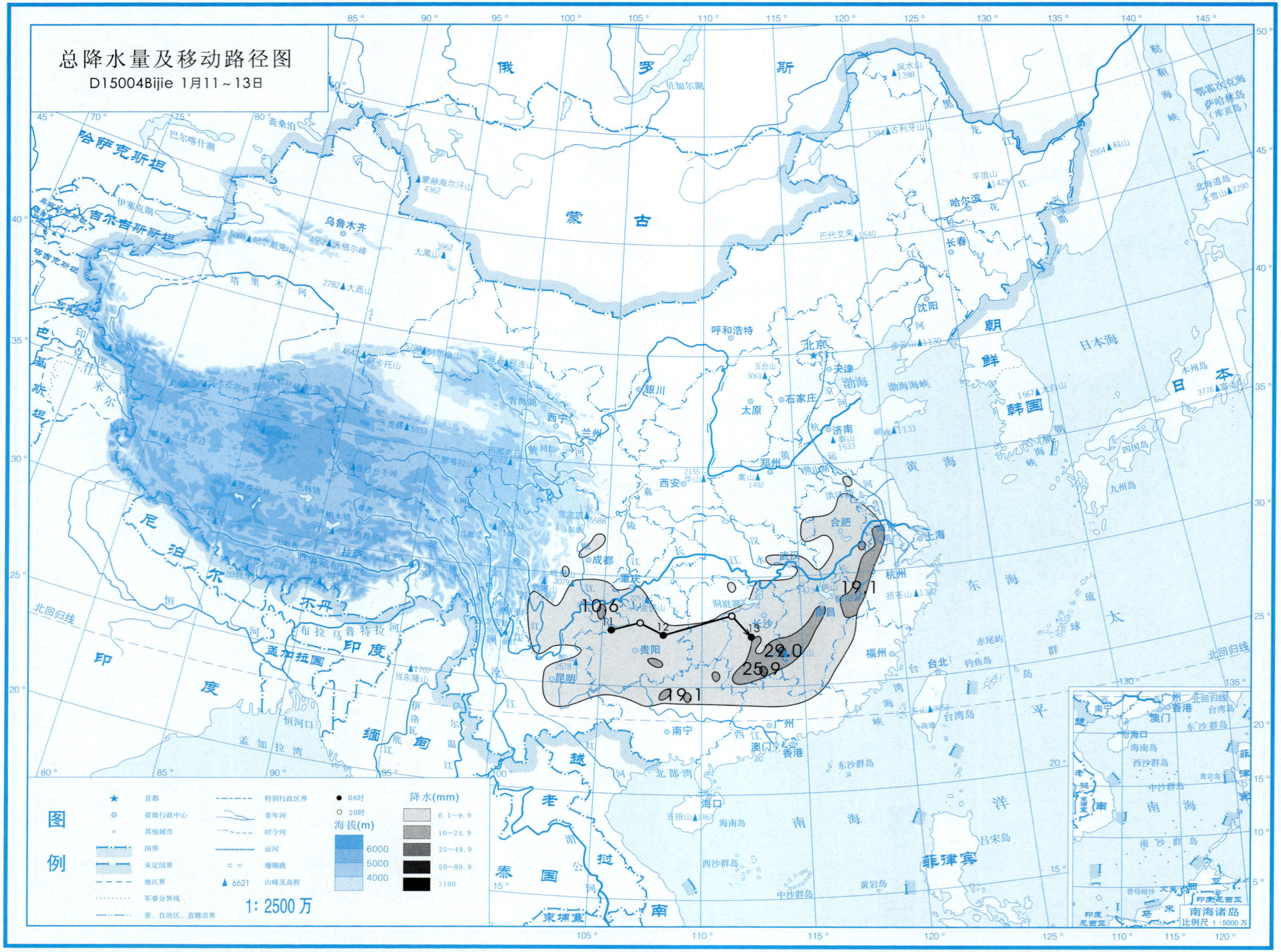
总降水量及移动路径图
D15004Bijie 1月11～13日
10.6
19.1
22.0
25.9
19.1
11
12
13
图例
首都
省级行政中心
其他城市
国界
未定国界
地区界
军事分界线
省、自治区、直辖市界
特别行政区界
常年河
时令河
运河
珊瑚礁
6621 山峰及高程
08时
20时
海拔(m)
6000
5000
4000
降水(mm)
0.1~9.9
10~24.9
25~49.9
50~99.9
>100
1∶2500万
南海诸岛
比例尺 1∶5000万

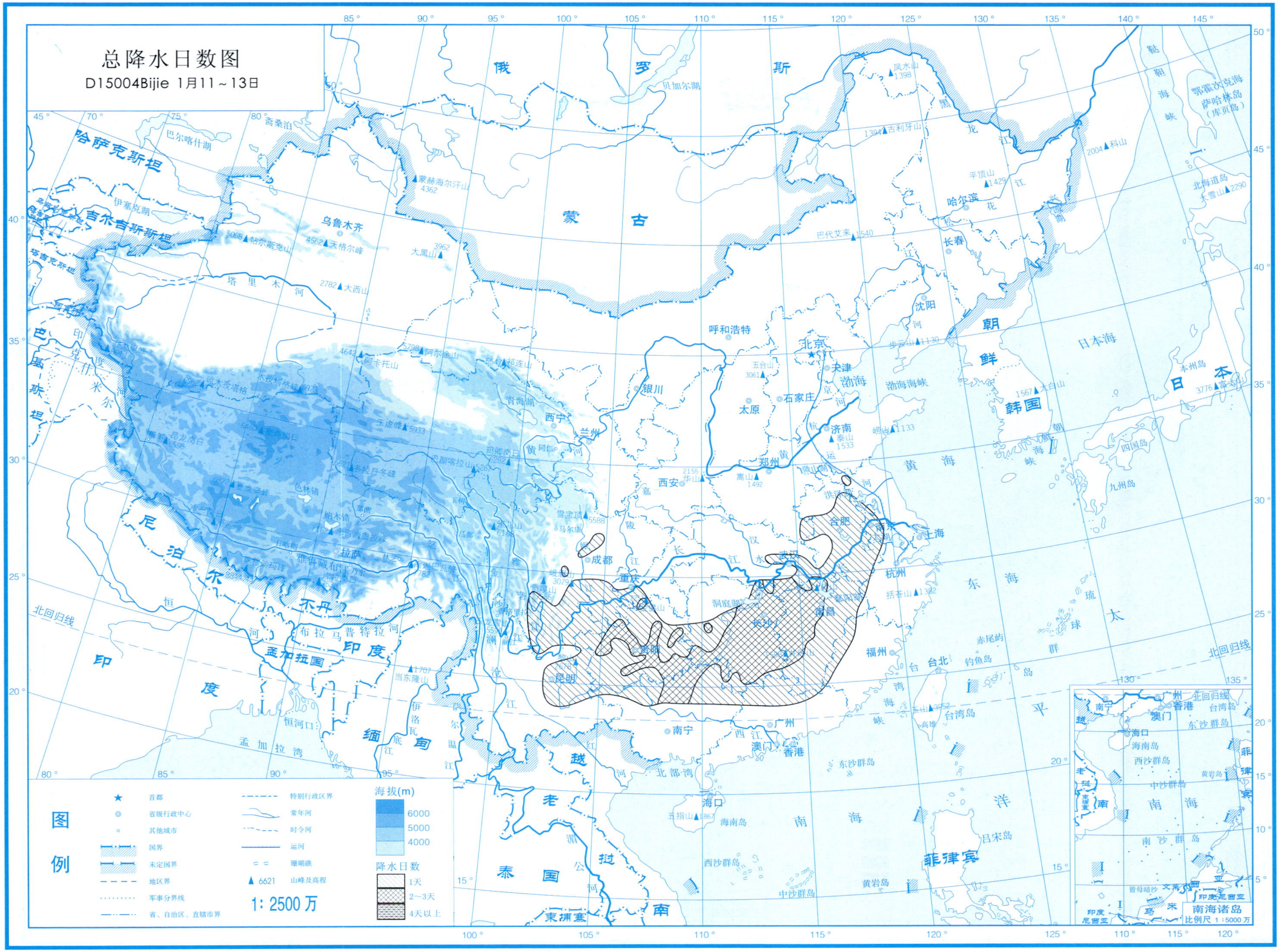
总降水日数图
D15004Bijie 1月11～13日
图例
首都
省级行政中心
其他城市
国界
未定国界
地区界
军事分界线
省、自治区、直辖市界
特别行政区界
常年河
时令河
运河
珊瑚礁
6621 山峰及高程
1: 2500 万
海拔(m)
6000
5000
4000
降水日数
1天
2～3天
4天以上
南海诸岛
比例尺 1:5000 万

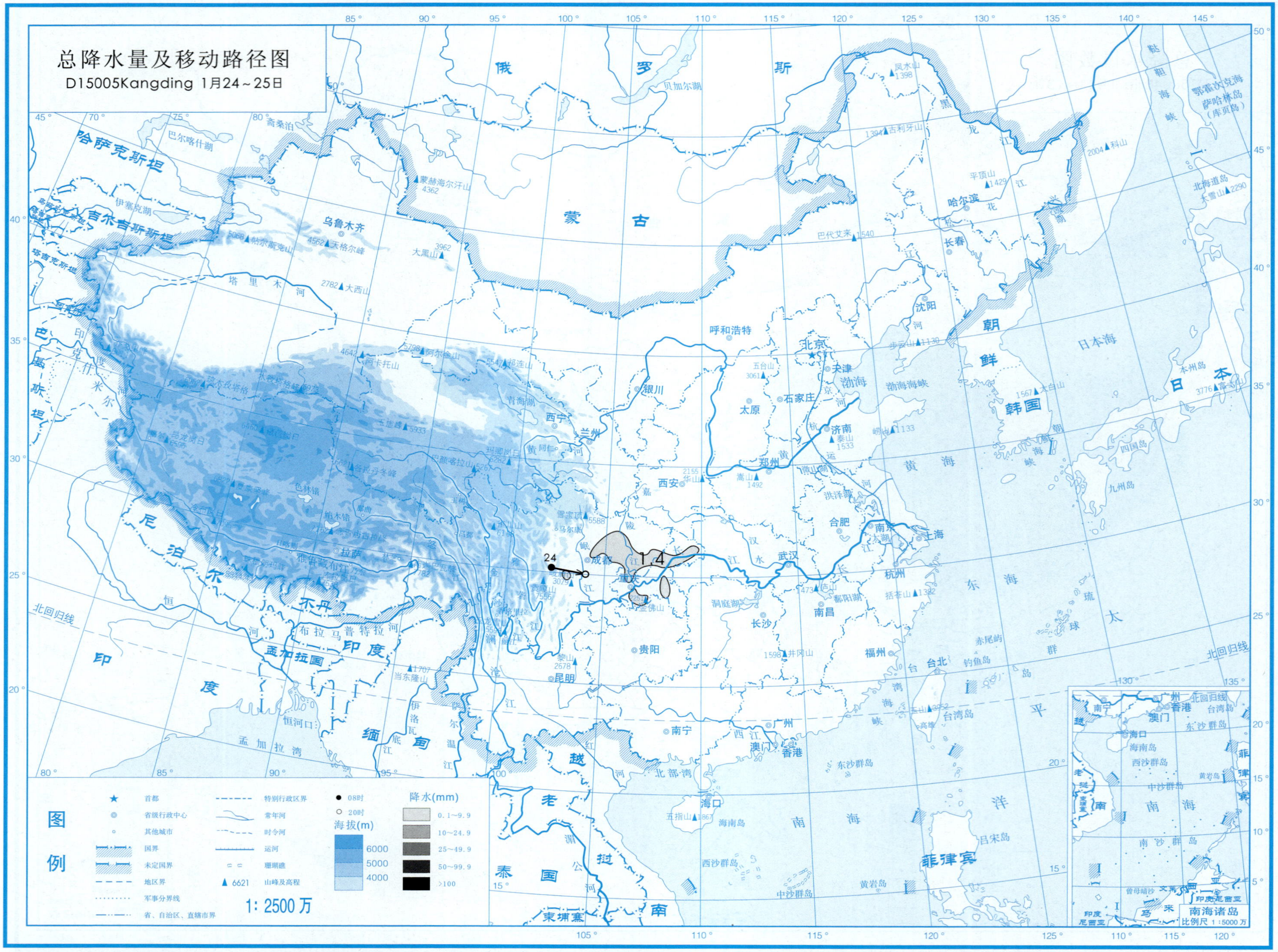
总降水量及移动路径图
D15005Kangding 1月24～25日
图例
首都
省级行政中心
其他城市
国界
未定国界
地区界
军事分界线
省、自治区、直辖市界
特别行政区界
常年河
时令河
运河
珊瑚礁
山峰及高程
08时
20时
海拔(m)
6000
5000
4000
降水(mm)
0.1～9.9
10～24.9
25～49.9
50～99.9
>100
1：2500万
南海诸岛
比例尺 1：5000万

总降水日数图

D15005Kangding 1月24~25日

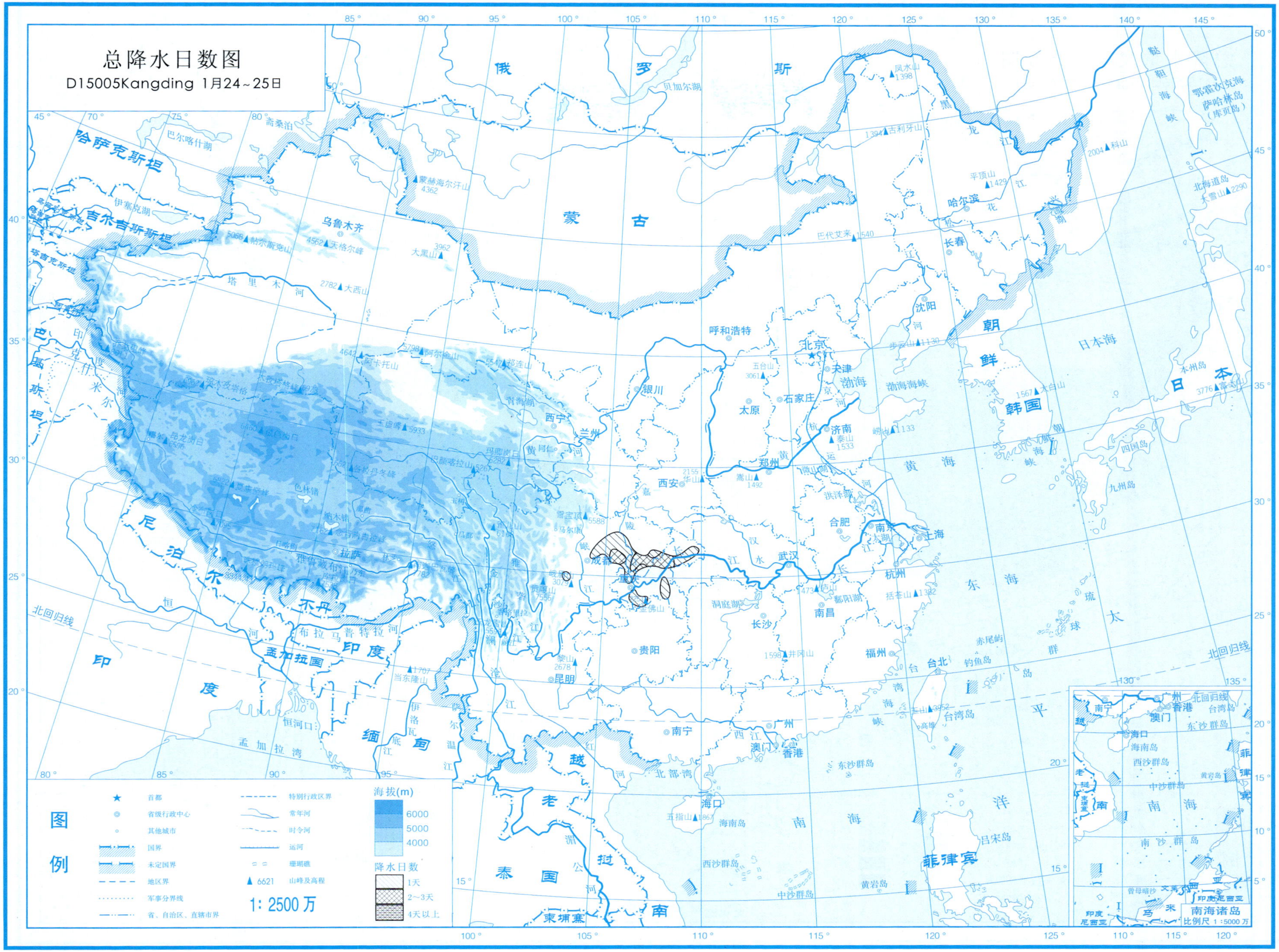

总降水量及移动路径图

D15006Liangping 2月4～6日

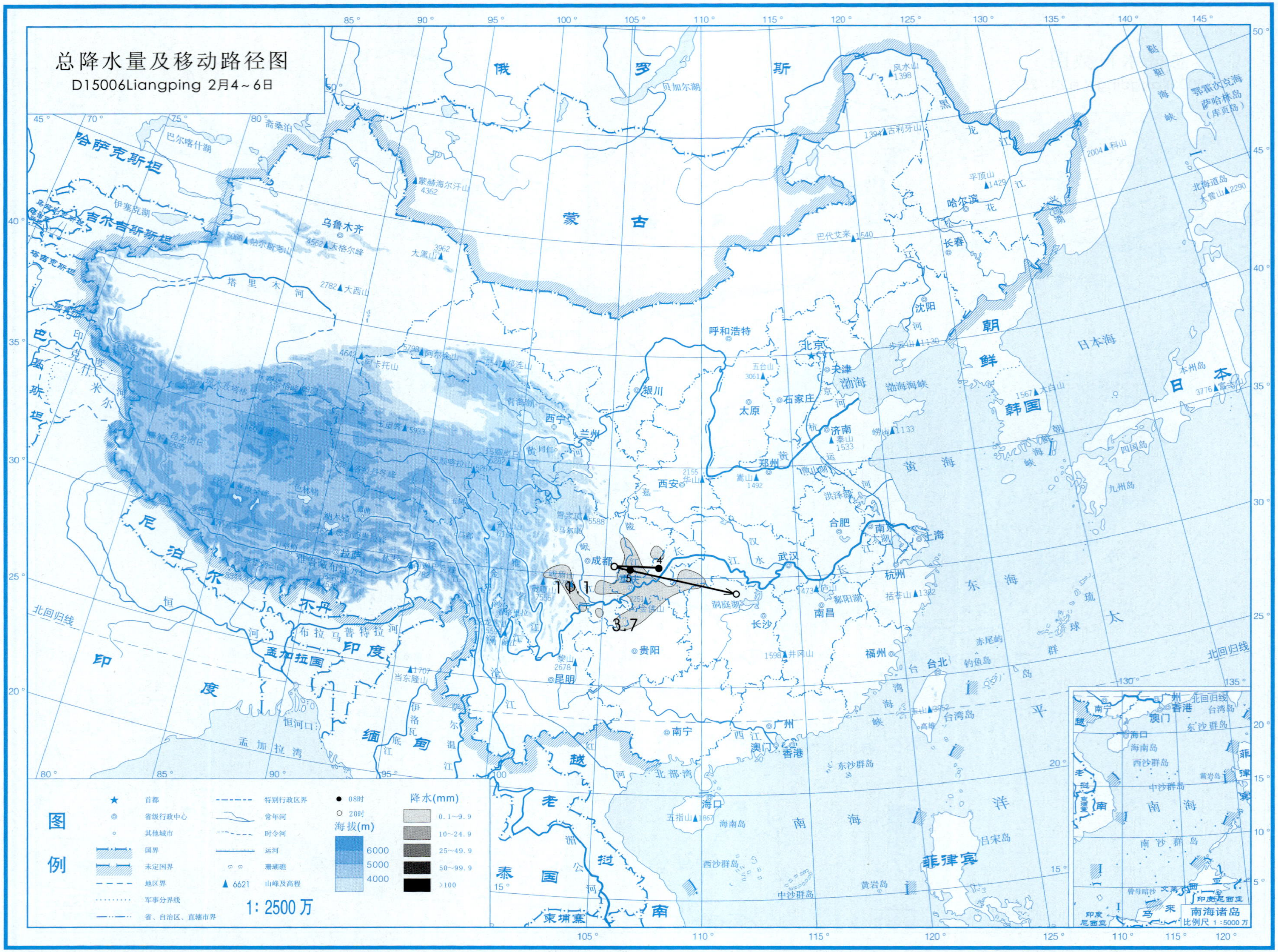

总降水日数图

D15006Liangping 2月4～6日

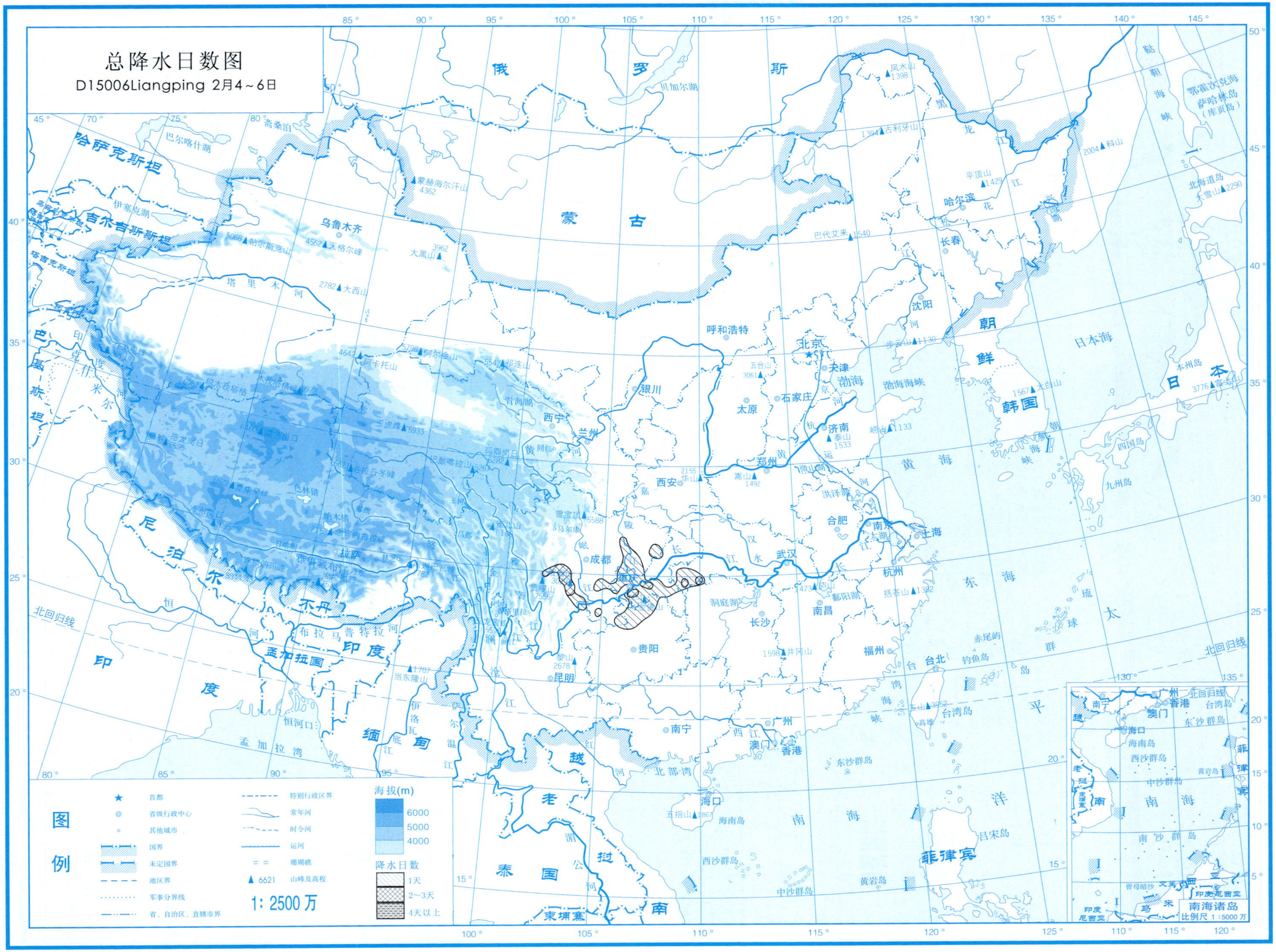

总降水量及移动路径图

D15007Kangding 2月6～7日

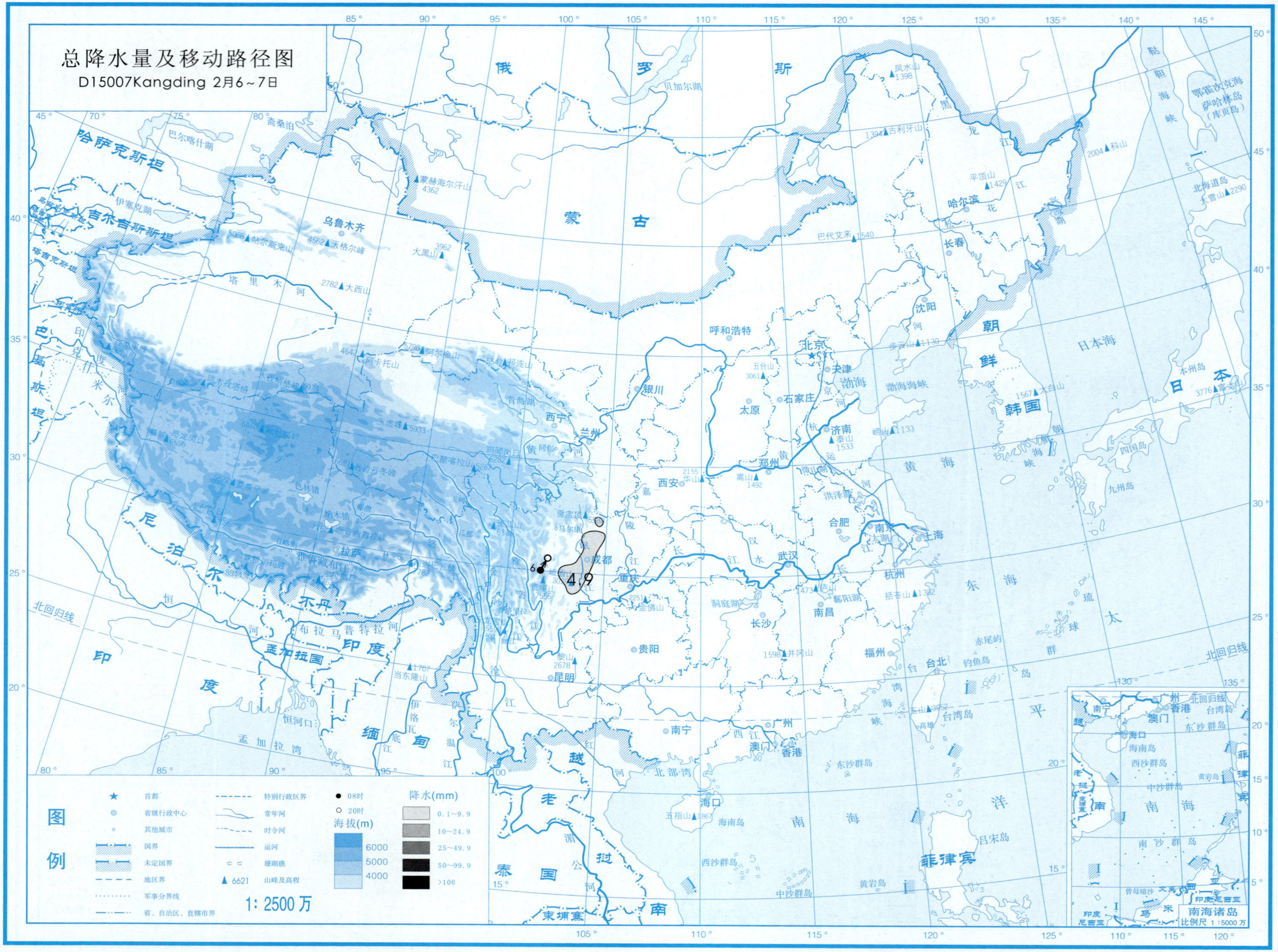

总降水日数图

D15007Kangding 2月6~7日

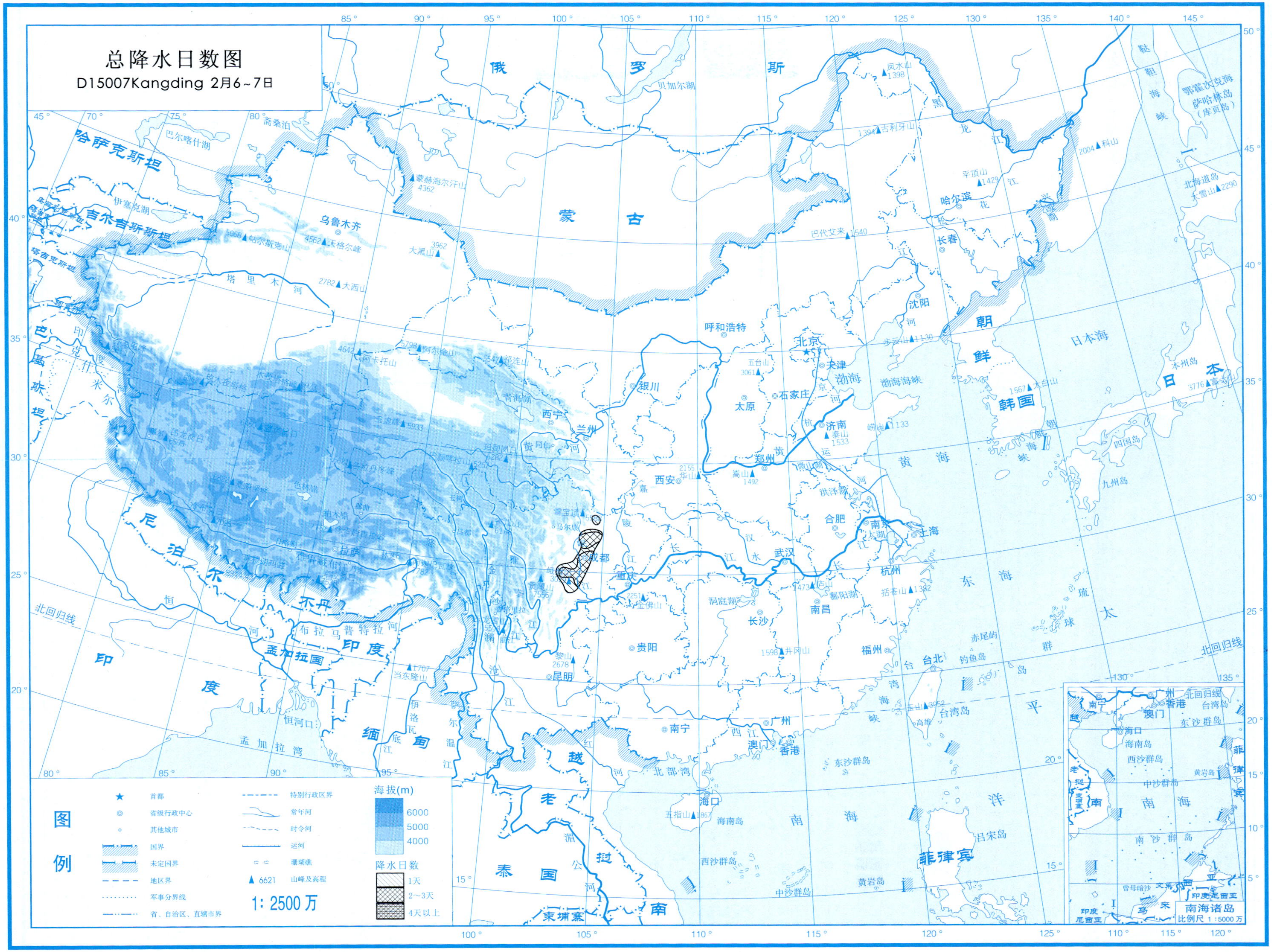

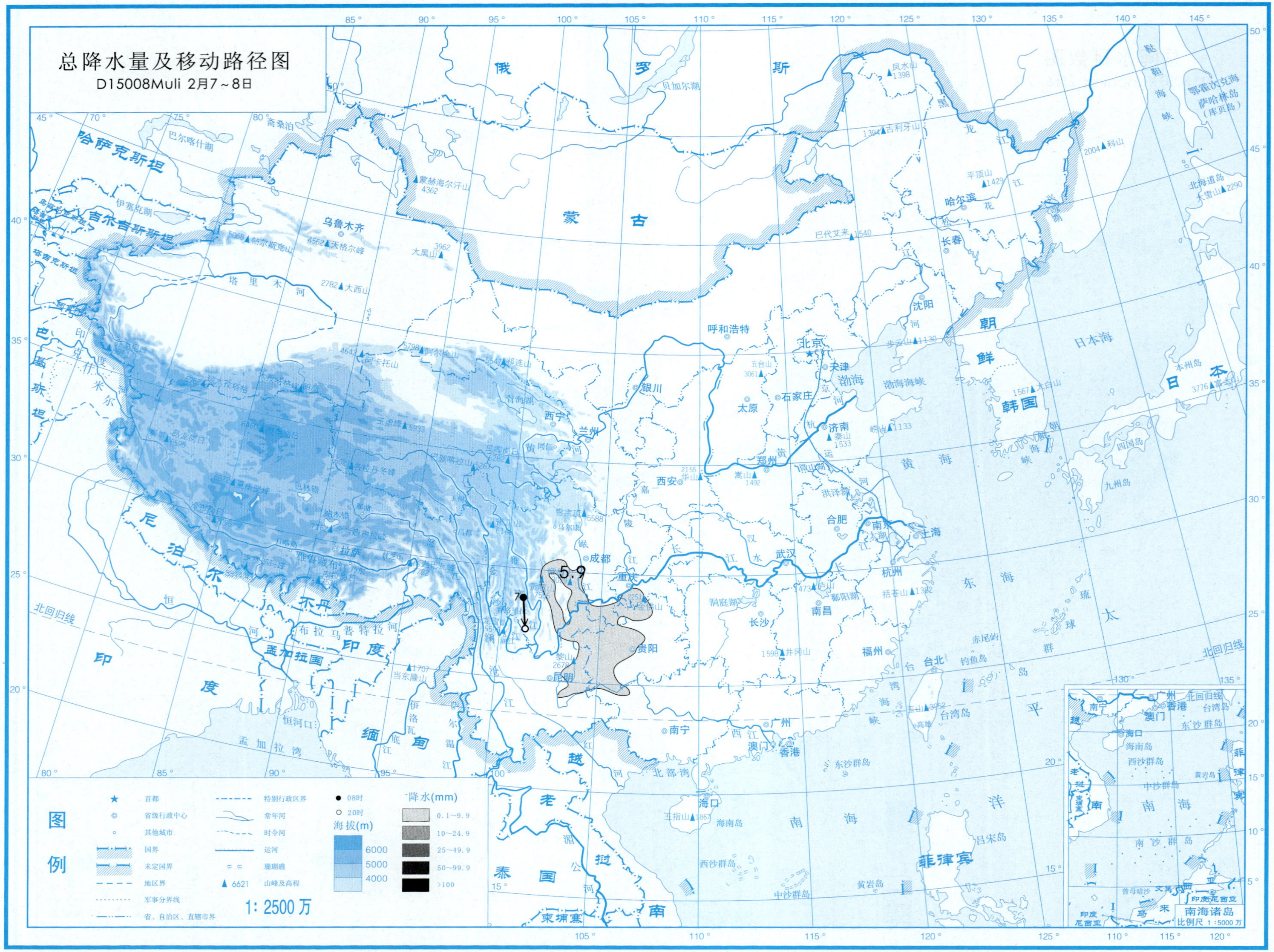
总降水量及移动路径图
D15008Muli 2月7～8日
图例
首都
省级行政中心
其他城市
国界
未定国界
地区界
军事分界线
省、自治区、直辖市界
特别行政区界
常年河
时令河
运河
珊瑚礁
山峰及高程
08时
20时
海拔(m)
6000
5000
4000
降水(mm)
0.1～9.9
10～24.9
25～49.9
50～99.9
>100
1:2500万
南海诸岛
比例尺 1:5000万

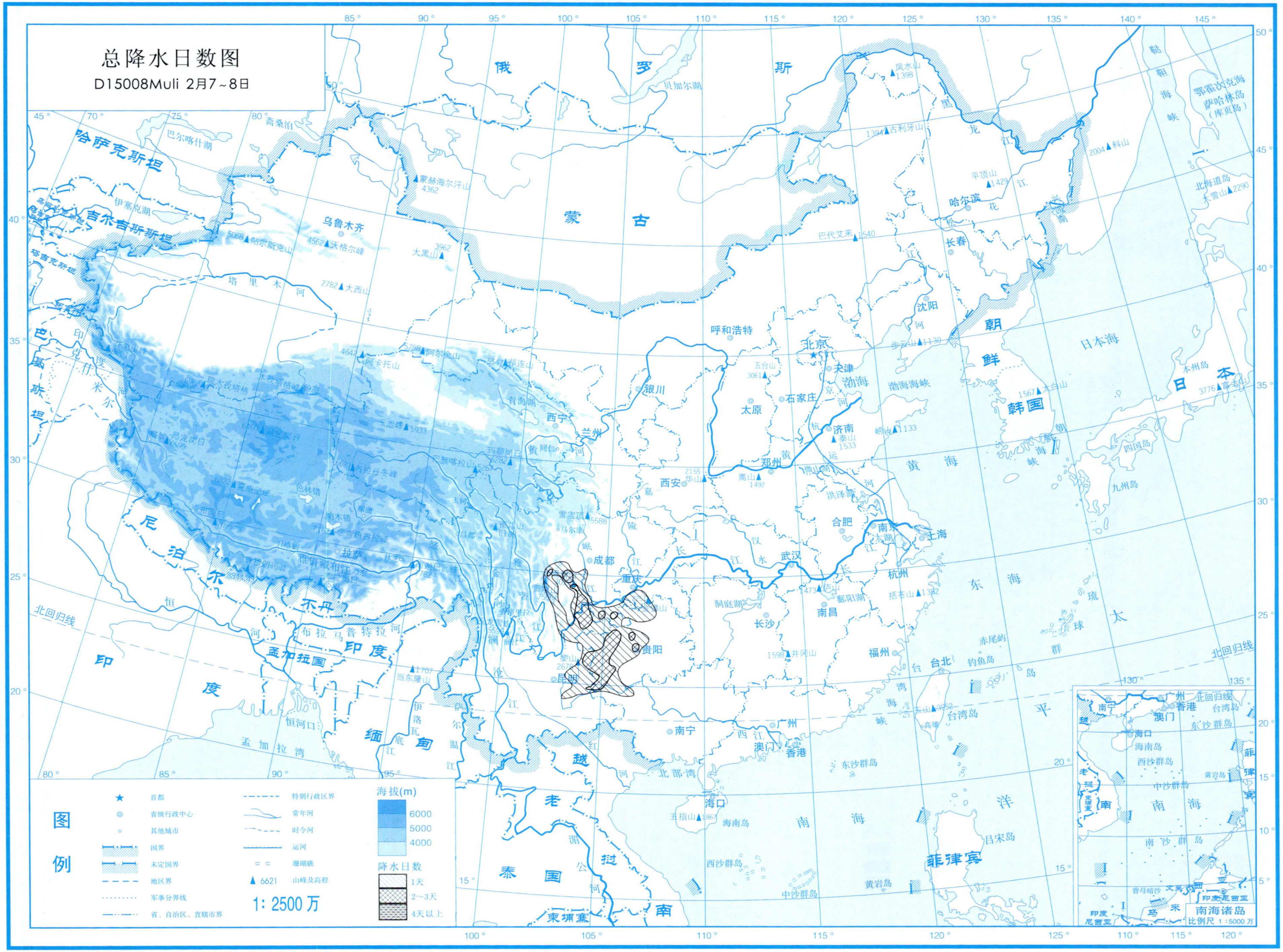
总降水日数图
D15008Muli 2月7~8日
图例
首都
省级行政中心
其他城市
国界
未定国界
地区界
军事分界线
省、自治区、直辖市界
特别行政区界
常年河
时令河
运河
珊瑚礁
6621 山峰及高程
1：2500万
海拔(m)
6000
5000
4000
降水日数
1天
2~3天
4天以上
俄罗斯
蒙古
哈萨克斯坦
吉尔吉斯斯坦
塔吉克斯坦
巴基斯坦
印度
尼泊尔
不丹
孟加拉国
缅甸
老挝
越南
泰国
柬埔寨
朝鲜
韩国
日本
菲律宾
北京
天津
石家庄
太原
呼和浩特
沈阳
长春
哈尔滨
济南
郑州
西安
银川
兰州
西宁
乌鲁木齐
拉萨
成都
重庆
贵阳
昆明
南宁
长沙
武汉
南昌
合肥
南京
上海
杭州
福州
台北
广州
香港
澳门
海口
日本海
渤海
黄海
东海
南海
太平洋
北回归线
南海诸岛
比例尺 1：5000万

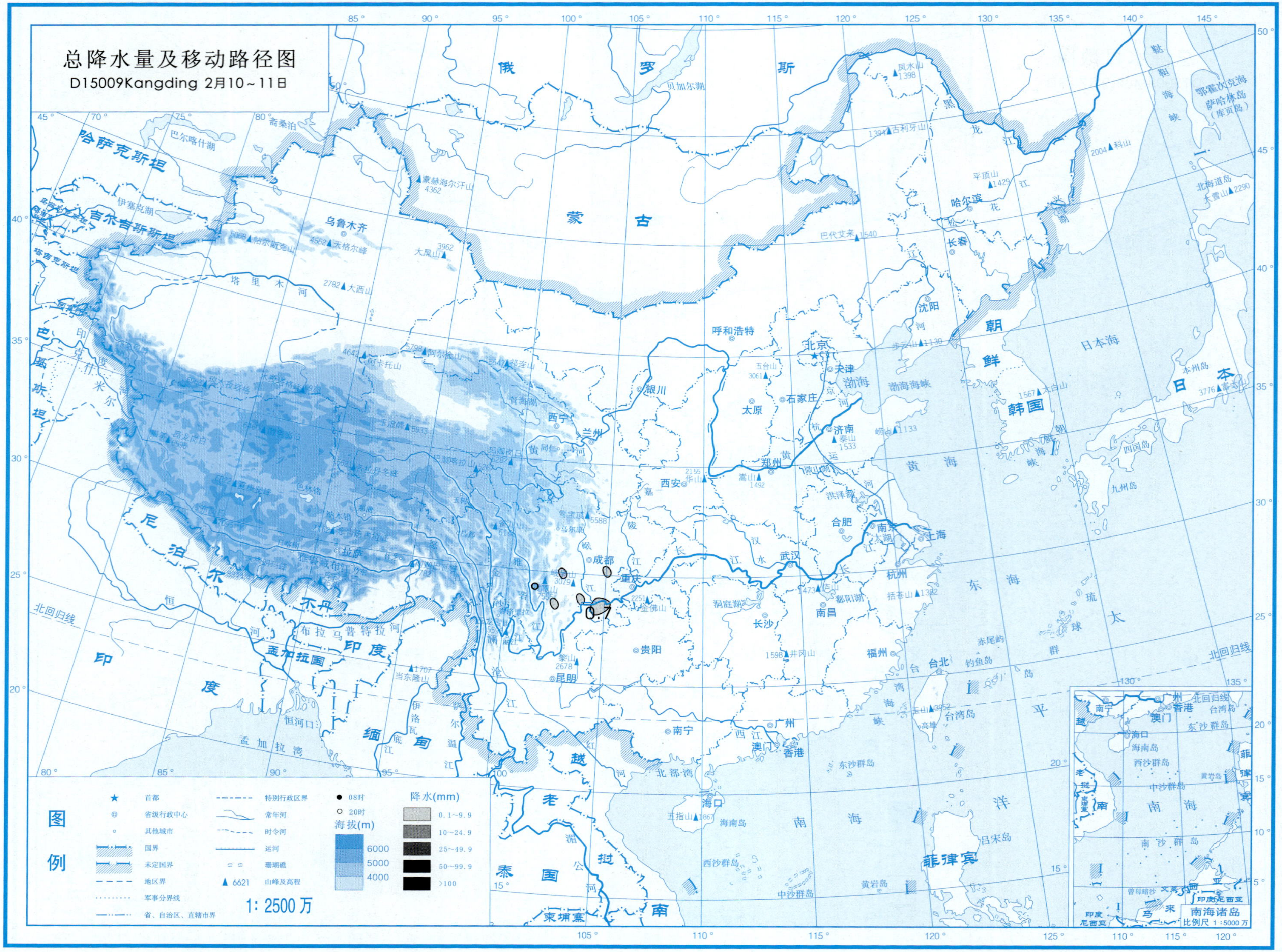
总降水量及移动路径图
D15009Kangding 2月10～11日
图例
首都
省级行政中心
其他城市
国界
未定国界
地区界
军事分界线
省、自治区、直辖市界
特别行政区界
常年河
时令河
运河
珊瑚礁
6621 山峰及高程
08时
20时
海拔(m)
6000
5000
4000
降水(mm)
0.1～9.9
10～24.9
25～49.9
50～99.9
>100
1:2500万
南海诸岛
比例尺 1:5000万

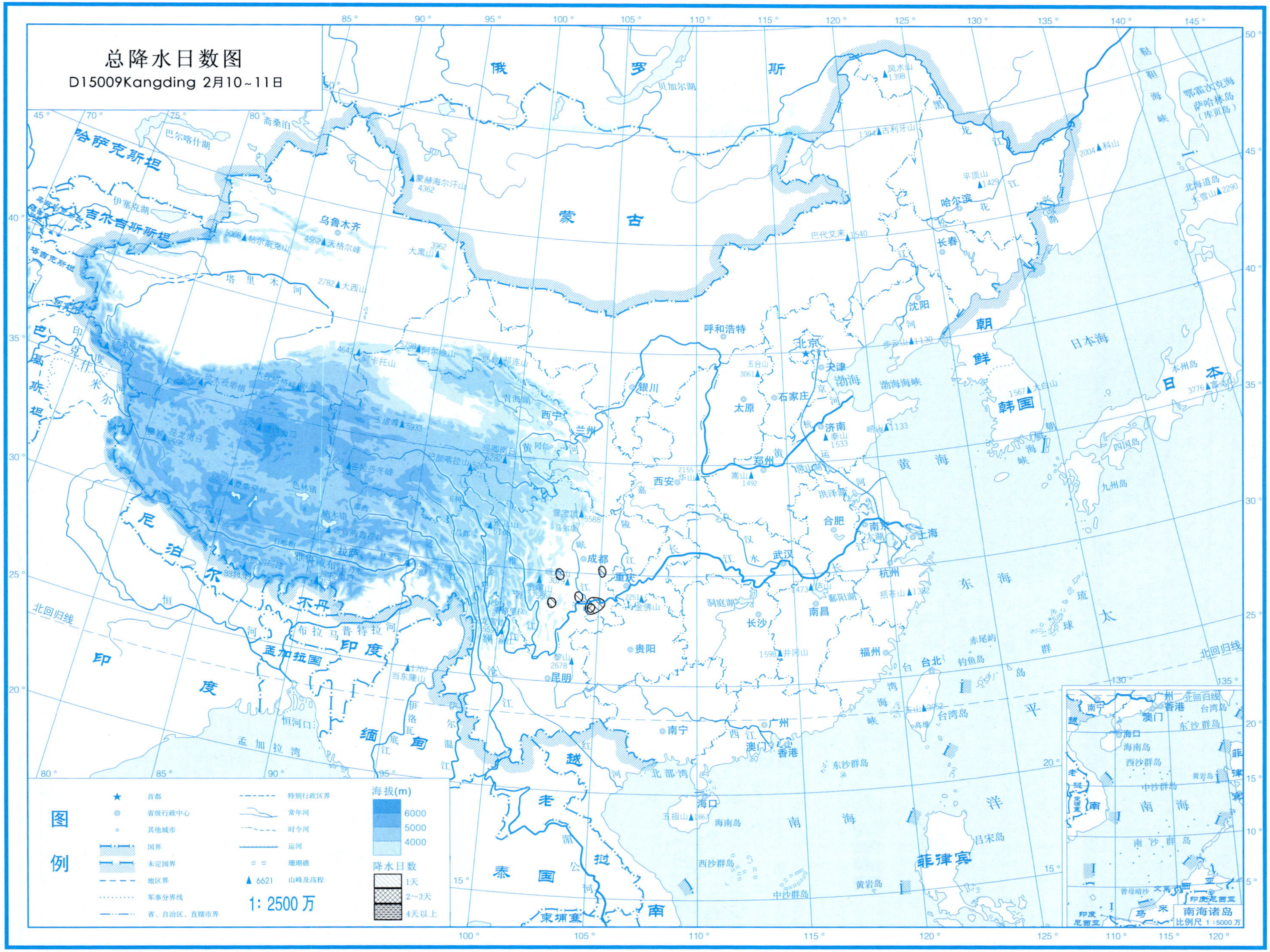
总降水日数图
D15009Kangding 2月10~11日
图例
首都
省级行政中心
其他城市
国界
未定国界
地区界
军事分界线
省、自治区、直辖市界
特别行政区界
常年河
时令河
运河
珊瑚礁
6621 山峰及高程
海拔(m)
6000
5000
4000
降水日数
1天
2~3天
4天以上
1:2500万
南海诸岛
比例尺 1:5000万

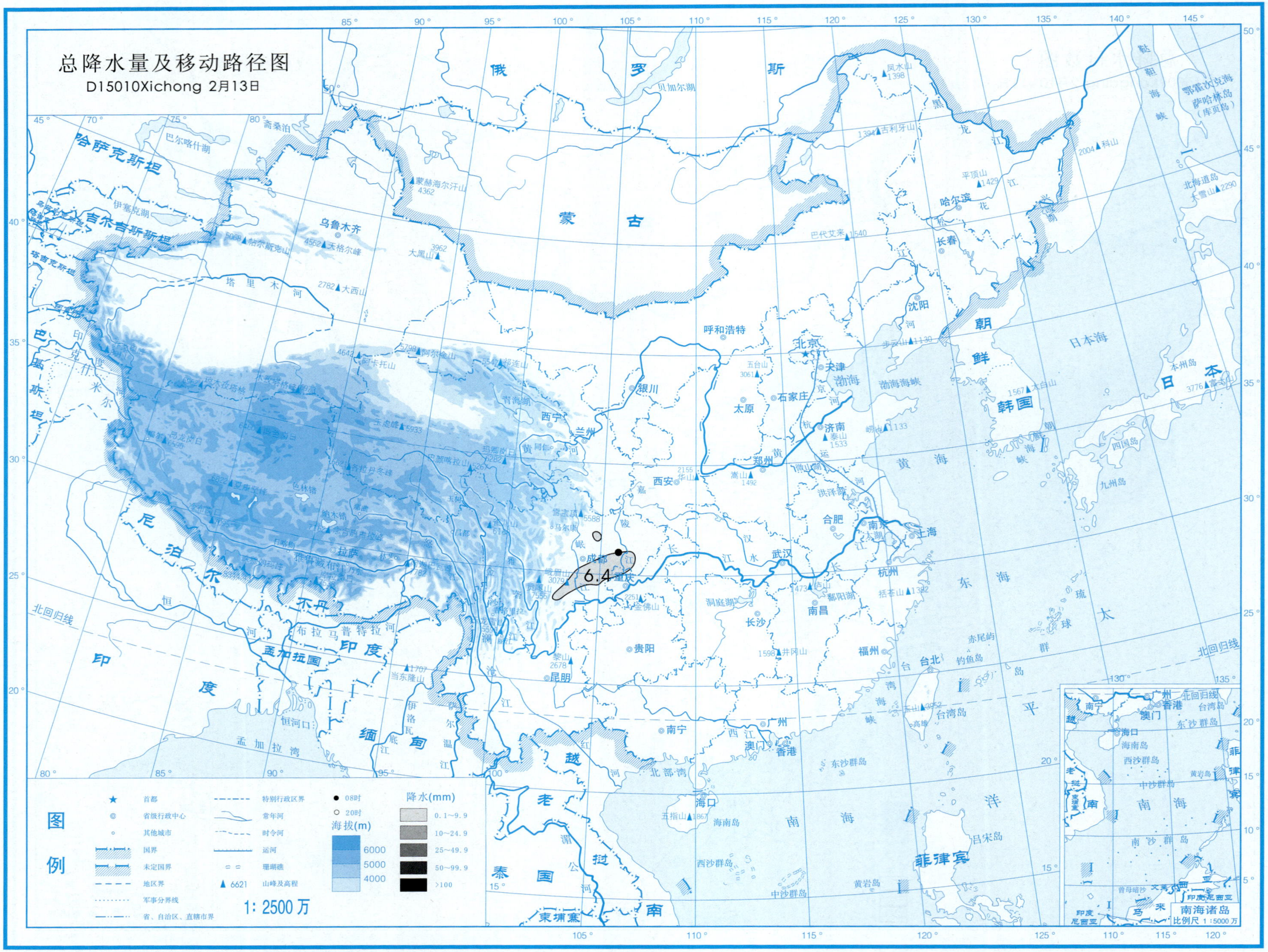
总降水量及移动路径图
D15010Xichong 2月13日
6.4
图例
首都
省级行政中心
其他城市
国界
未定国界
地区界
军事分界线
省、自治区、直辖市界
特别行政区界
常年河
时令河
运河
珊瑚礁
6621 山峰及高程
08时
20时
海拔(m)
6000
5000
4000
降水(mm)
0.1~9.9
10~24.9
25~49.9
50~99.9
>100
1: 2500 万
南海诸岛
比例尺 1:5000 万

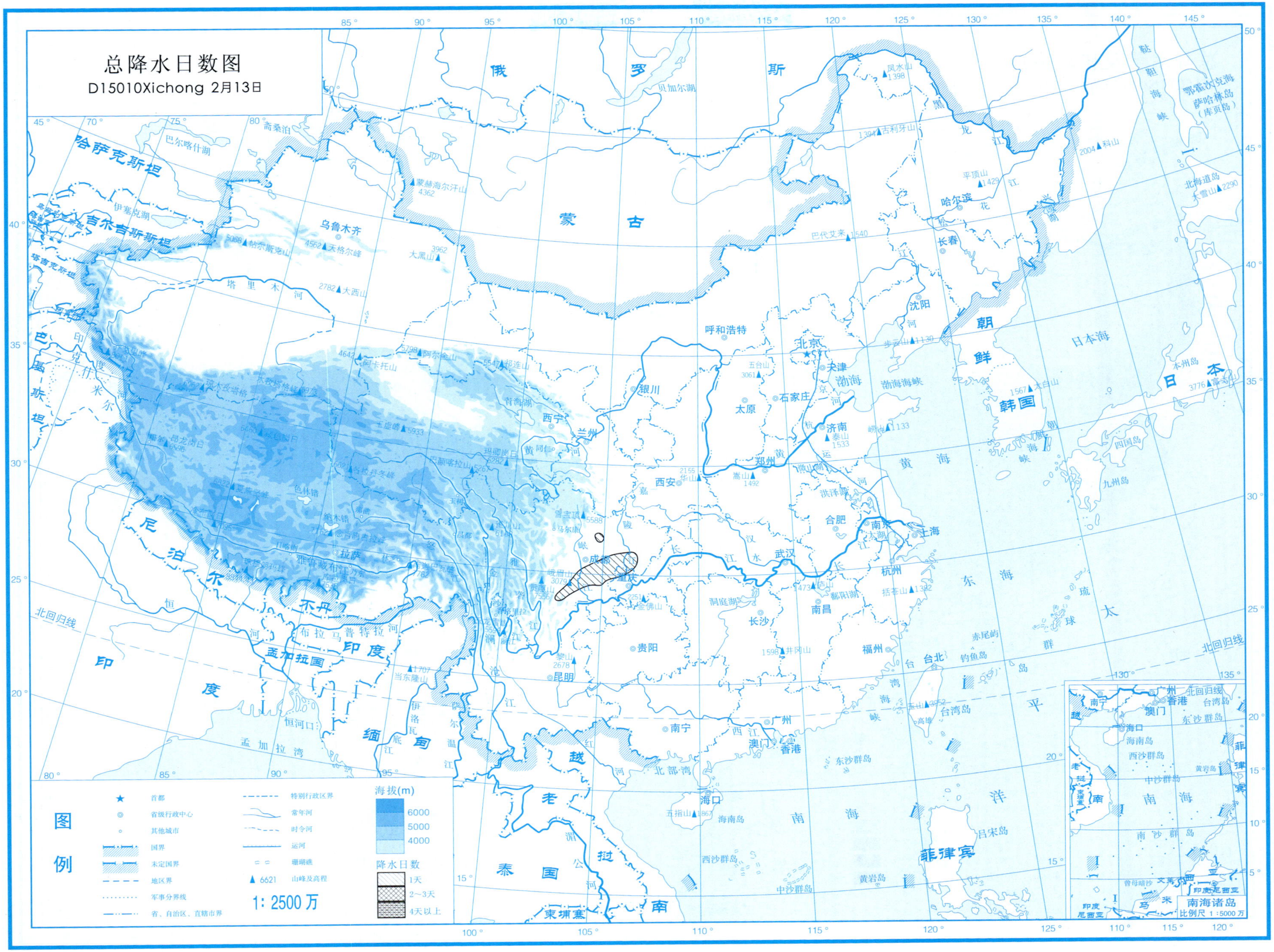
总降水日数图
D15010Xichong 2月13日
图例
首都
省级行政中心
其他城市
国界
未定国界
地区界
军事分界线
省、自治区、直辖市界
特别行政区界
常年河
时令河
运河
珊瑚礁
6621 山峰及高程
1: 2500 万
海拔(m)
6000
5000
4000
降水日数
1天
2～3天
4天以上
南海诸岛
比例尺 1 : 5000 万

总降水量及移动路径图

D15011Nanchong 2月14～15日

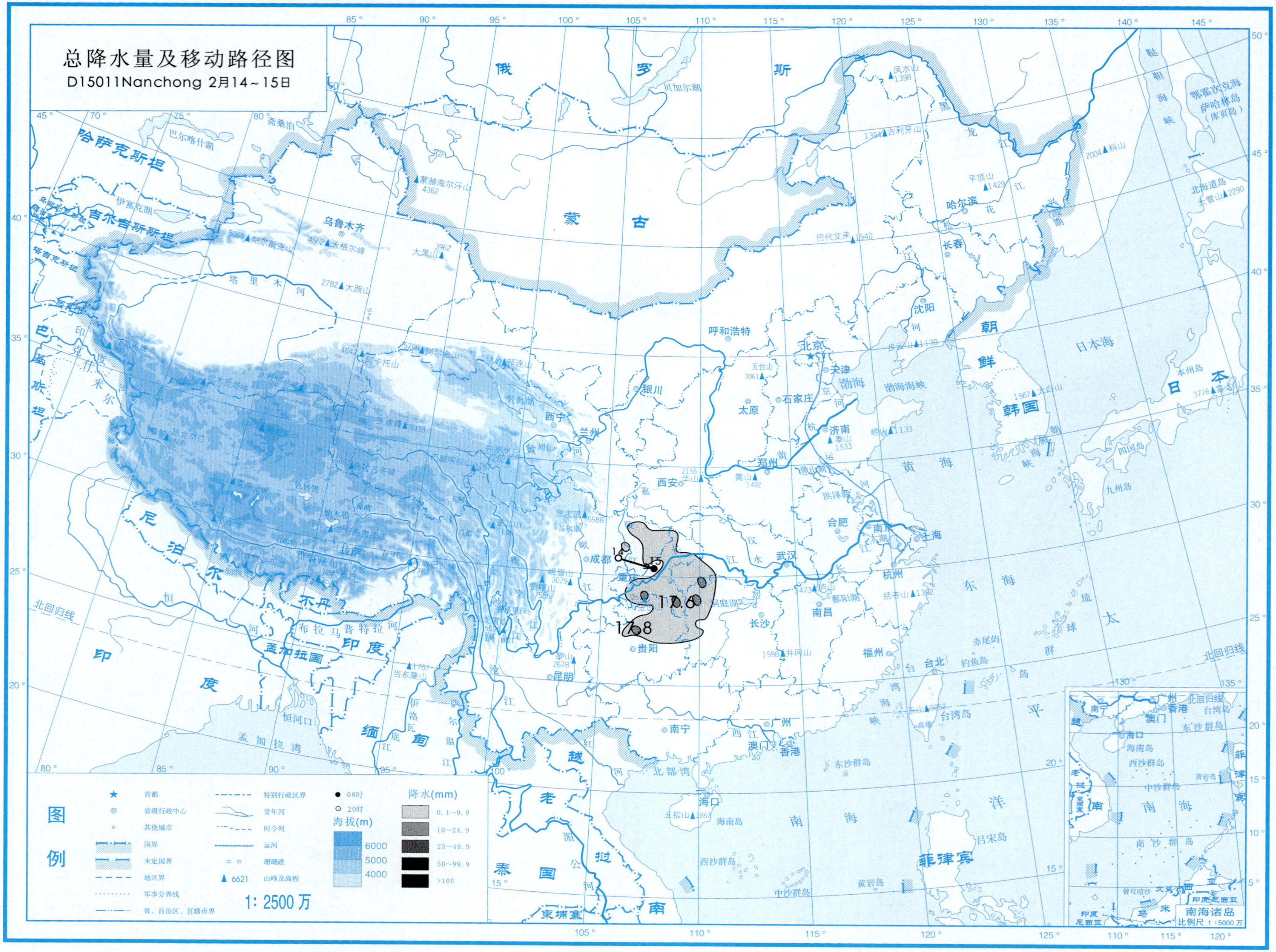

总降水日数图

D15011Nanchong 2月14～15日

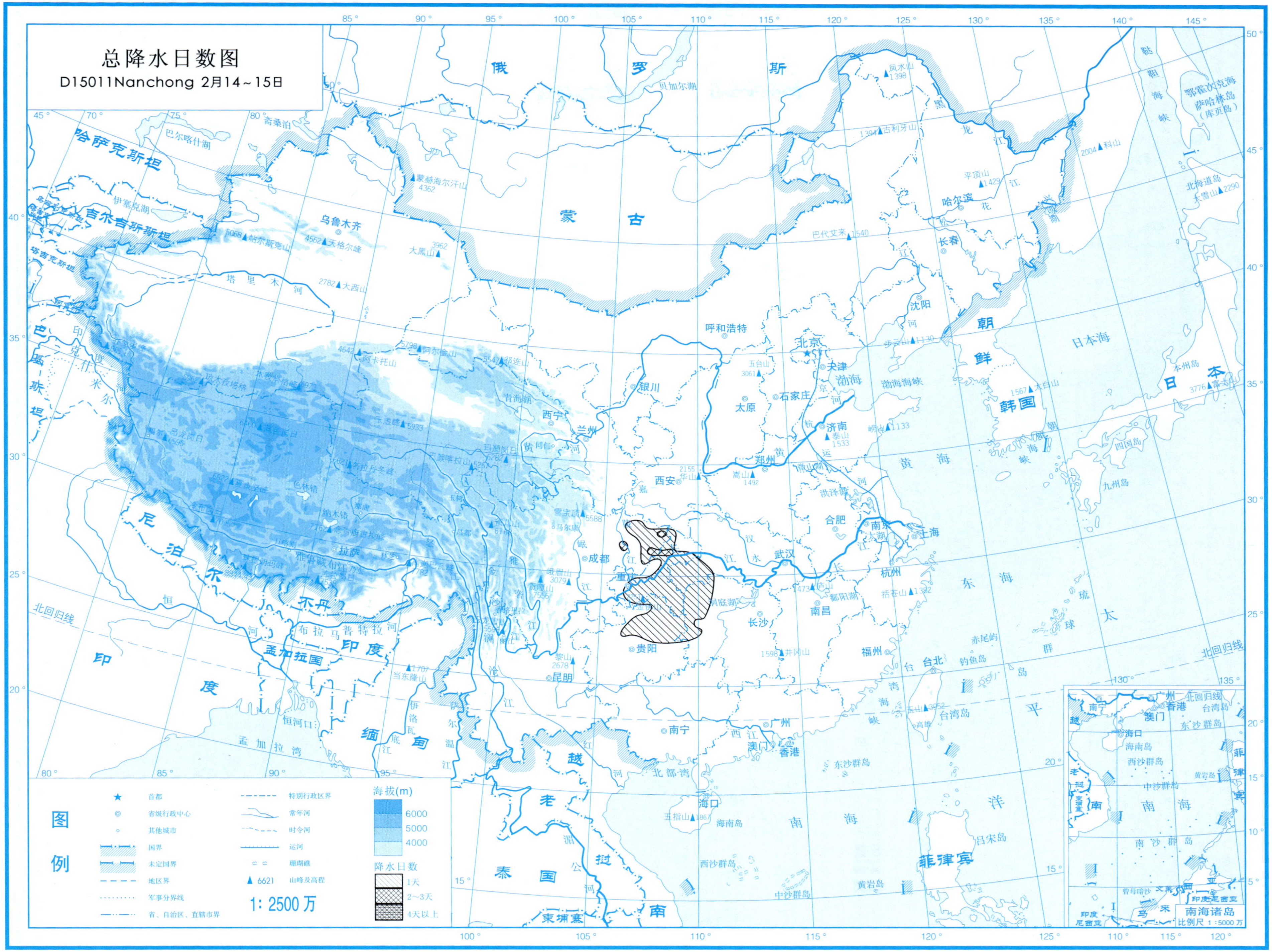

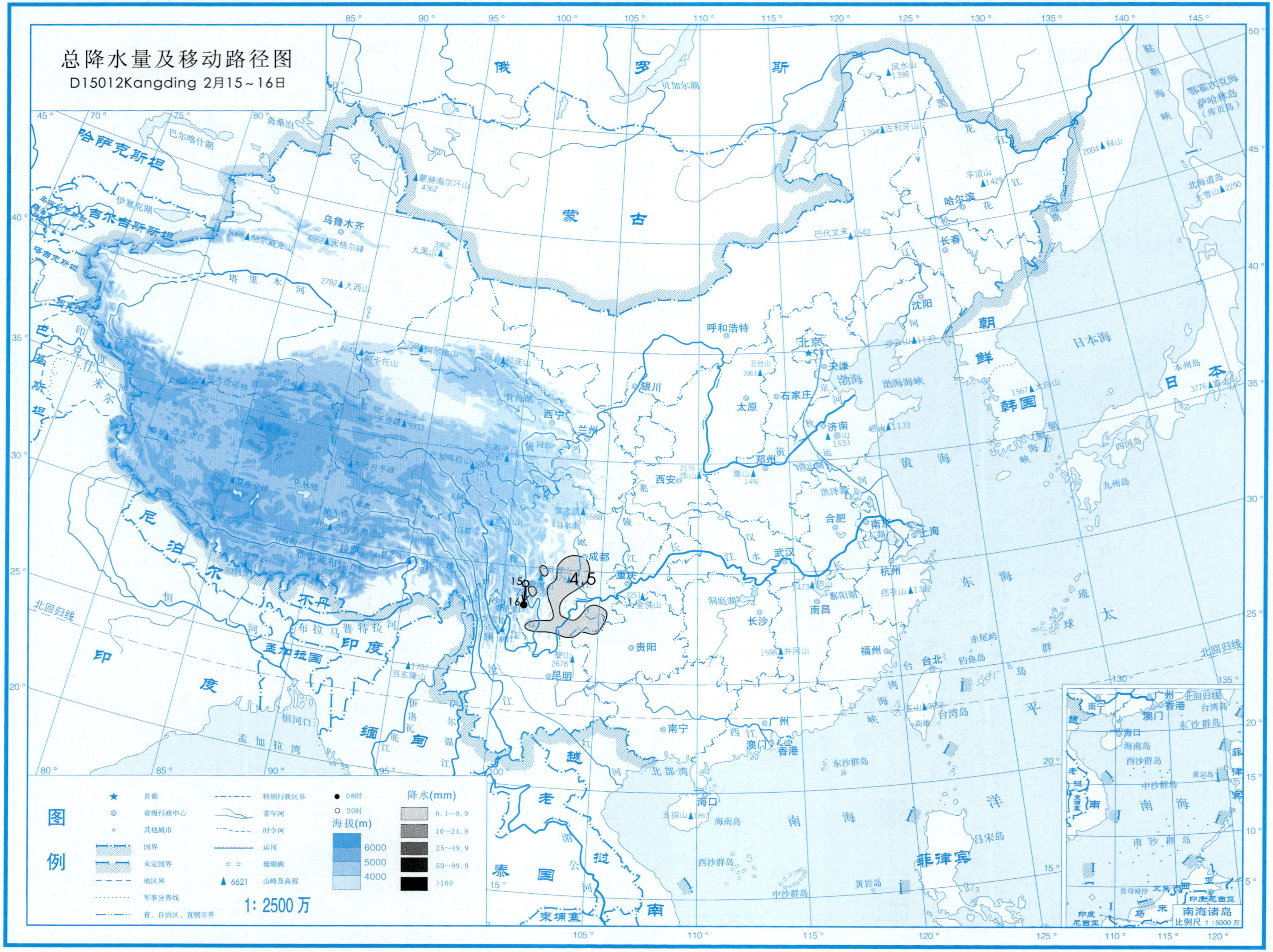
总降水量及移动路径图
D15012Kangding 2月15～16日
图例
首都
省级行政中心
其他城市
国界
未定国界
地区界
军事分界线
省、自治区、直辖市界
特别行政区界
常年河
时令河
运河
珊瑚礁
山峰及高程
08时
20时
海拔(m)
6000
5000
4000
降水(mm)
0.1～9.9
10～24.9
25～49.9
50～99.9
>100
1：2500万
南海诸岛
比例尺 1：5000万

总降水日数图

D15012Kangding 2月15～16日

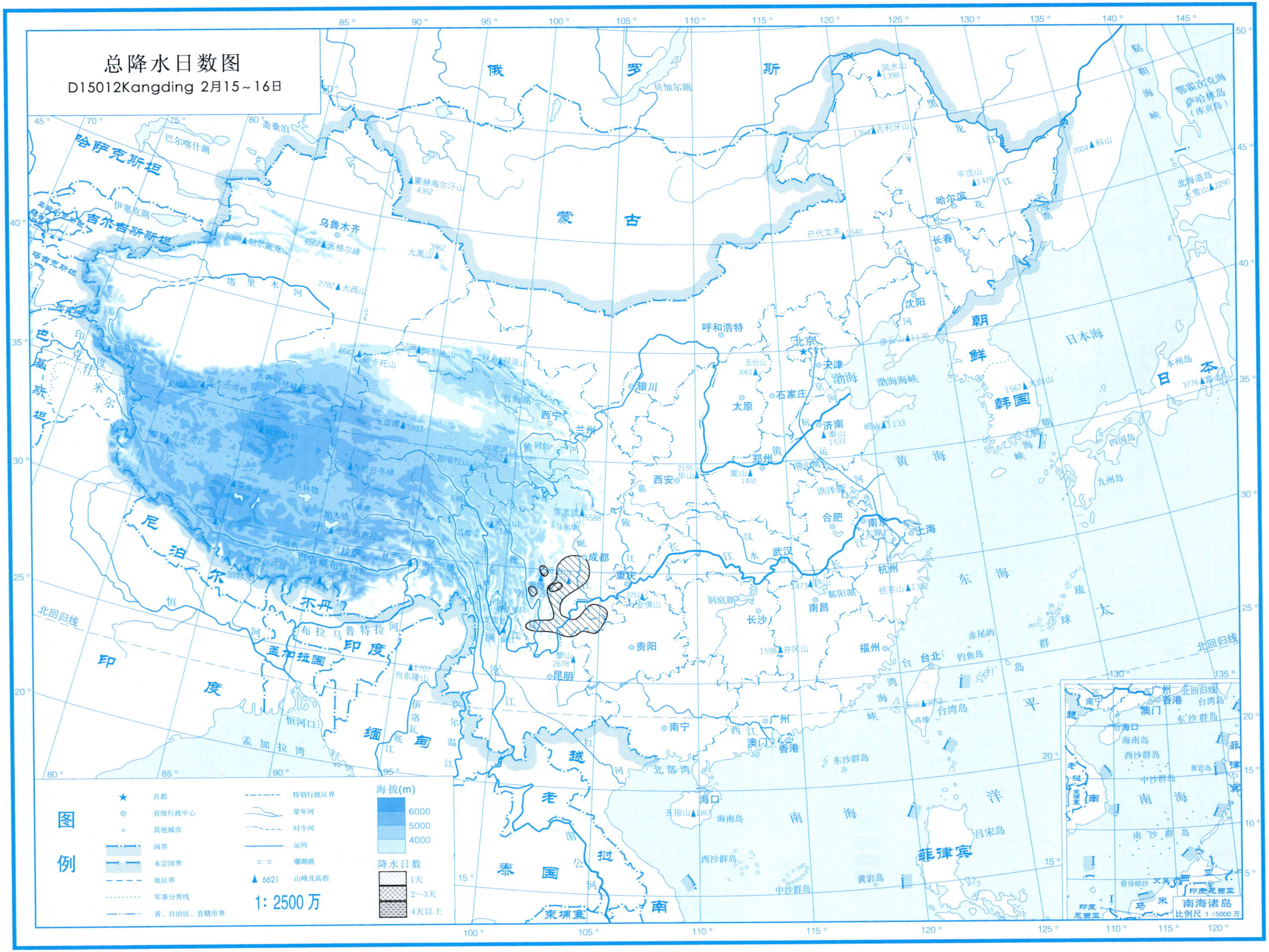

总降水量及移动路径图

D15013Huili 2月19日

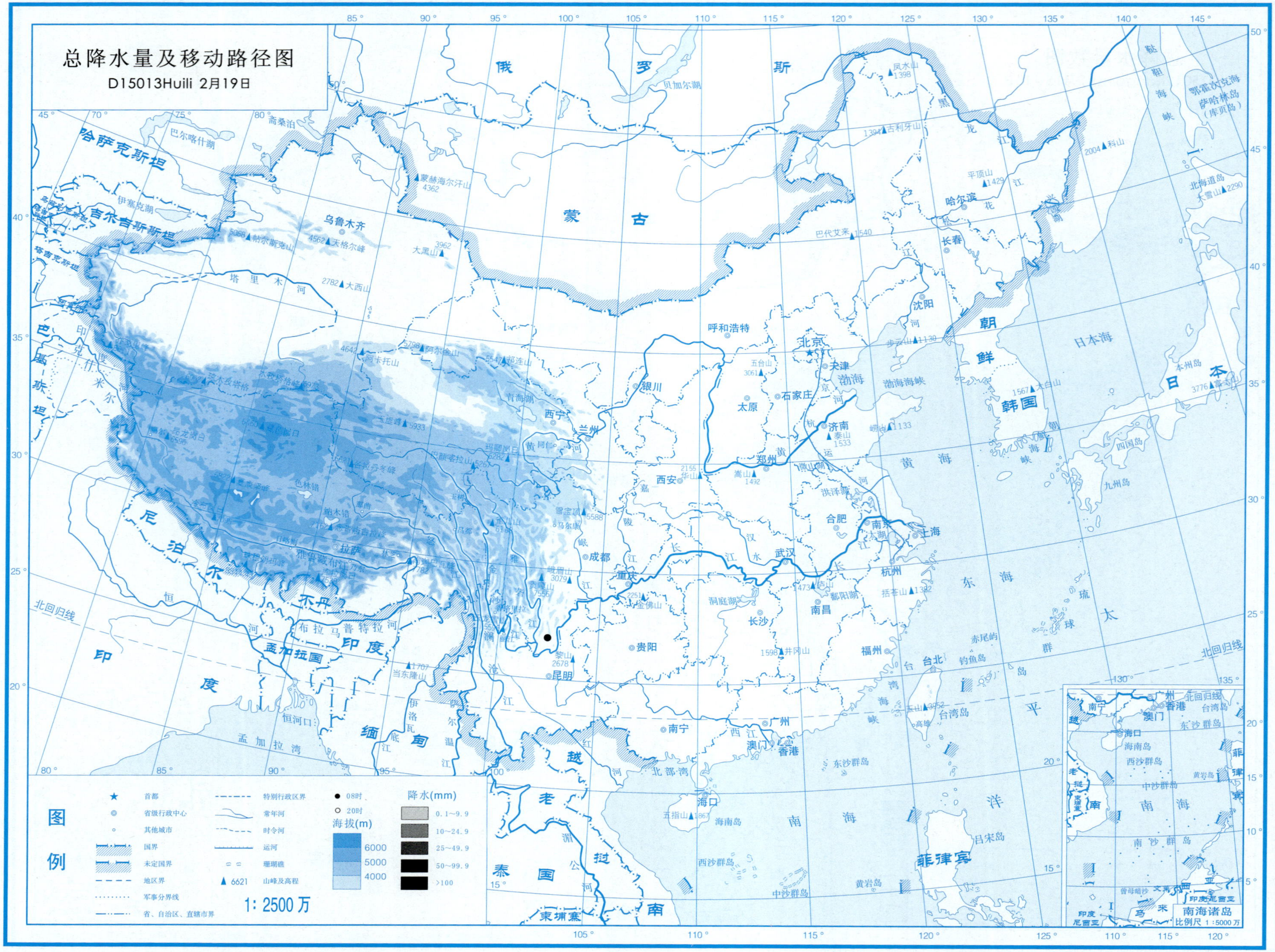

总降水日数图

D15013Huili 2月19日

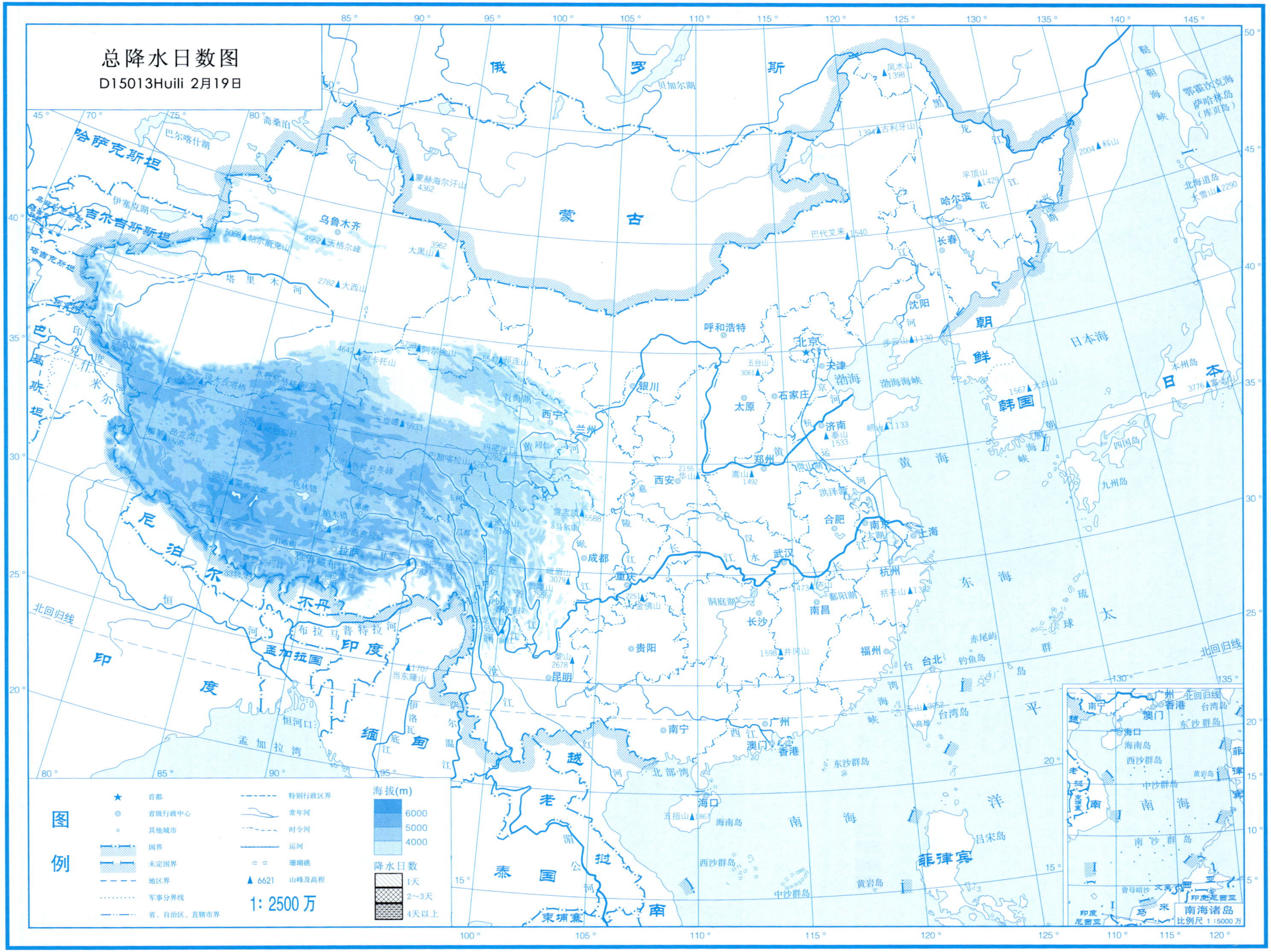

总降水量及移动路径图

D15014Pengan 2月25~26日

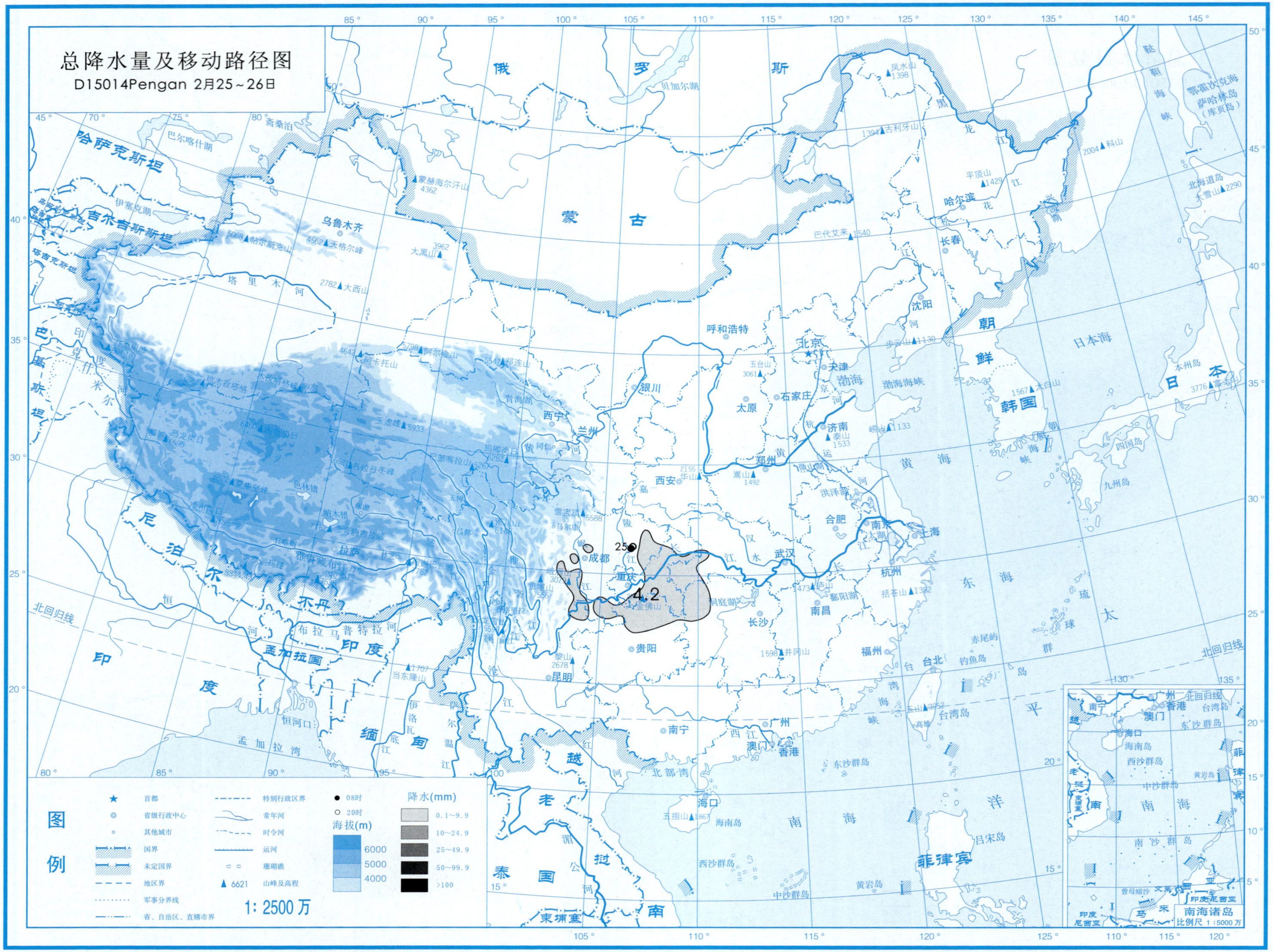

总降水日数图

D15014Pengan 2月25~26日

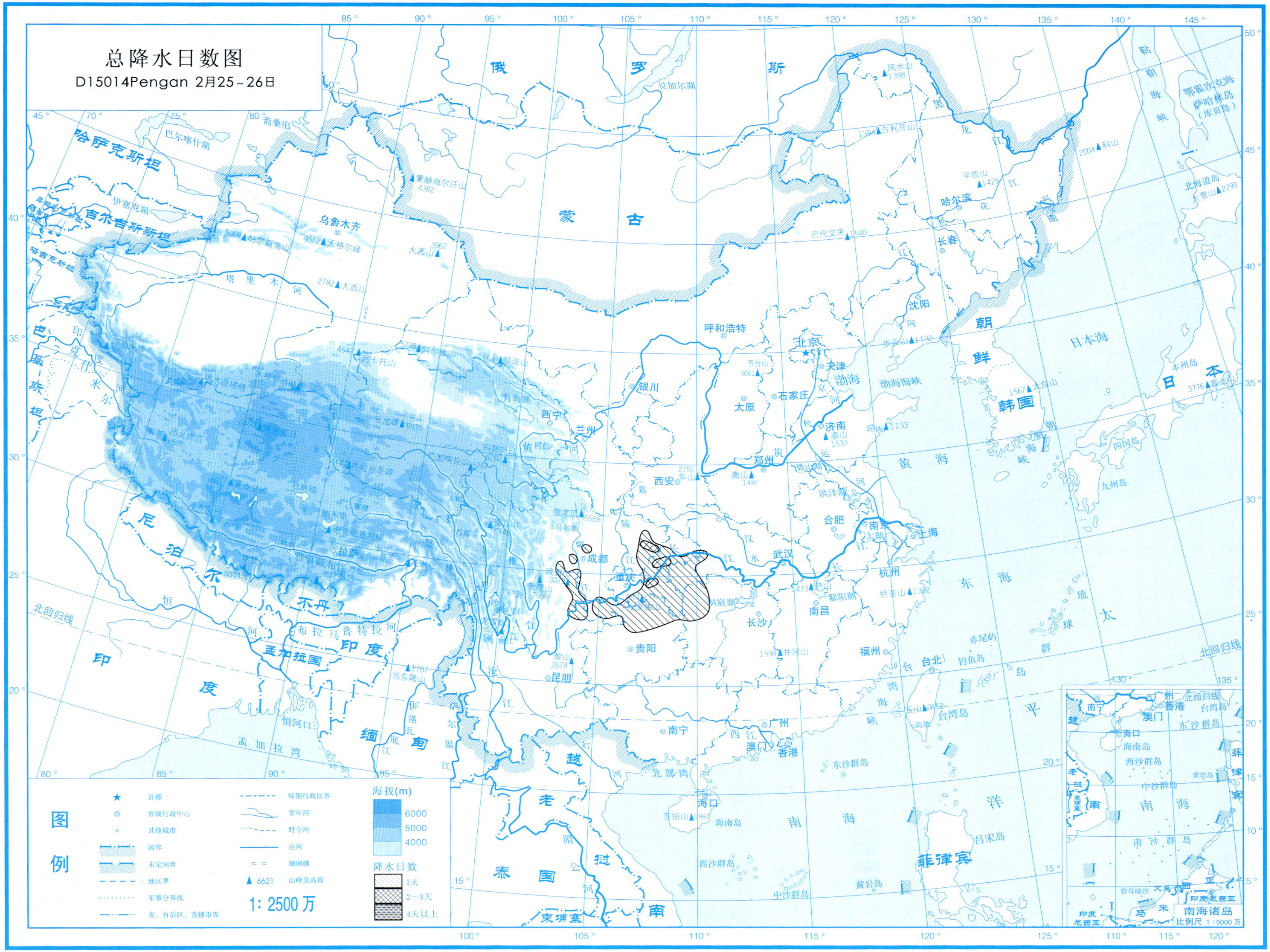

总降水量及移动路径图

D15015Yajiang 3月6~7日

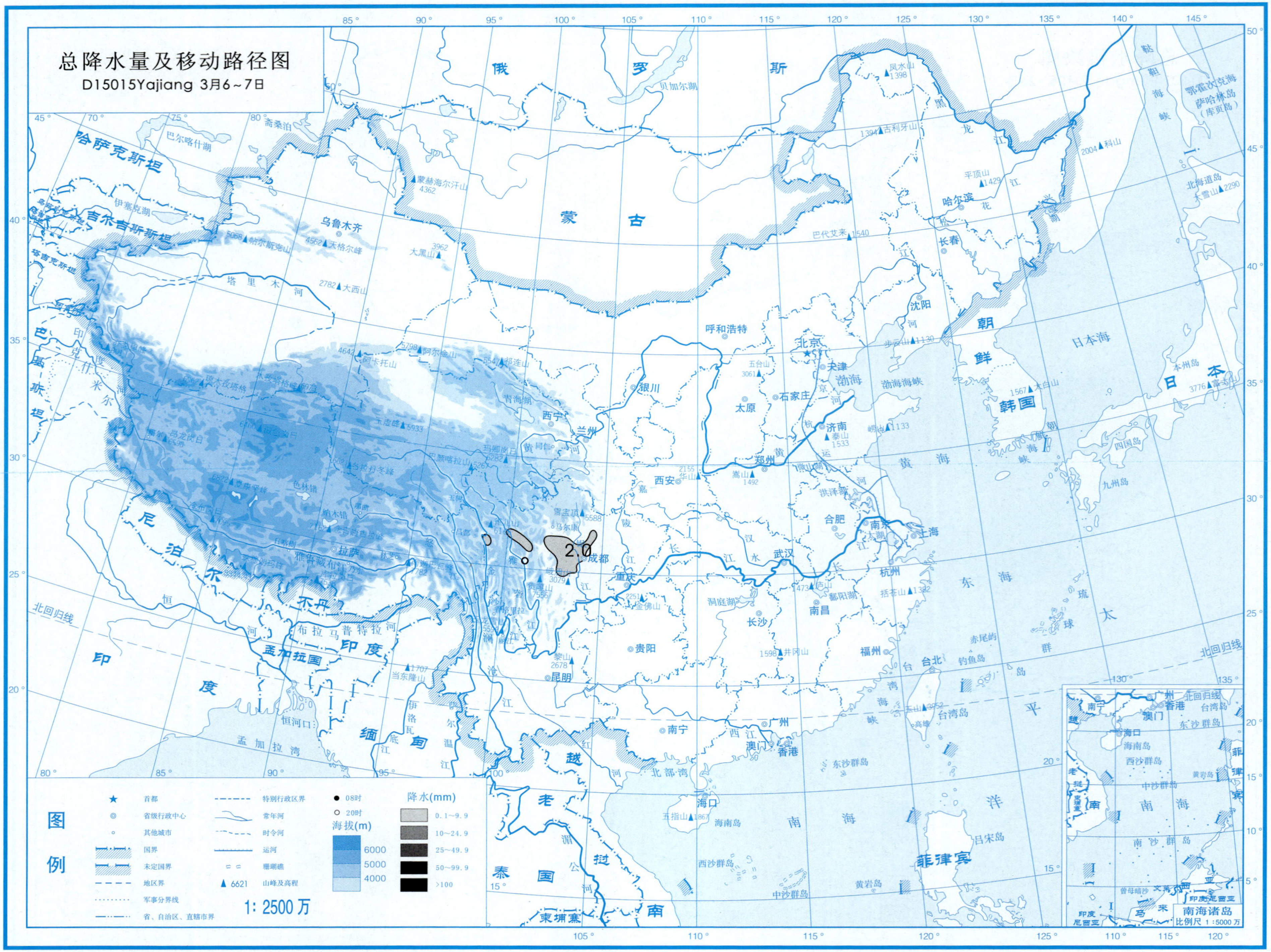

总降水日数图

D15015Yajiang 3月6~7日

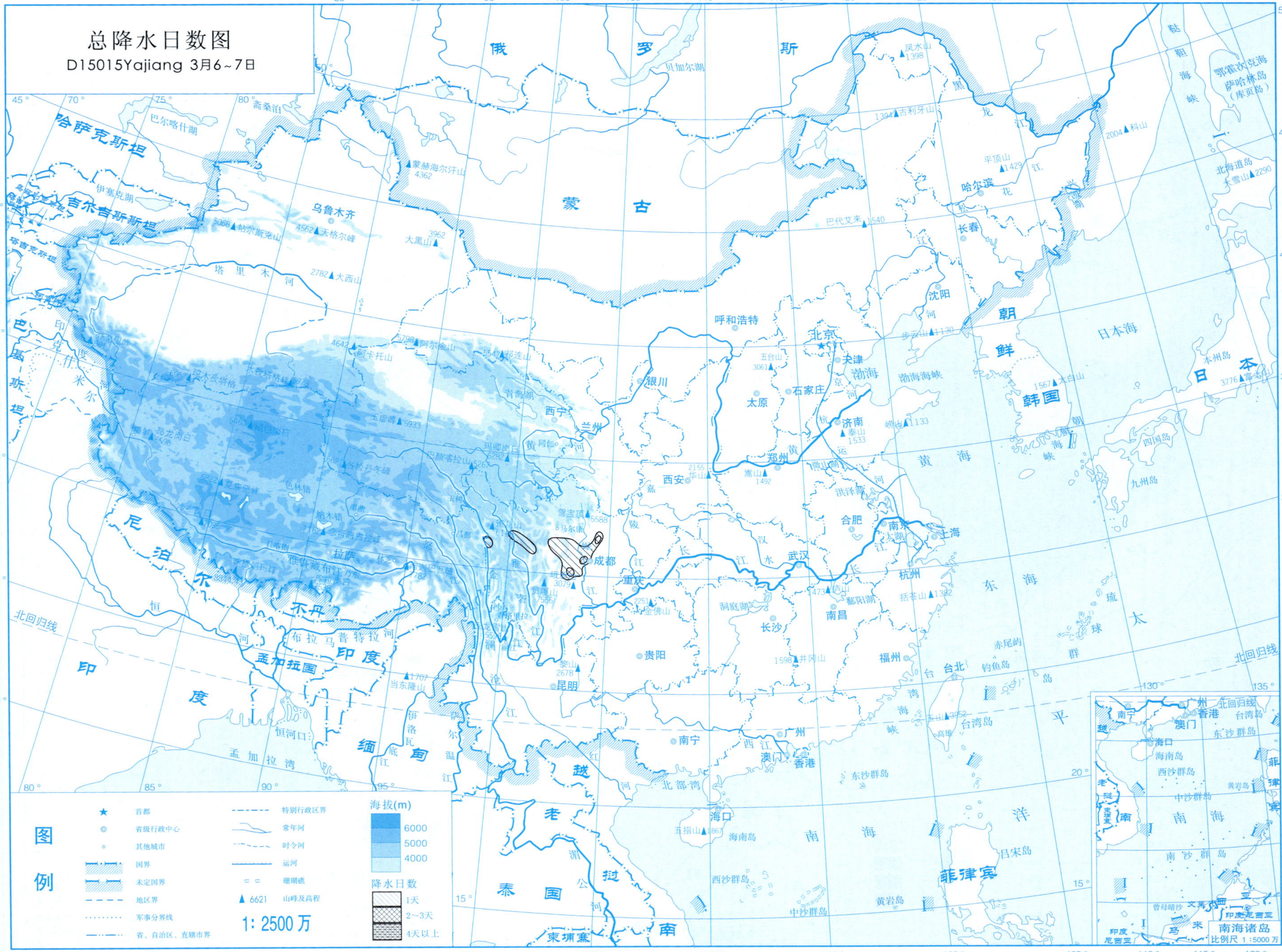

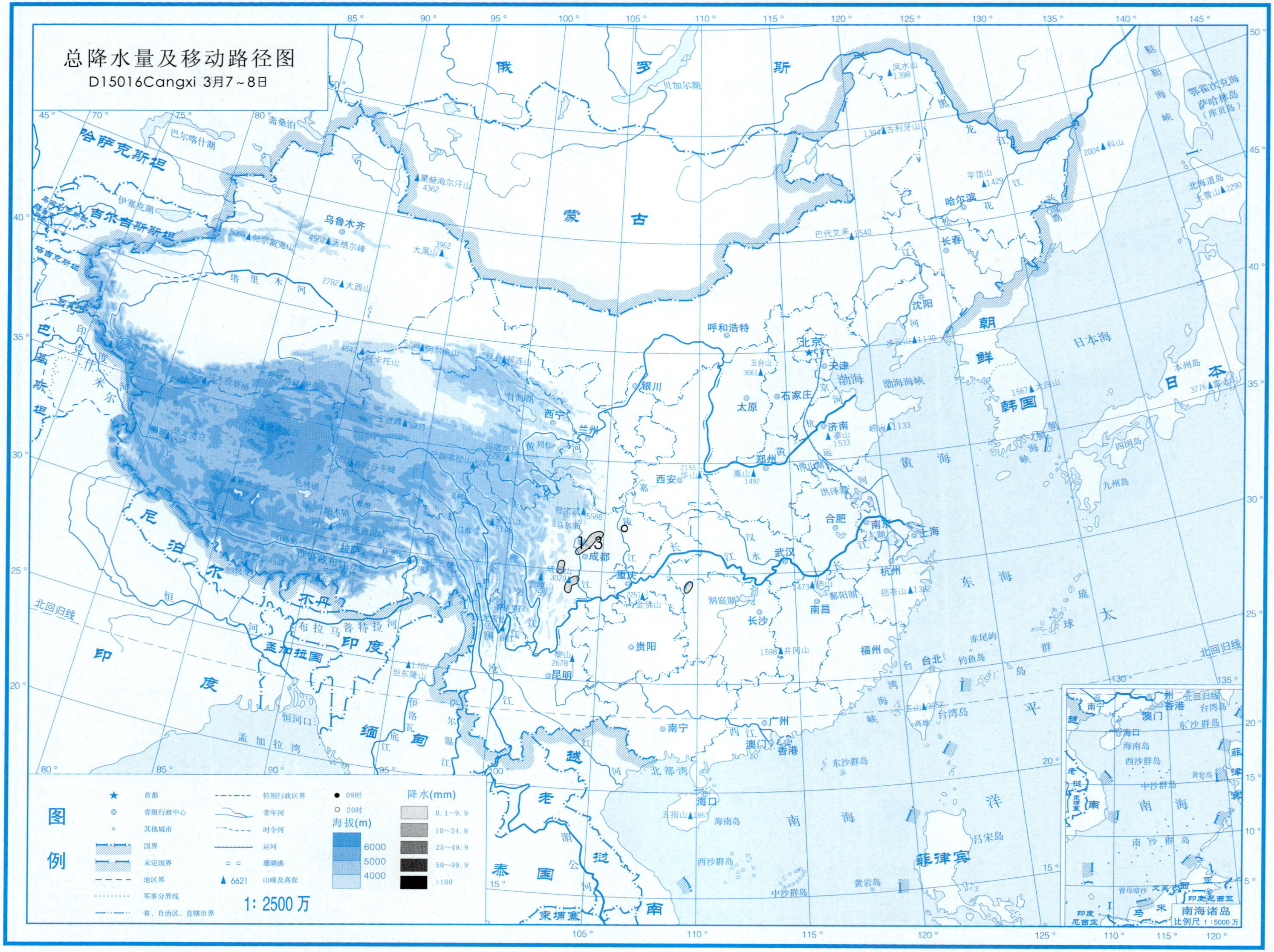
总降水量及移动路径图
D15016Cangxi 3月7～8日
图例
首都
省级行政中心
其他城市
国界
未定国界
地区界
军事分界线
省、自治区、直辖市界
特别行政区界
常年河
时令河
运河
珊瑚礁
山峰及高程
08时
20时
海拔(m)
6000
5000
4000
降水(mm)
0.1～9.9
10～24.9
25～49.9
50～99.9
>100
1: 2500 万
南海诸岛
比例尺 1:5000 万
俄罗斯
蒙古
哈萨克斯坦
吉尔吉斯斯坦
塔吉克斯坦
巴基斯坦
印度
尼泊尔
不丹
孟加拉国
缅甸
老挝
泰国
越南
柬埔寨
朝鲜
韩国
日本
菲律宾
北京
天津
石家庄
太原
呼和浩特
沈阳
长春
哈尔滨
济南
郑州
西安
银川
兰州
西宁
乌鲁木齐
拉萨
成都
重庆
贵阳
昆明
南宁
广州
长沙
武汉
南昌
合肥
南京
上海
杭州
福州
台北
香港
澳门
海口
渤海
黄海
东海
南海
日本海
太平洋
1.3

总降水日数图

D15016Cangxi 3月7~8日

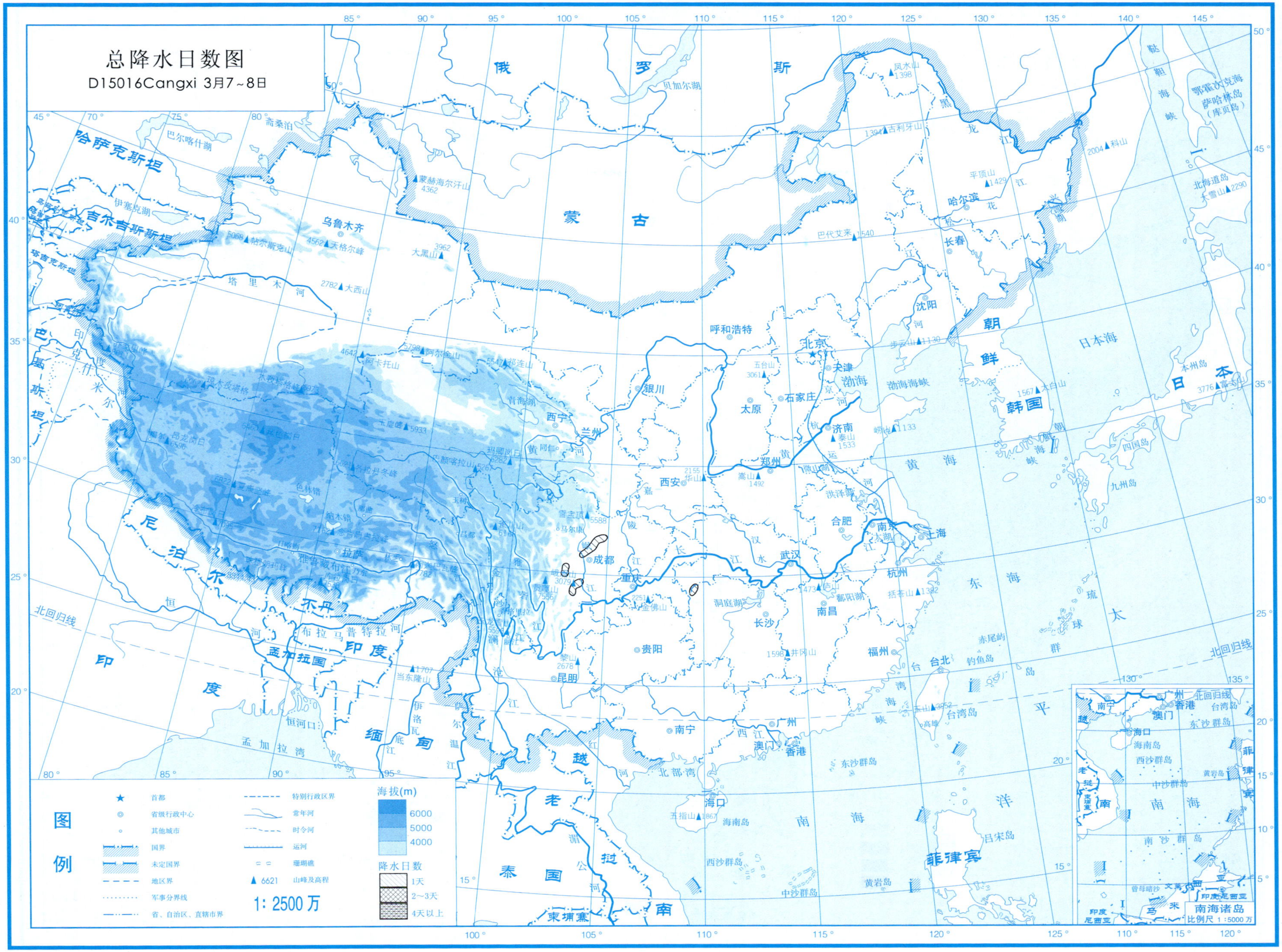

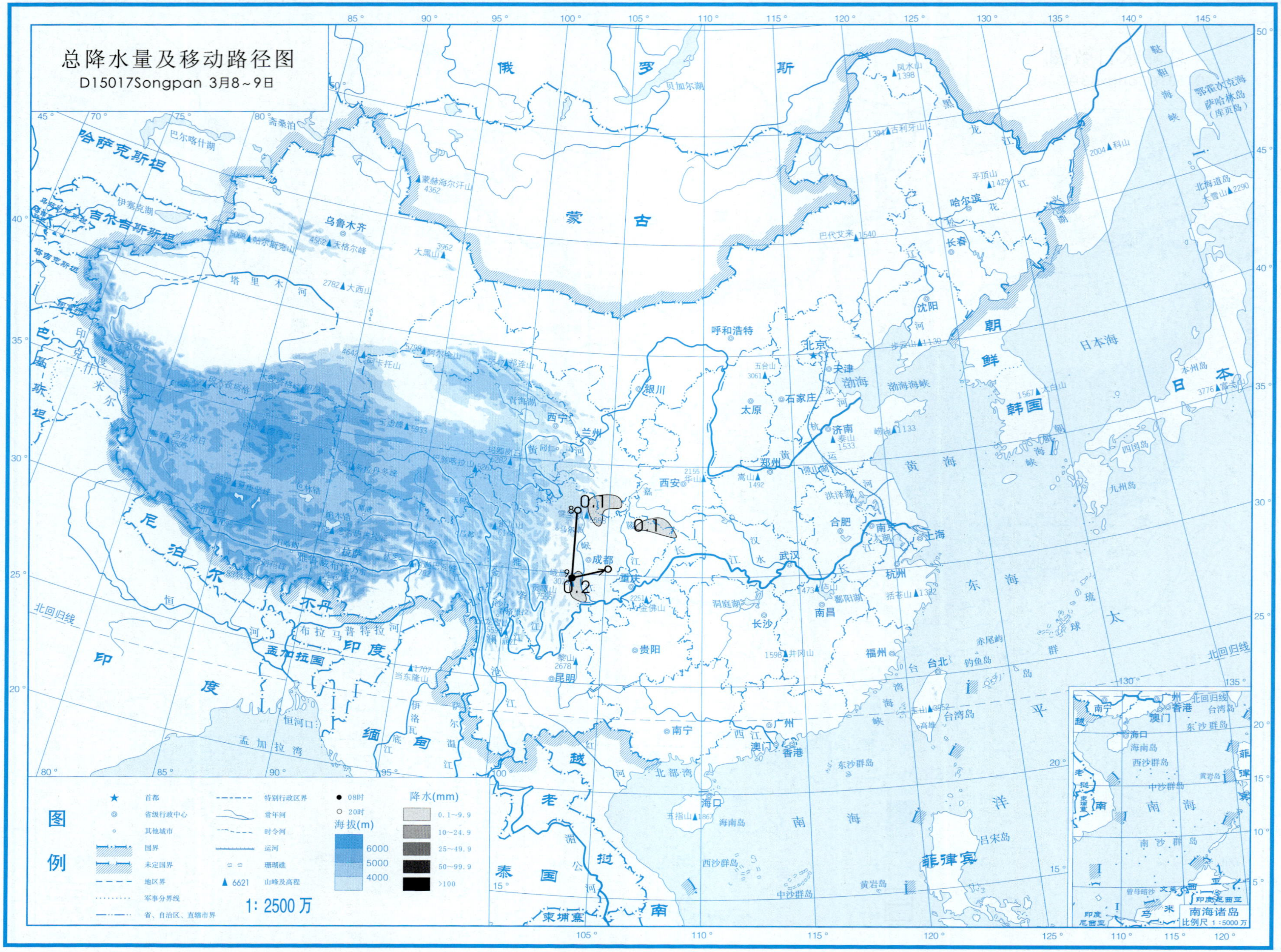
总降水量及移动路径图
D15017Songpan 3月8～9日
图例
首都
省级行政中心
其他城市
国界
未定国界
地区界
军事分界线
省、自治区、直辖市界
特别行政区界
常年河
时令河
运河
珊瑚礁
山峰及高程
08时
20时
海拔(m)
6000
5000
4000
降水(mm)
0.1～9.9
10～24.9
25～49.9
50～99.9
>100
1: 2500万
南海诸岛
比例尺 1 : 5000万

总降水日数图

D15017Songpan 3月8～9日

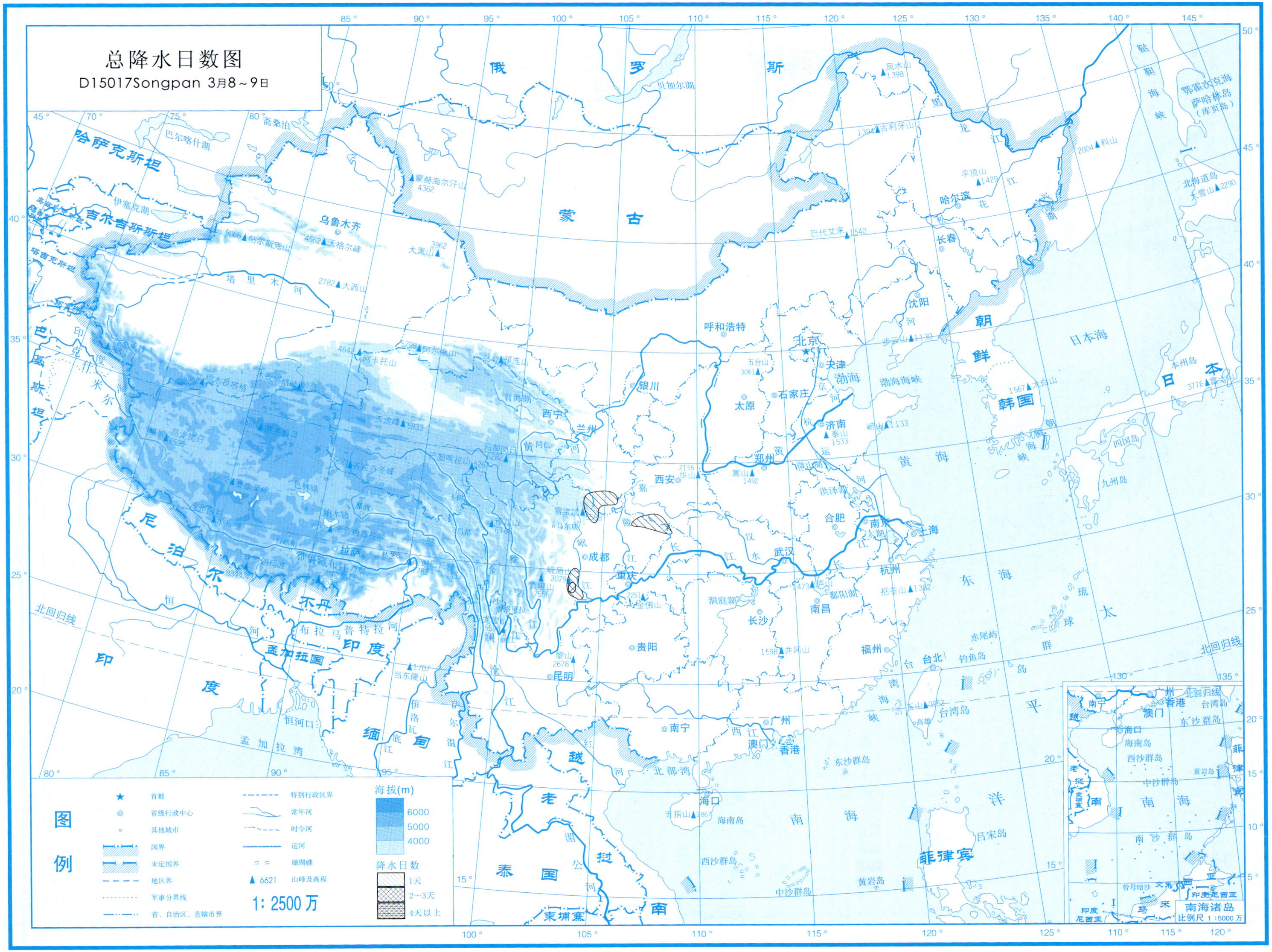

总降水量及移动路径图

D15018Kangding 3月11～12日

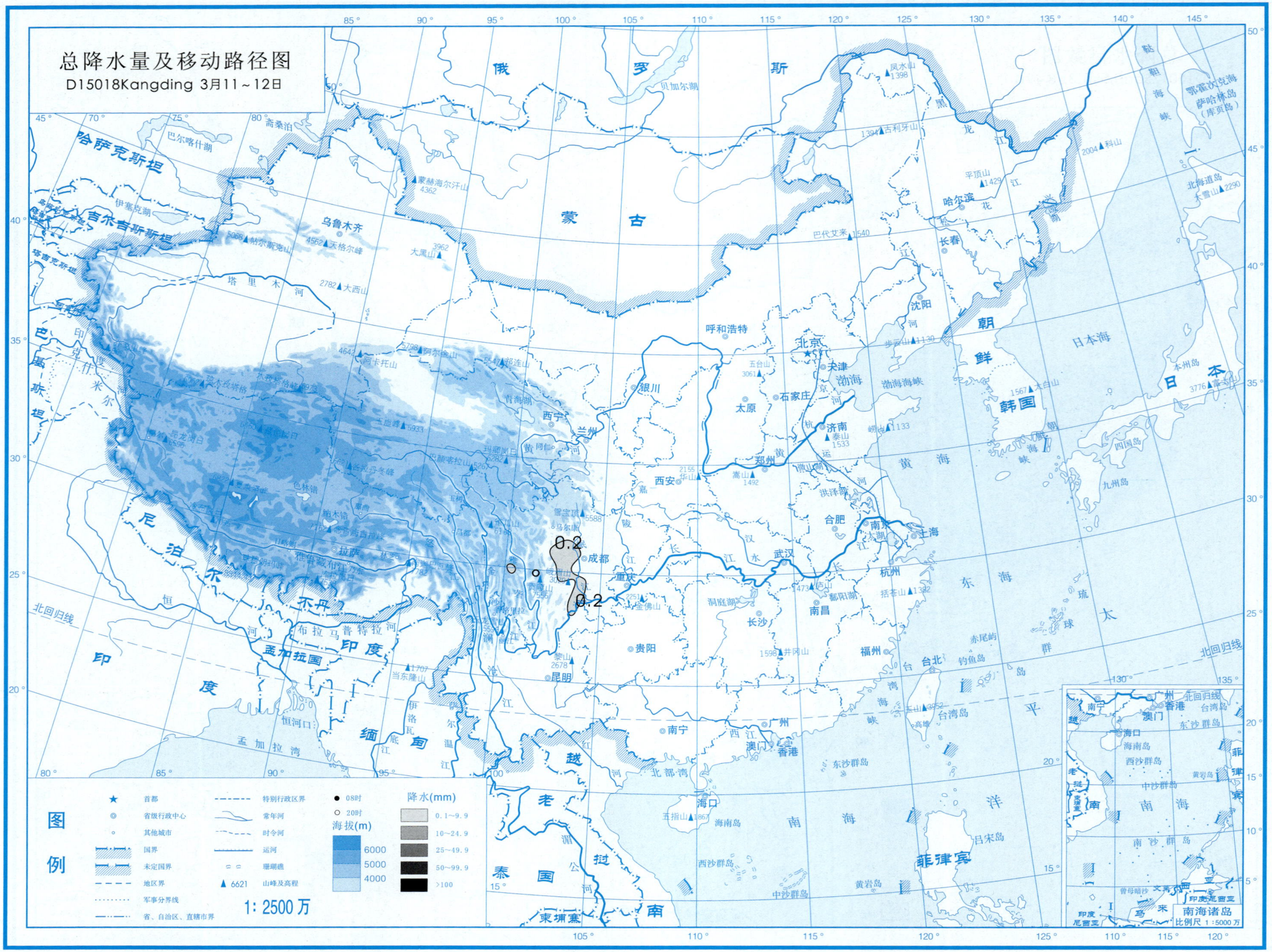

总降水日数图

D15018Kangding 3月11～12日

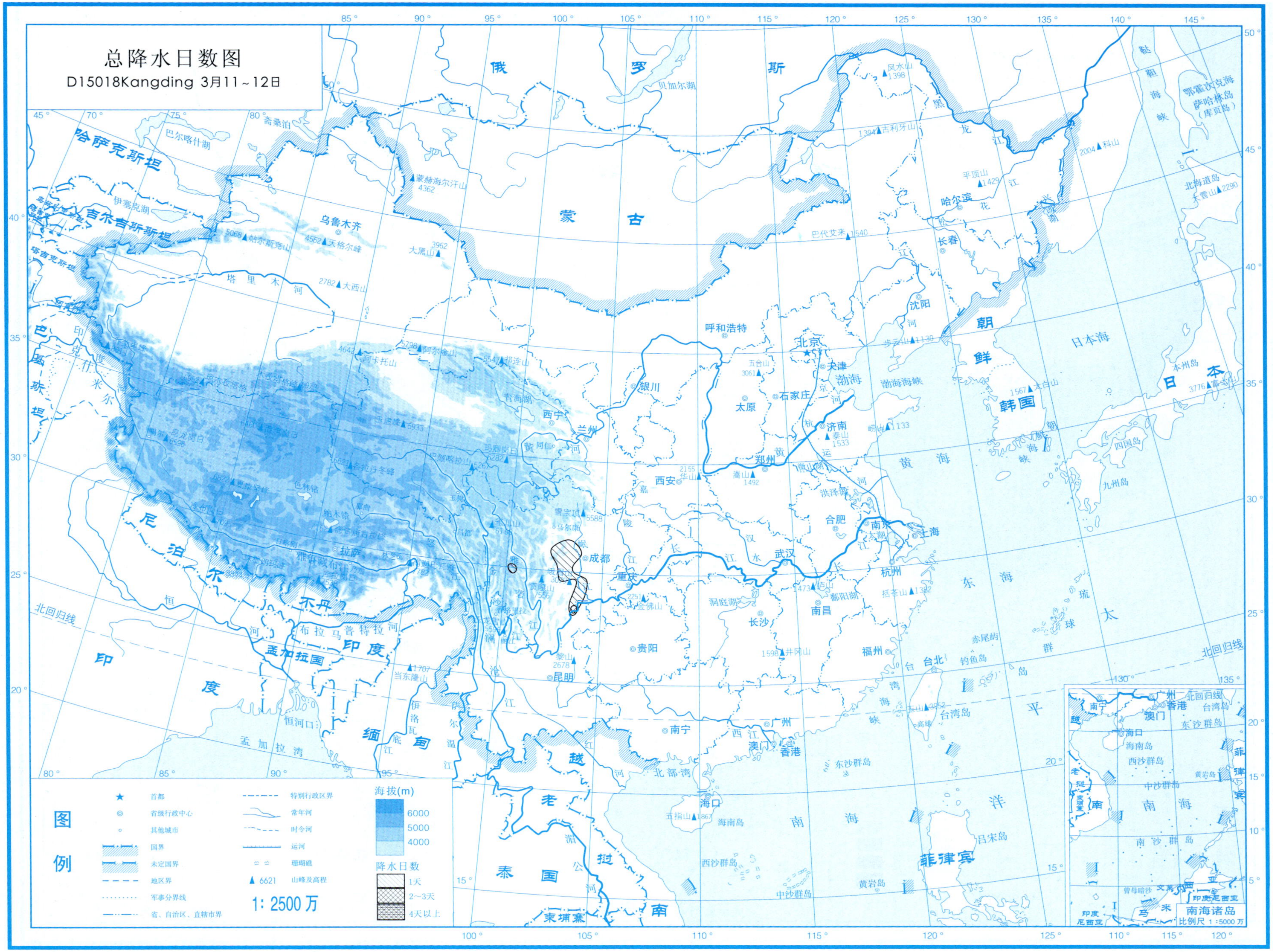

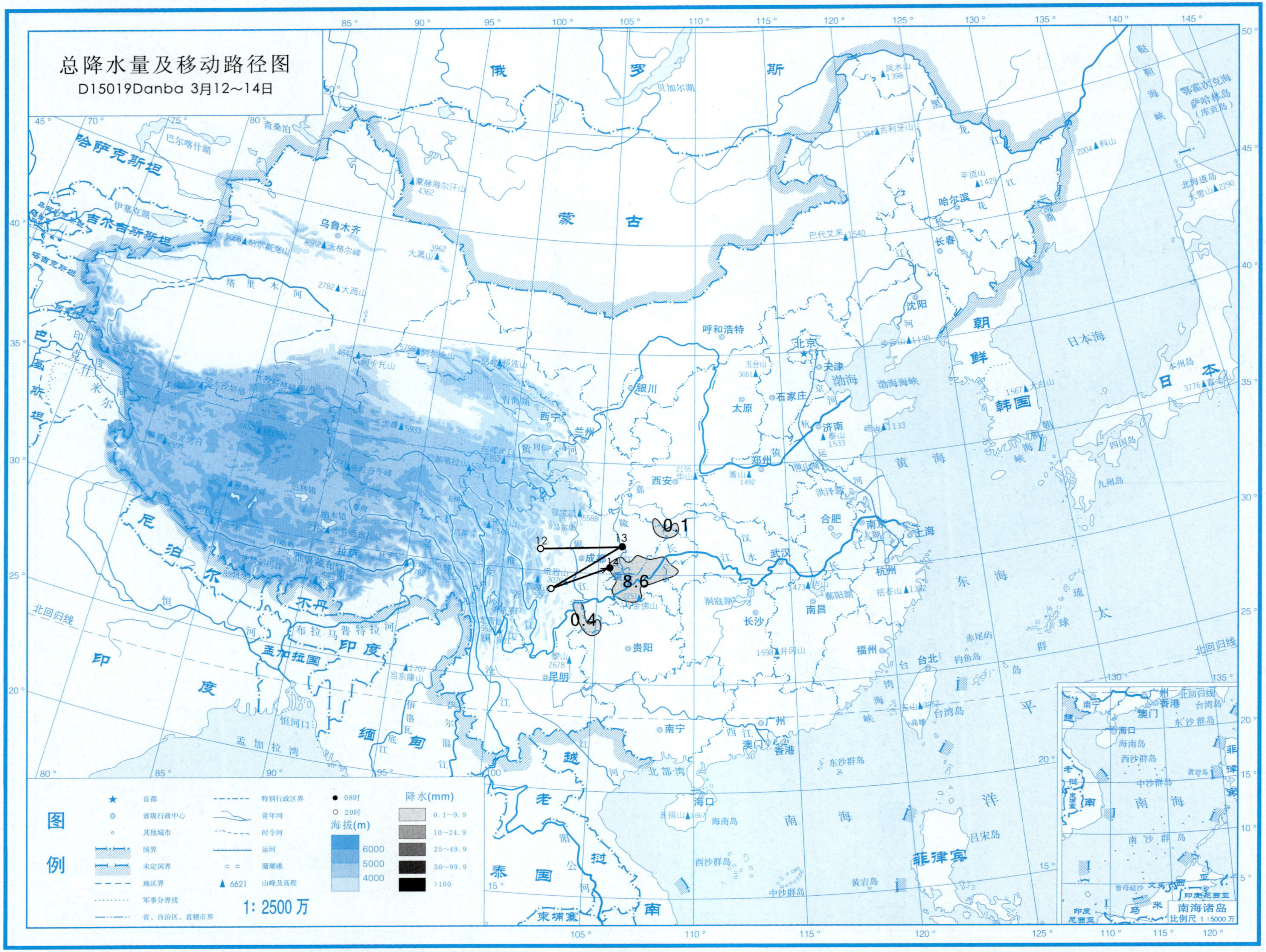
总降水量及移动路径图
D15019Danba 3月12～14日
图例
首都
省级行政中心
其他城市
国界
未定国界
地区界
军事分界线
省、自治区、直辖市界
特别行政区界
常年河
时令河
运河
珊瑚礁
6621 山峰及高程
1: 2500 万
08时
20时
海拔(m)
6000
5000
4000
降水(mm)
0.1～9.9
10～24.9
25～49.9
50～99.9
>100
12
13
14
0.1
8.6
0.4
南海诸岛
比例尺 1:5000 万

总降水日数图

D15019Danba 3月12～14日

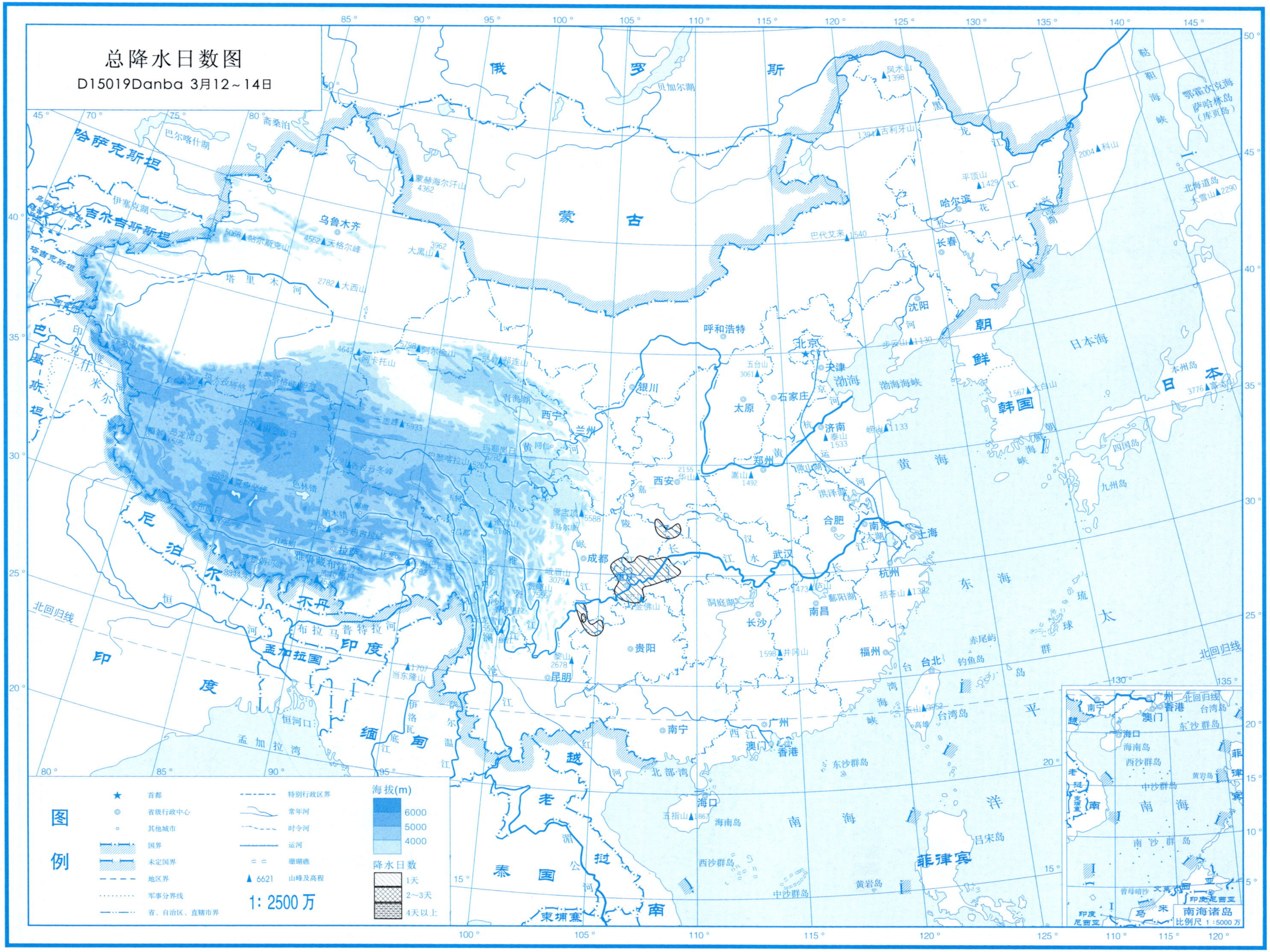

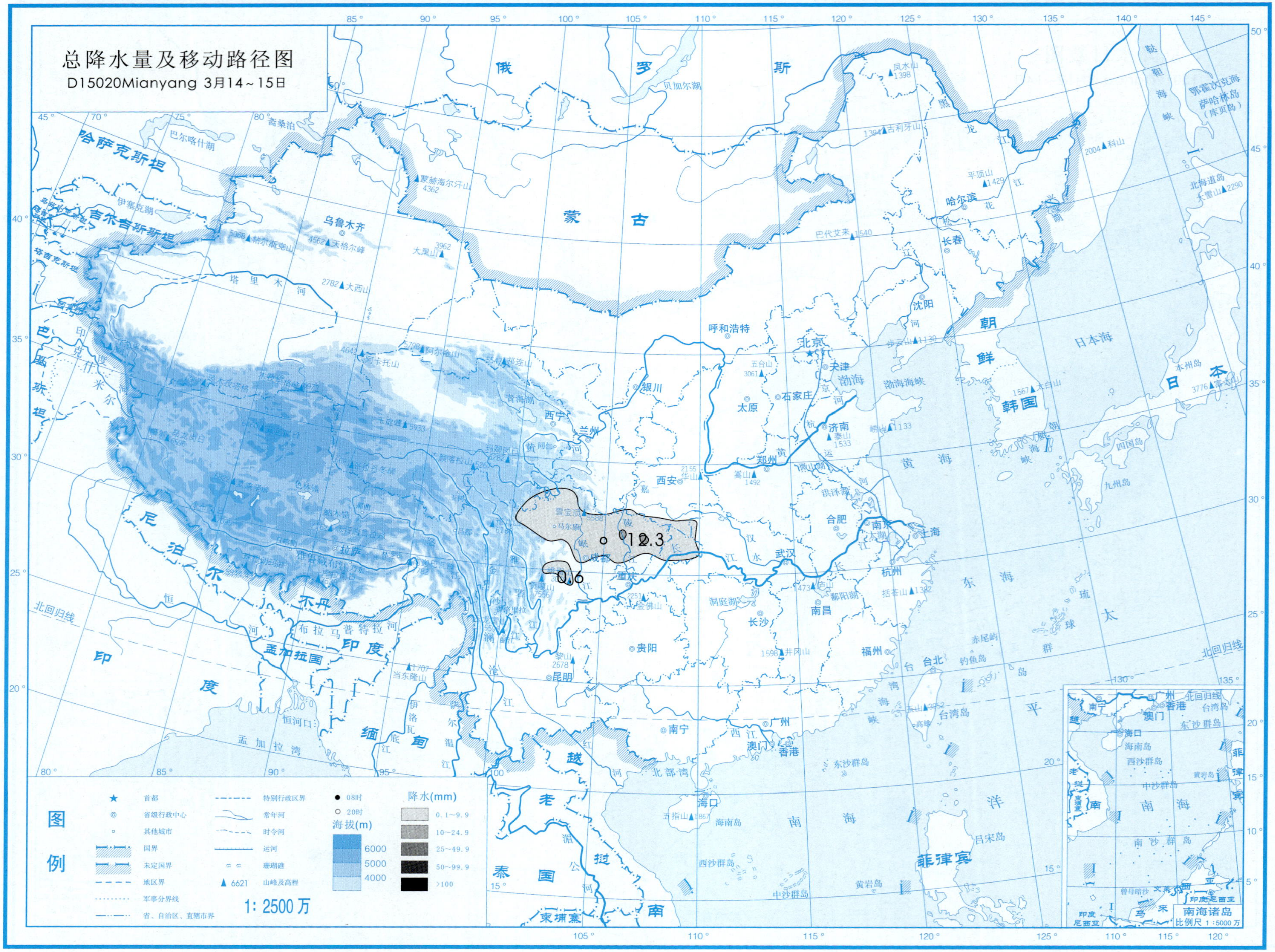
总降水量及移动路径图
D15020Mianyang 3月14～15日
12.3
0.6
图例
首都
省级行政中心
其他城市
国界
未定国界
地区界
军事分界线
省、自治区、直辖市界
特别行政区界
常年河
时令河
运河
珊瑚礁
6621 山峰及高程
08时
20时
海拔(m)
6000
5000
4000
降水(mm)
0.1～9.9
10～24.9
25～49.9
50～99.9
>100
1: 2500 万
南海诸岛
比例尺 1:5000 万

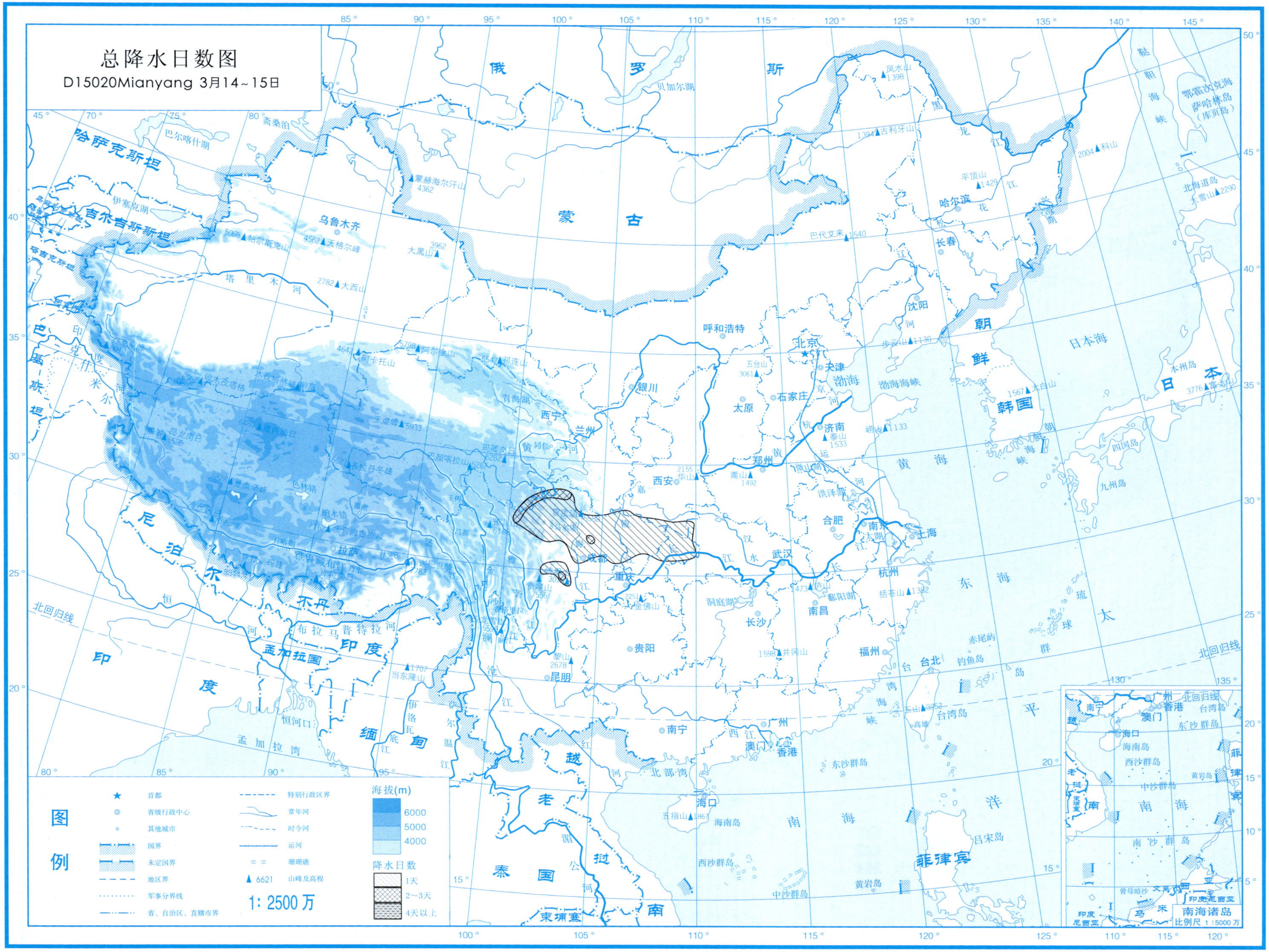
总降水日数图
D15020Mianyang 3月14～15日
图例
首都
省级行政中心
其他城市
国界
未定国界
地区界
军事分界线
省、自治区、直辖市界
特别行政区界
常年河
时令河
运河
珊瑚礁
6621 山峰及高程
1：2500万
海拔(m)
6000
5000
4000
降水日数
1天
2～3天
4天以上
南海诸岛
比例尺 1：5000万

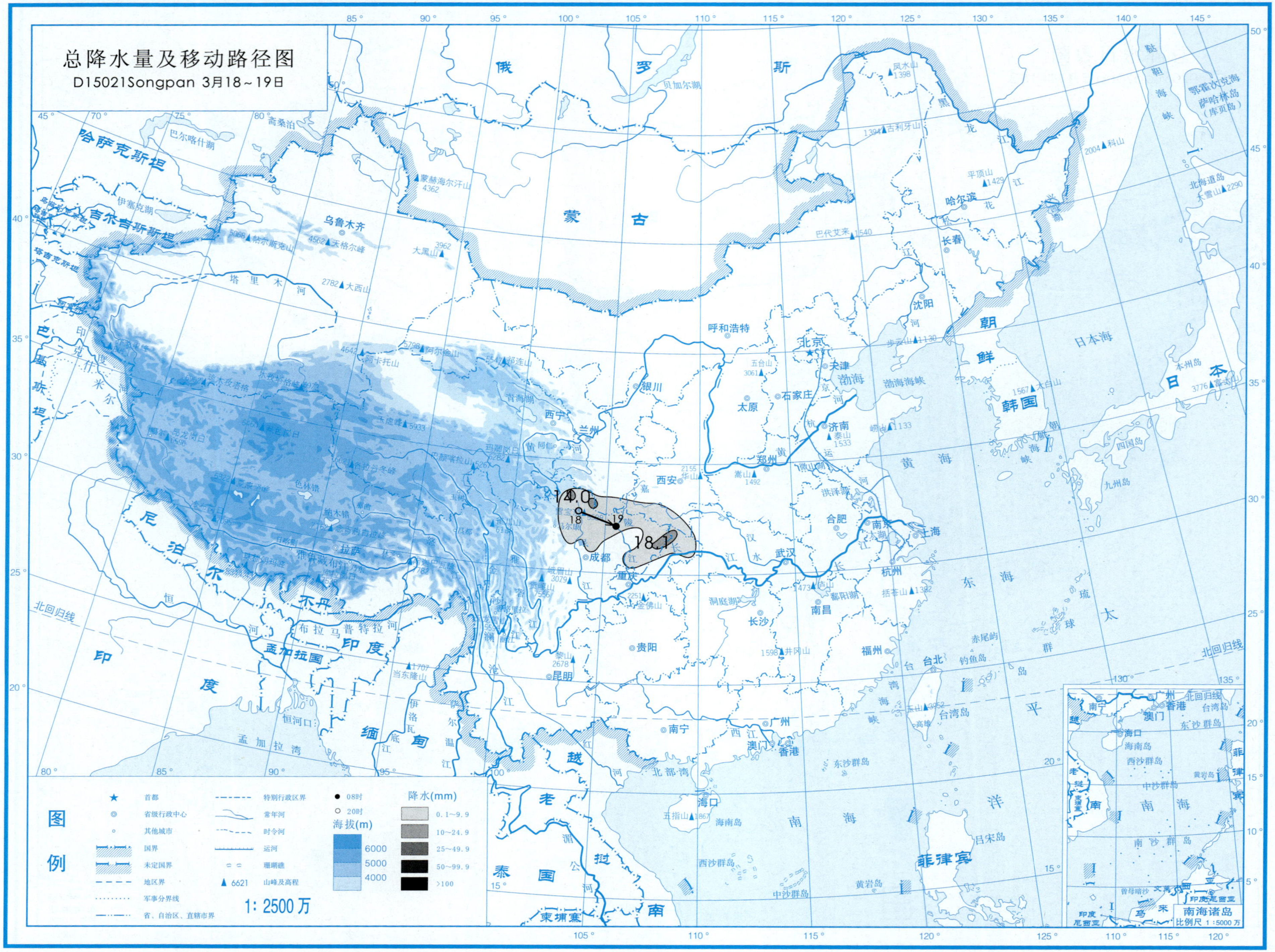
总降水量及移动路径图
D15021Songpan 3月18～19日
14.0
18.1
18
19
图例
首都
省级行政中心
其他城市
国界
未定国界
地区界
军事分界线
省、自治区、直辖市界
特别行政区界
常年河
时令河
运河
珊瑚礁
6621 山峰及高程
08时
20时
海拔(m)
6000
5000
4000
降水(mm)
0.1～9.9
10～24.9
25～49.9
50～99.9
>100
1: 2500万
南海诸岛
比例尺 1:5000万

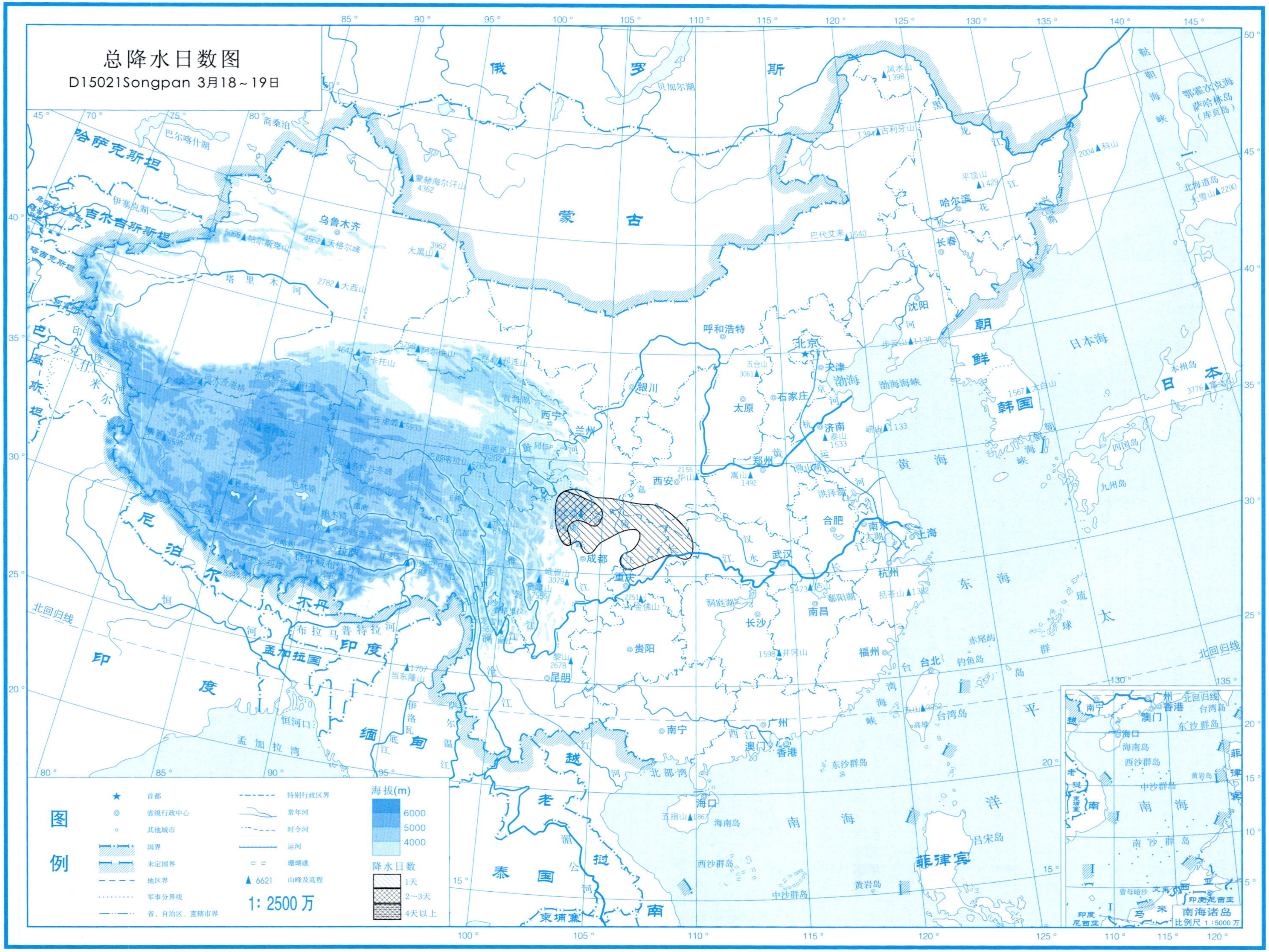
总降水日数图
D15021Songpan 3月18～19日
图例
首都
省级行政中心
其他城市
国界
未定国界
地区界
军事分界线
省、自治区、直辖市界
特别行政区界
常年河
时令河
运河
珊瑚礁
6621 山峰及高程
1：2500万
海拔(m)
6000
5000
4000
降水日数
1天
2～3天
4天以上
俄罗斯
蒙古
哈萨克斯坦
吉尔吉斯斯坦
塔吉克斯坦
巴基斯坦
尼泊尔
不丹
印度
孟加拉国
缅甸
老挝
泰国
越南
柬埔寨
朝鲜
韩国
日本
菲律宾
北京
天津
石家庄
太原
呼和浩特
沈阳
长春
哈尔滨
济南
郑州
西安
银川
兰州
西宁
乌鲁木齐
拉萨
成都
重庆
贵阳
昆明
南宁
广州
香港
澳门
海口
长沙
武汉
南昌
合肥
南京
上海
杭州
福州
台北
渤海
黄海
东海
南海
日本海
太平洋
贝加尔湖
巴尔喀什湖
北回归线
南海诸岛
比例尺 1：5000万

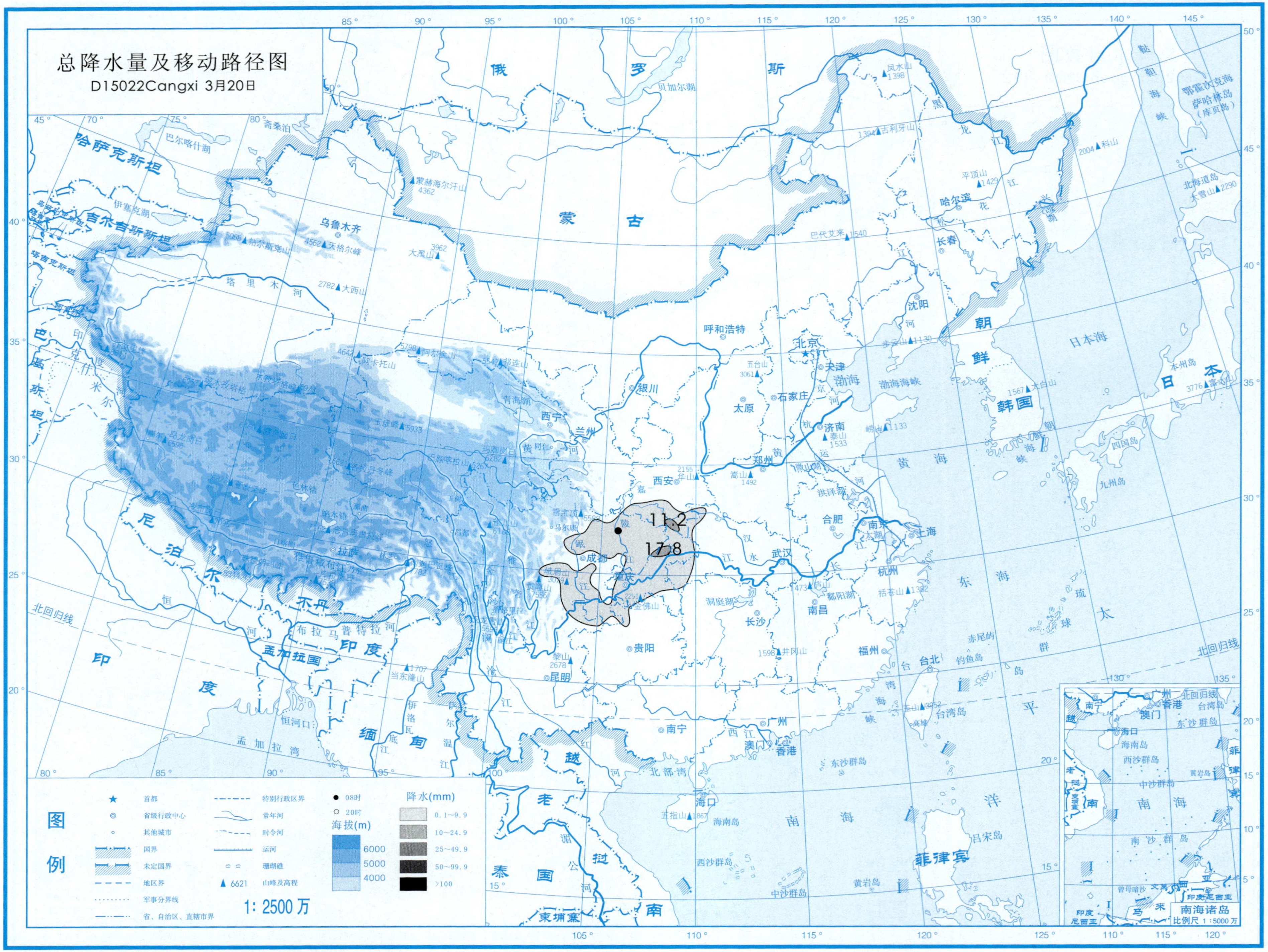
总降水量及移动路径图
D15022Cangxi 3月20日
11.2
17.8
图例
首都
省级行政中心
其他城市
国界
未定国界
地区界
军事分界线
省、自治区、直辖市界
特别行政区界
常年河
时令河
运河
珊瑚礁
6621 山峰及高程
08时
20时
海拔(m)
6000
5000
4000
降水(mm)
0.1～9.9
10～24.9
25～49.9
50～99.9
>100
1:2500万
南海诸岛
比例尺 1:5000万
俄罗斯
蒙古
哈萨克斯坦
吉尔吉斯斯坦
塔吉克斯坦
巴基斯坦
印度
尼泊尔
不丹
孟加拉国
缅甸
老挝
越南
泰国
柬埔寨
菲律宾
朝鲜
韩国
日本
北京
天津
石家庄
太原
呼和浩特
沈阳
长春
哈尔滨
济南
郑州
西安
银川
兰州
西宁
乌鲁木齐
拉萨
成都
重庆
贵阳
昆明
南宁
广州
长沙
南昌
福州
杭州
上海
南京
合肥
武汉
台北
海口
香港
澳门
渤海
黄海
东海
南海
日本海
太平洋
北回归线

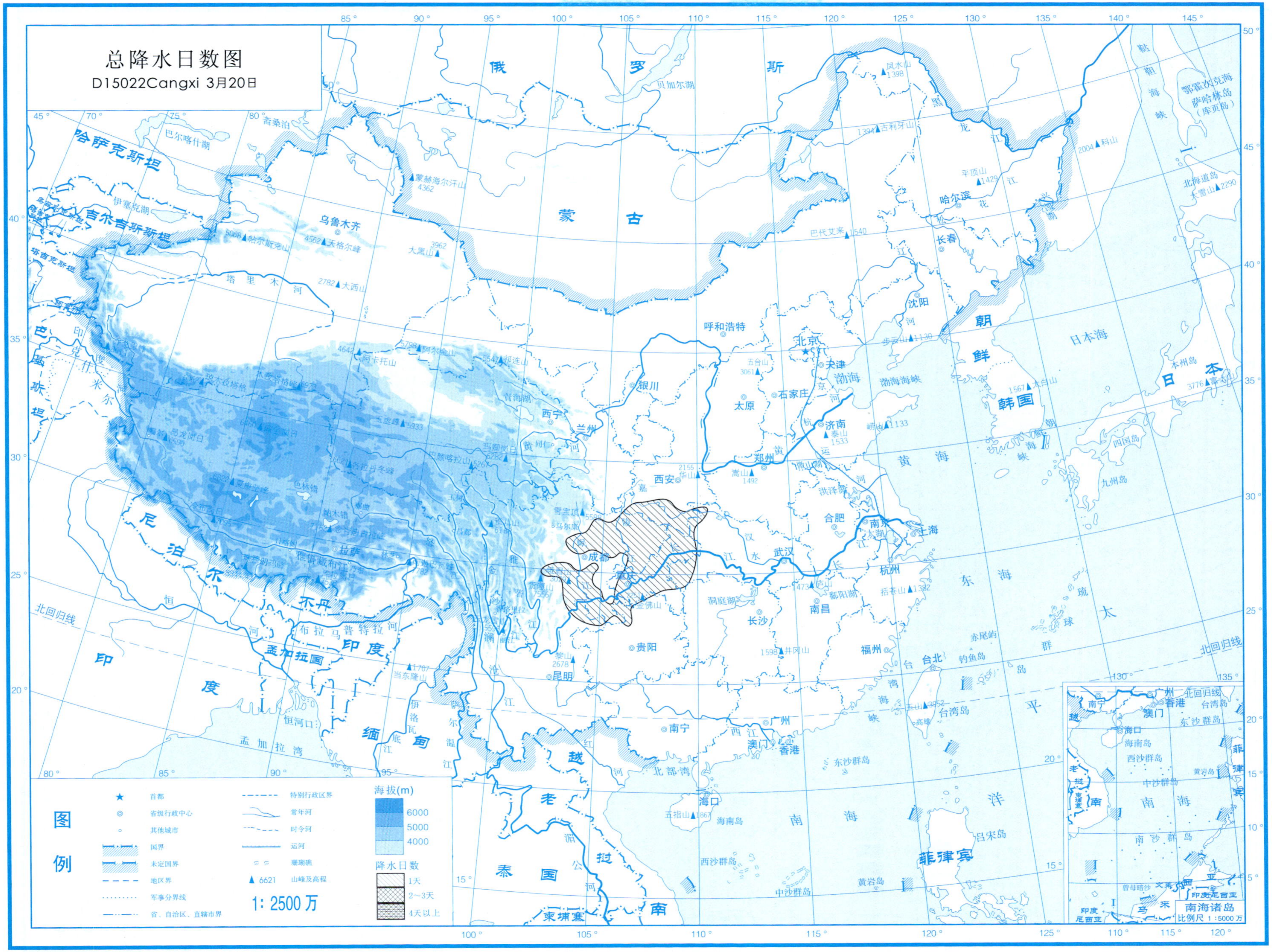
总降水日数图
D15022Cangxi 3月20日
图例
首都
省级行政中心
其他城市
国界
未定国界
地区界
军事分界线
省、自治区、直辖市界
特别行政区界
常年河
时令河
运河
珊瑚礁
6621 山峰及高程
1: 2500 万
海拔(m)
6000
5000
4000
降水日数
1天
2~3天
4天以上
南海诸岛
比例尺 1 : 5000 万
俄 罗 斯
蒙 古
哈萨克斯坦
吉尔吉斯斯坦
塔吉克斯坦
巴基斯坦
尼泊尔
不丹
印度
孟加拉国
缅甸
老挝
泰国
越南
柬埔寨
朝鲜
韩国
日本
菲律宾
北京
天津
石家庄
太原
呼和浩特
沈阳
长春
哈尔滨
济南
郑州
西安
银川
兰州
西宁
乌鲁木齐
拉萨
成都
重庆
贵阳
昆明
南宁
广州
长沙
武汉
南昌
合肥
南京
上海
杭州
福州
台北
海口
香港
澳门
渤海
黄海
东海
南海
日本海
太平洋
北回归线

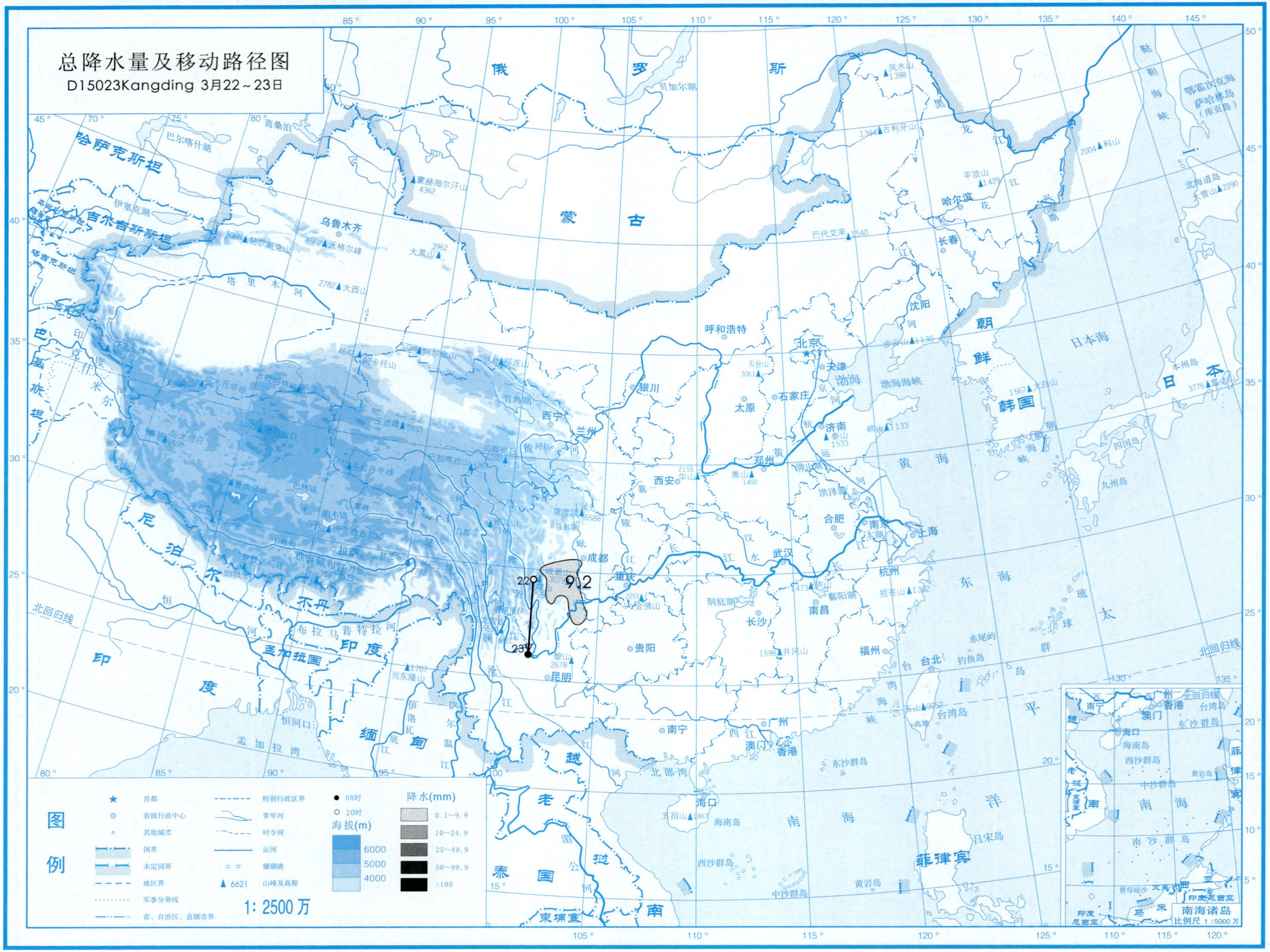
总降水量及移动路径图
D15023Kangding 3月22～23日
22
23
9.2
图例
首都
省级行政中心
其他城市
国界
未定国界
地区界
军事分界线
省、自治区、直辖市界
特别行政区区界
常年河
时令河
运河
珊瑚礁
6621 山峰及高程
08时
20时
海拔(m)
6000
5000
4000
降水(mm)
0.1～9.9
10～24.9
25～49.9
50～99.9
>100
1:2500万
南海诸岛
比例尺 1:5000万

总降水日数图

D15023Kangding 3月22～23日

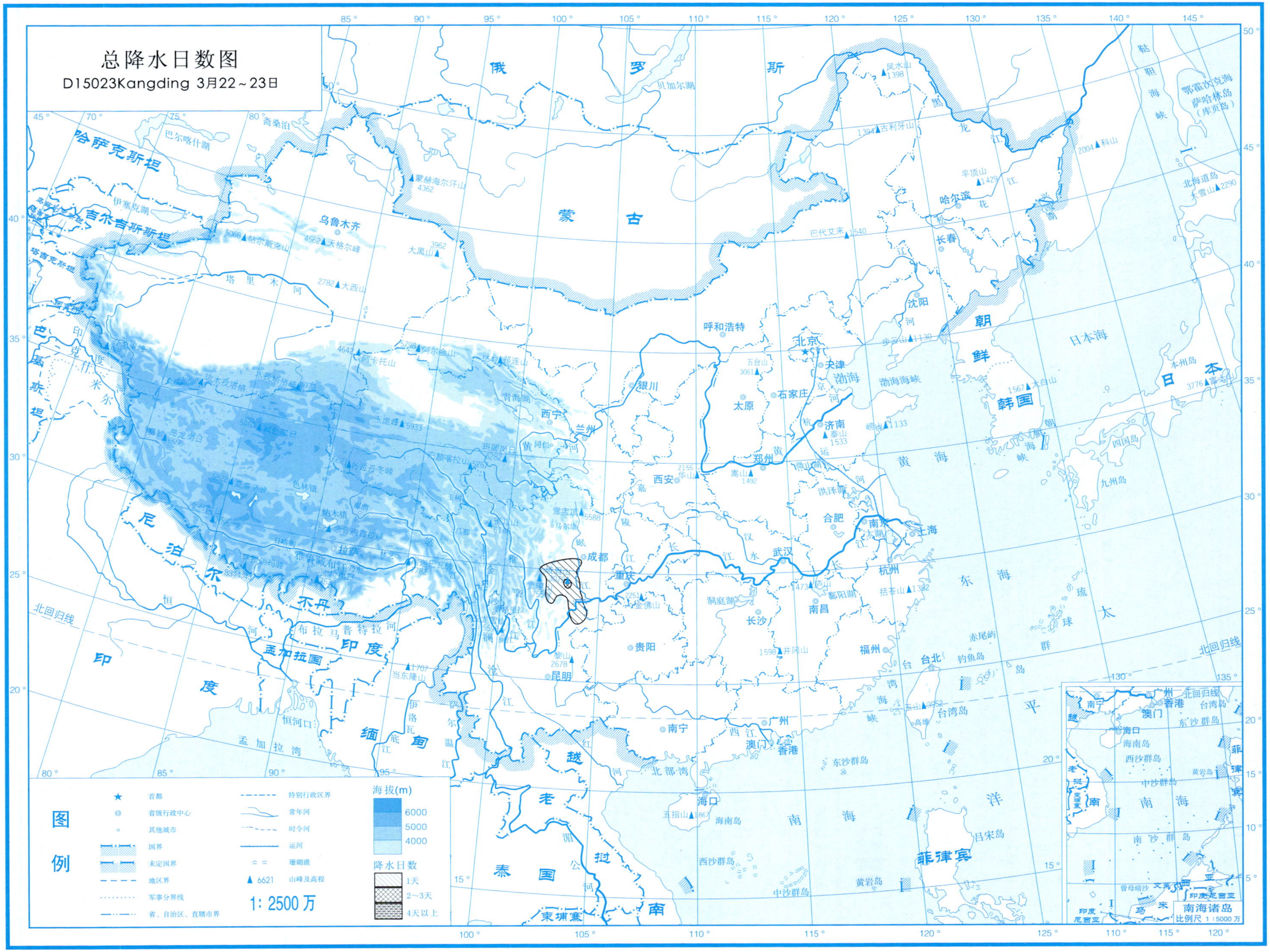

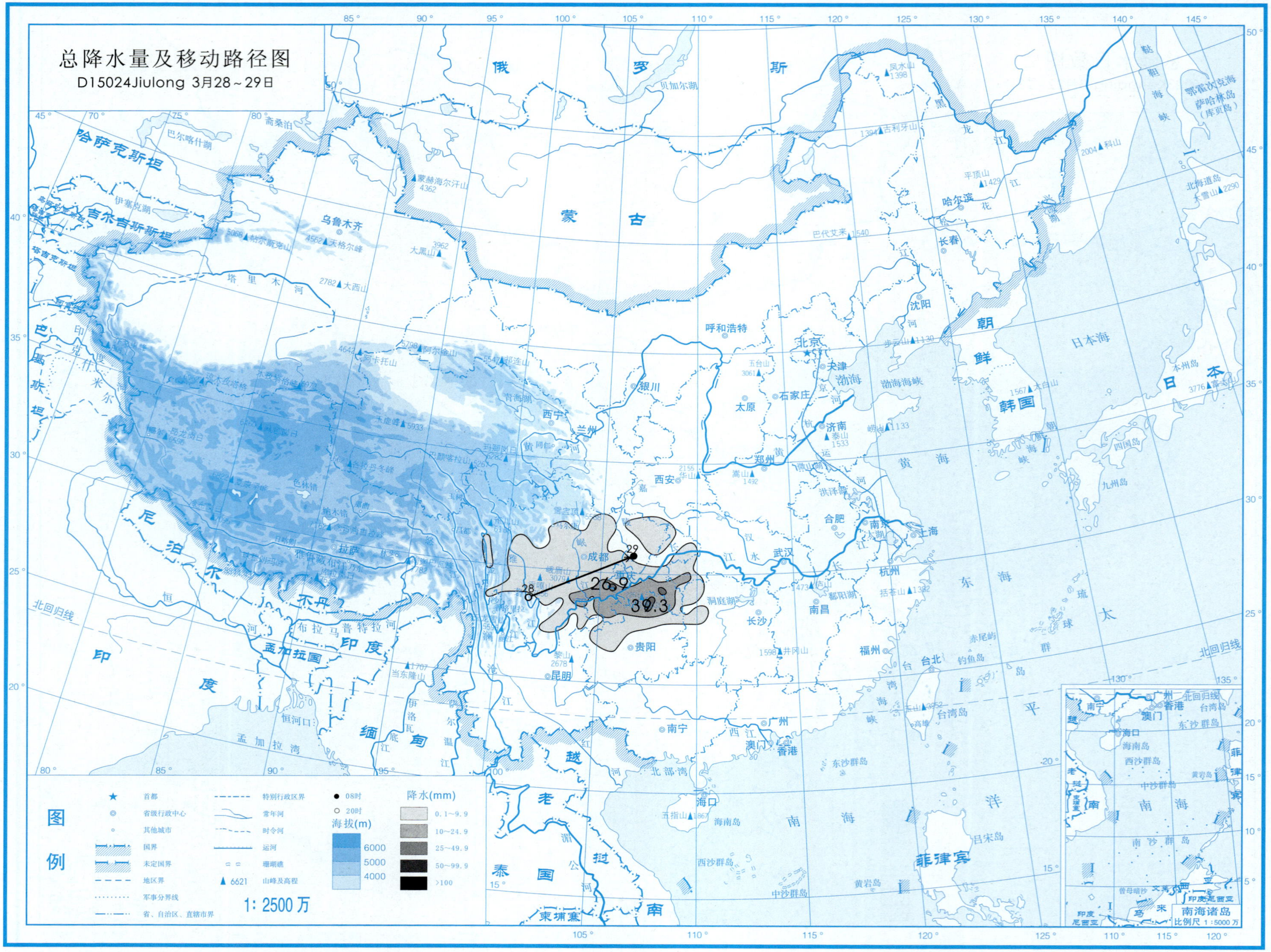
总降水量及移动路径图
D15024Jiulong 3月28～29日
28
29
26.9
39.3
图例
首都
省级行政中心
其他城市
国界
未定国界
地区界
军事分界线
省、自治区、直辖市界
特别行政区界
常年河
时令河
运河
珊瑚礁
6621 山峰及高程
● 08时
○ 20时
海拔(m)
6000
5000
4000
降水(mm)
0.1～9.9
10～24.9
25～49.9
50～99.9
>100
1: 2500 万
南海诸岛
比例尺 1:5000 万
俄
罗
斯
蒙
古
哈萨克斯坦
吉尔吉斯斯坦
塔吉克斯坦
巴基斯坦
尼泊尔
不丹
印度
孟加拉国
缅甸
泰国
老挝
越南
柬埔寨
菲律宾
朝鲜
韩国
日本
北京
天津
石家庄
太原
呼和浩特
沈阳
长春
哈尔滨
济南
郑州
西安
银川
兰州
西宁
乌鲁木齐
拉萨
成都
贵阳
昆明
南宁
广州
香港
澳门
海口
长沙
武汉
南昌
合肥
南京
上海
杭州
福州
台北
渤海
黄海
东海
南海
日本海
太平洋
北回归线

总降水日数图

D15024Jiulong 3月28～29日

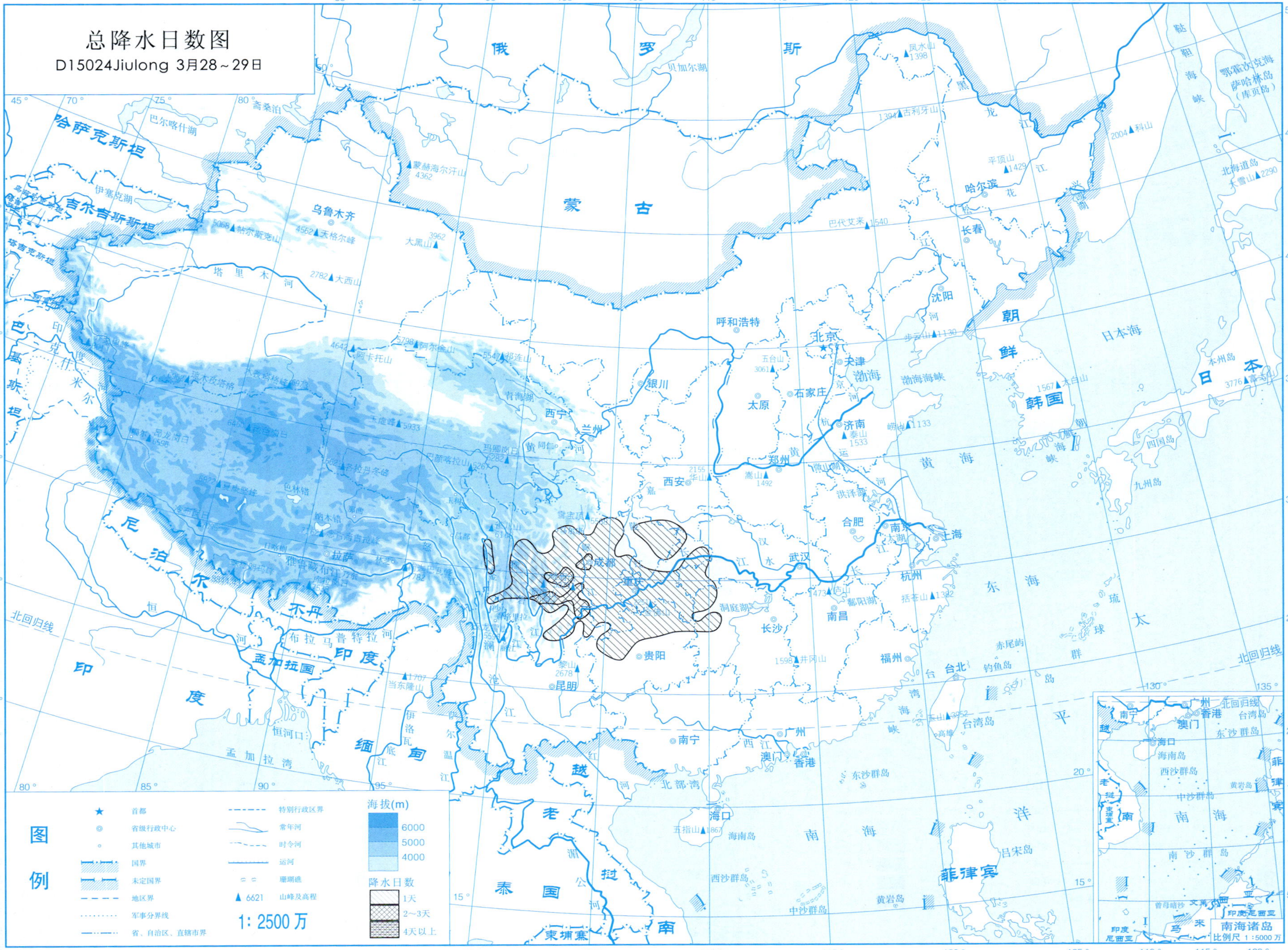

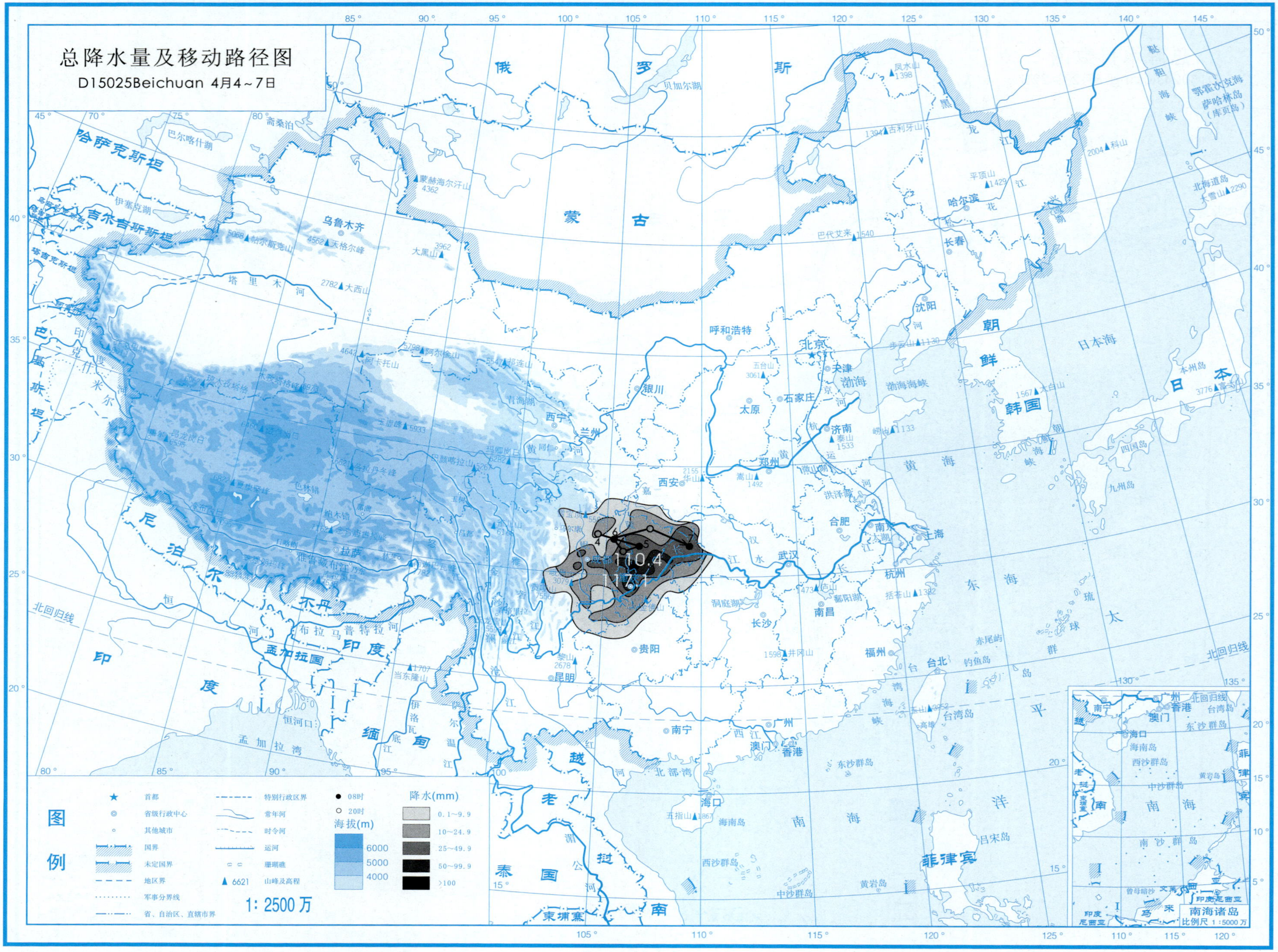

总降水量及移动路径图

D15025Beichuan 4月4~7日

总降水日数图

D15025Beichuan 4月4～7日

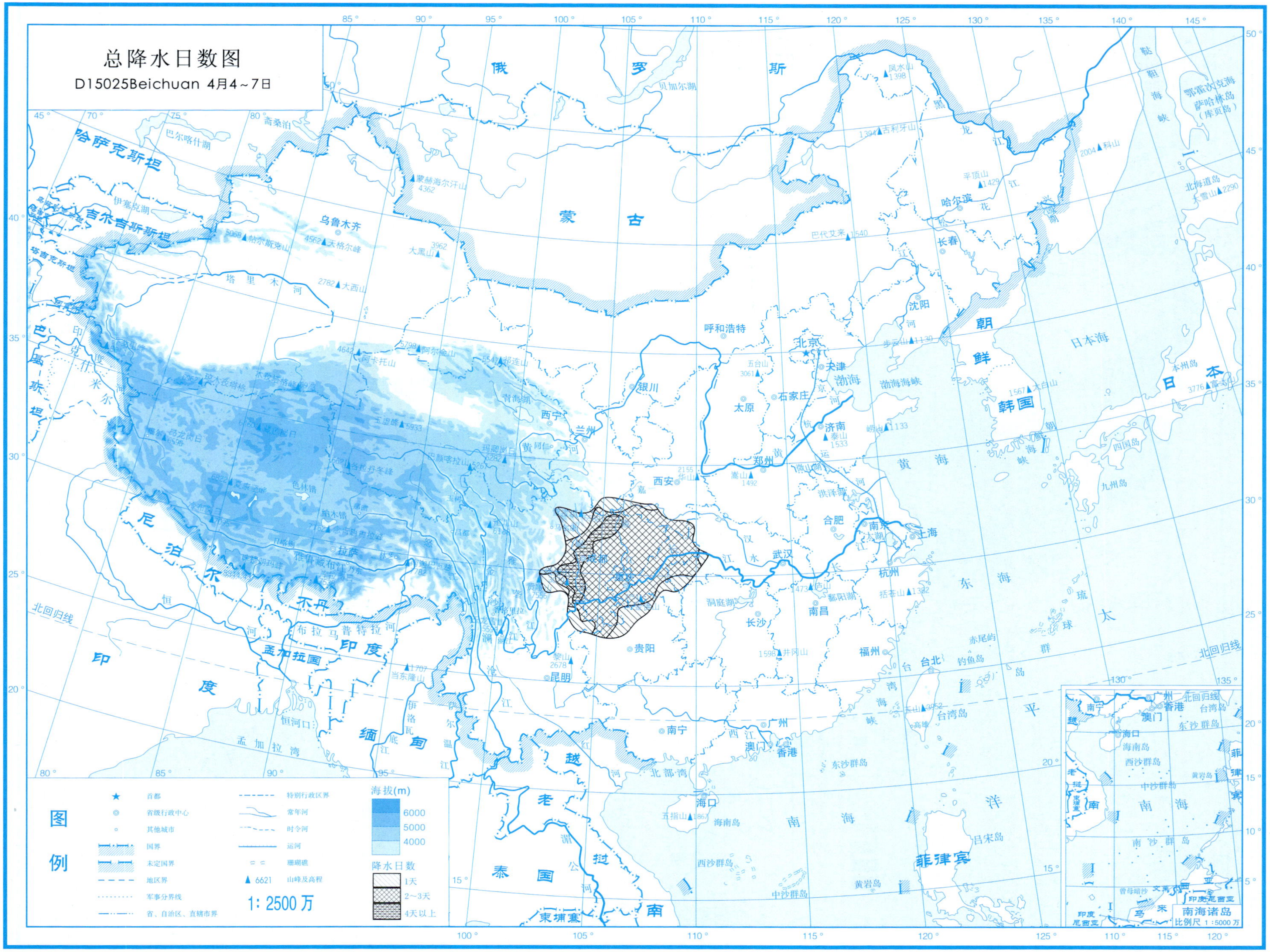

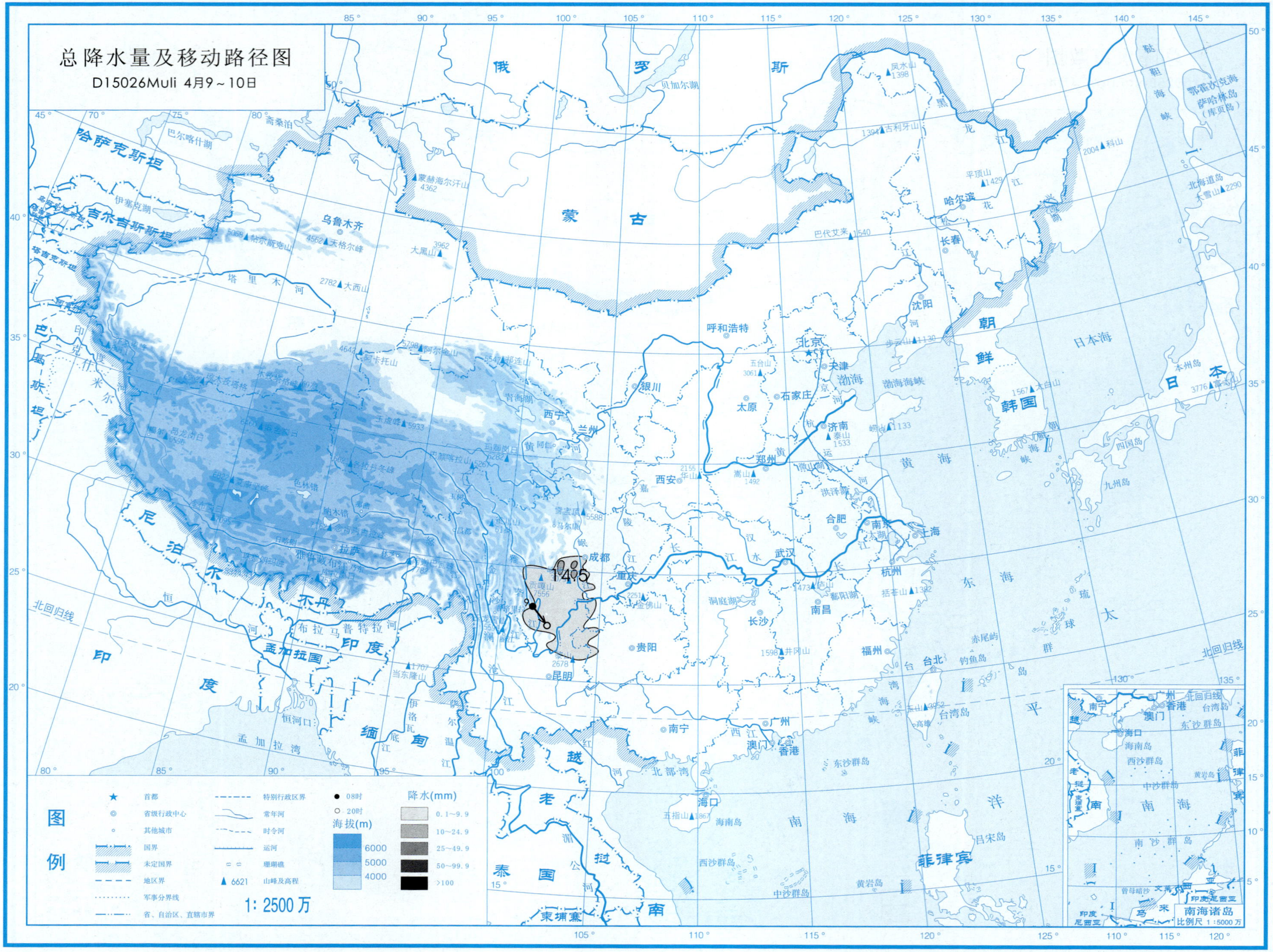
总降水量及移动路径图
D15026Muli 4月9～10日
14.5
图例
首都
省级行政中心
其他城市
国界
未定国界
地区界
军事分界线
省、自治区、直辖市界
特别行政区界
常年河
时令河
运河
珊瑚礁
6621 山峰及高程
1: 2500 万
08时
20时
海拔(m)
6000
5000
4000
降水(mm)
0.1～9.9
10～24.9
25～49.9
50～99.9
>100
南海诸岛
比例尺 1：5000 万

总降水日数图

D15026Muli 4月9～10日

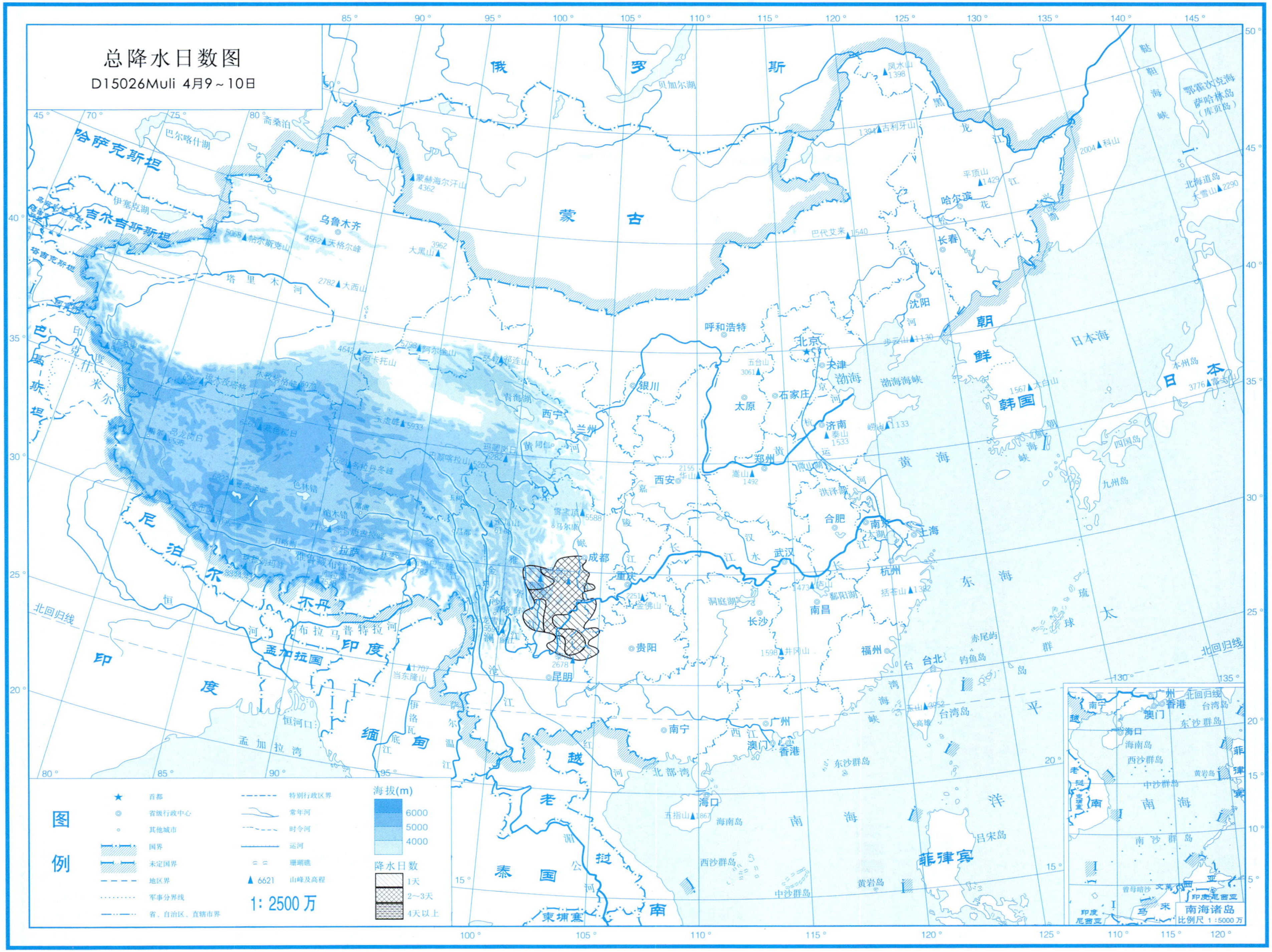

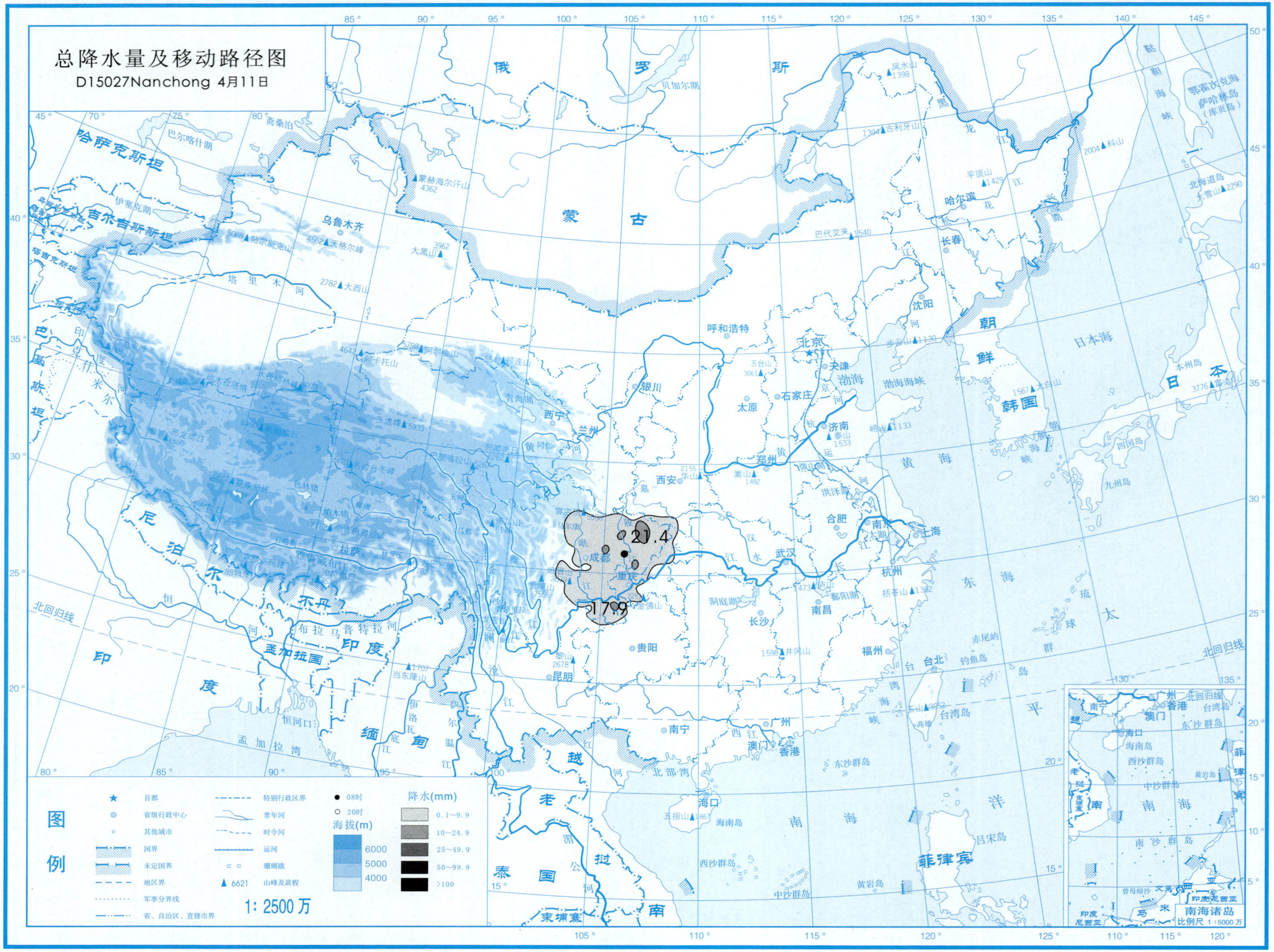
总降水量及移动路径图
D15027Nanchong 4月11日
21.4
17.9
图例
首都
省级行政中心
其他城市
国界
未定国界
地区界
军事分界线
省、自治区、直辖市界
特别行政区界
常年河
时令河
运河
珊瑚礁
山峰及高程
08时
20时
海拔(m)
6000
5000
4000
降水(mm)
0.1~9.9
10~24.9
25~49.9
50~99.9
>100
1:2500万
南海诸岛
比例尺 1:5000万

总降水日数图

D15027Nanchong 4月11日

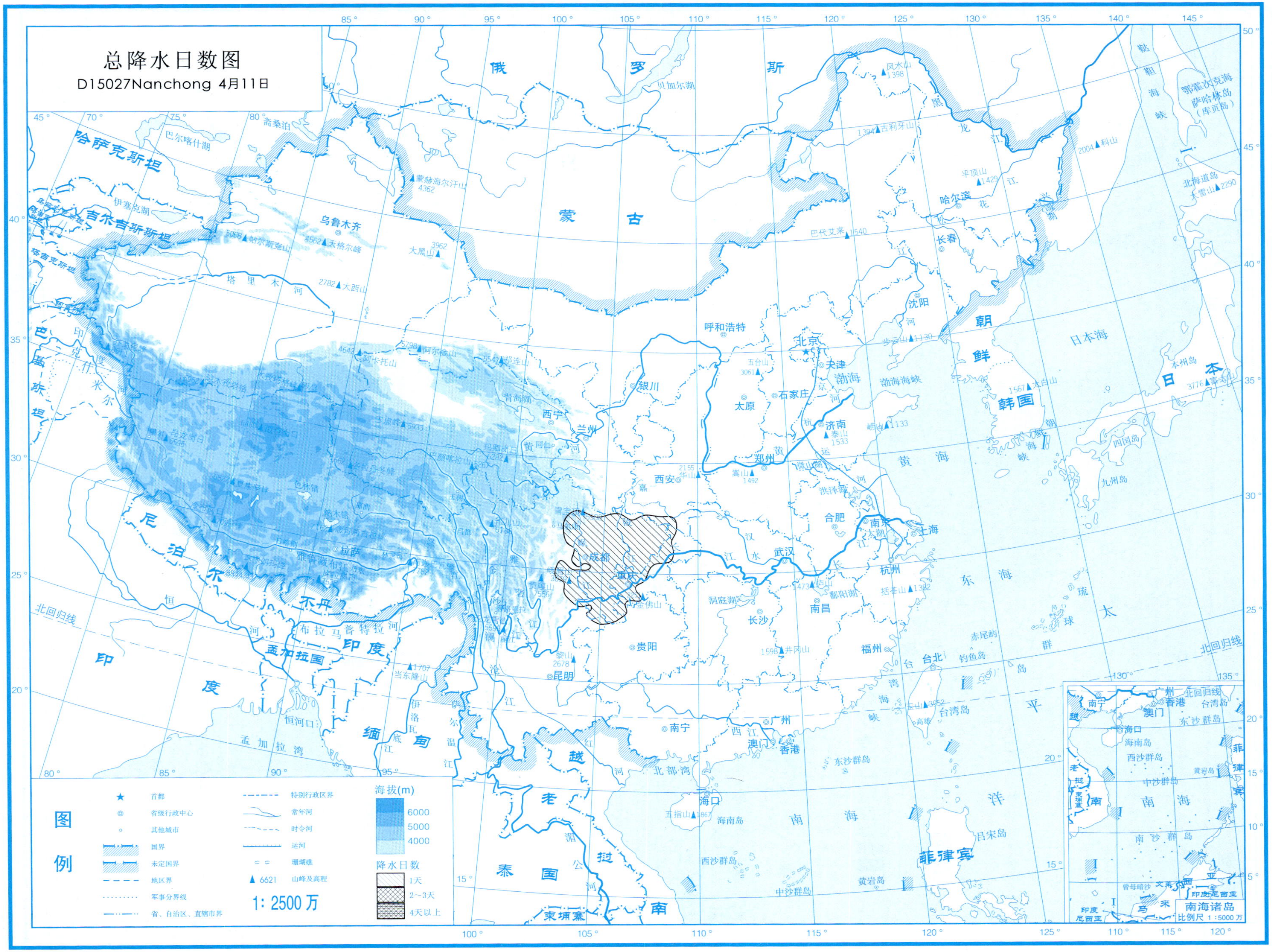

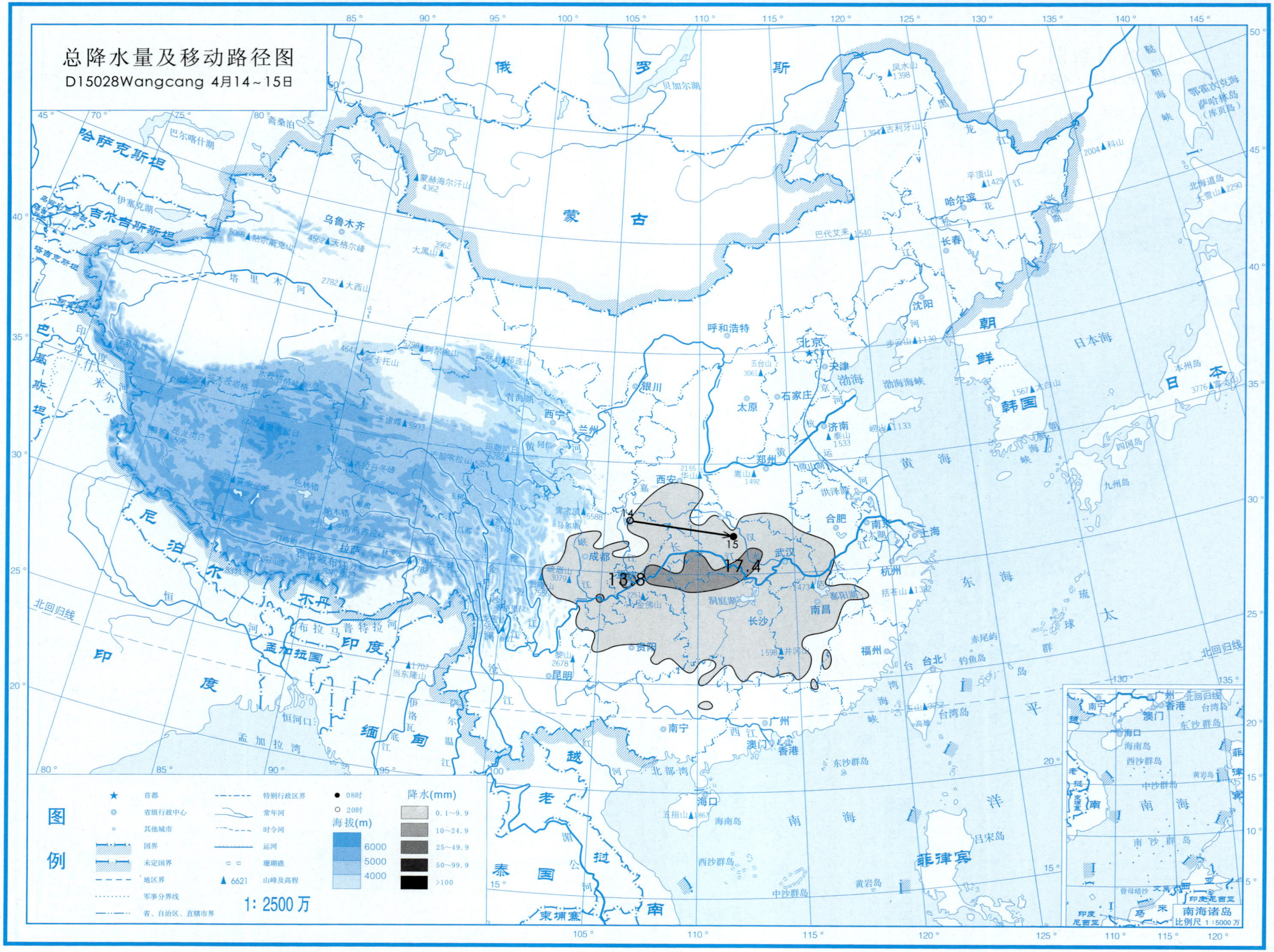
总降水量及移动路径图
D15028Wangcang 4月14～15日
14
15
13.8
17.4
图例
首都
省级行政中心
其他城市
国界
未定国界
地区界
军事分界线
省、自治区、直辖市界
特别行政区界
常年河
时令河
运河
珊瑚礁
6621 山峰及高程
1: 2500 万
08时
20时
海拔(m)
6000
5000
4000
降水(mm)
0.1～9.9
10～24.9
25～49.9
50～99.9
>100
南海诸岛
比例尺 1:5000 万

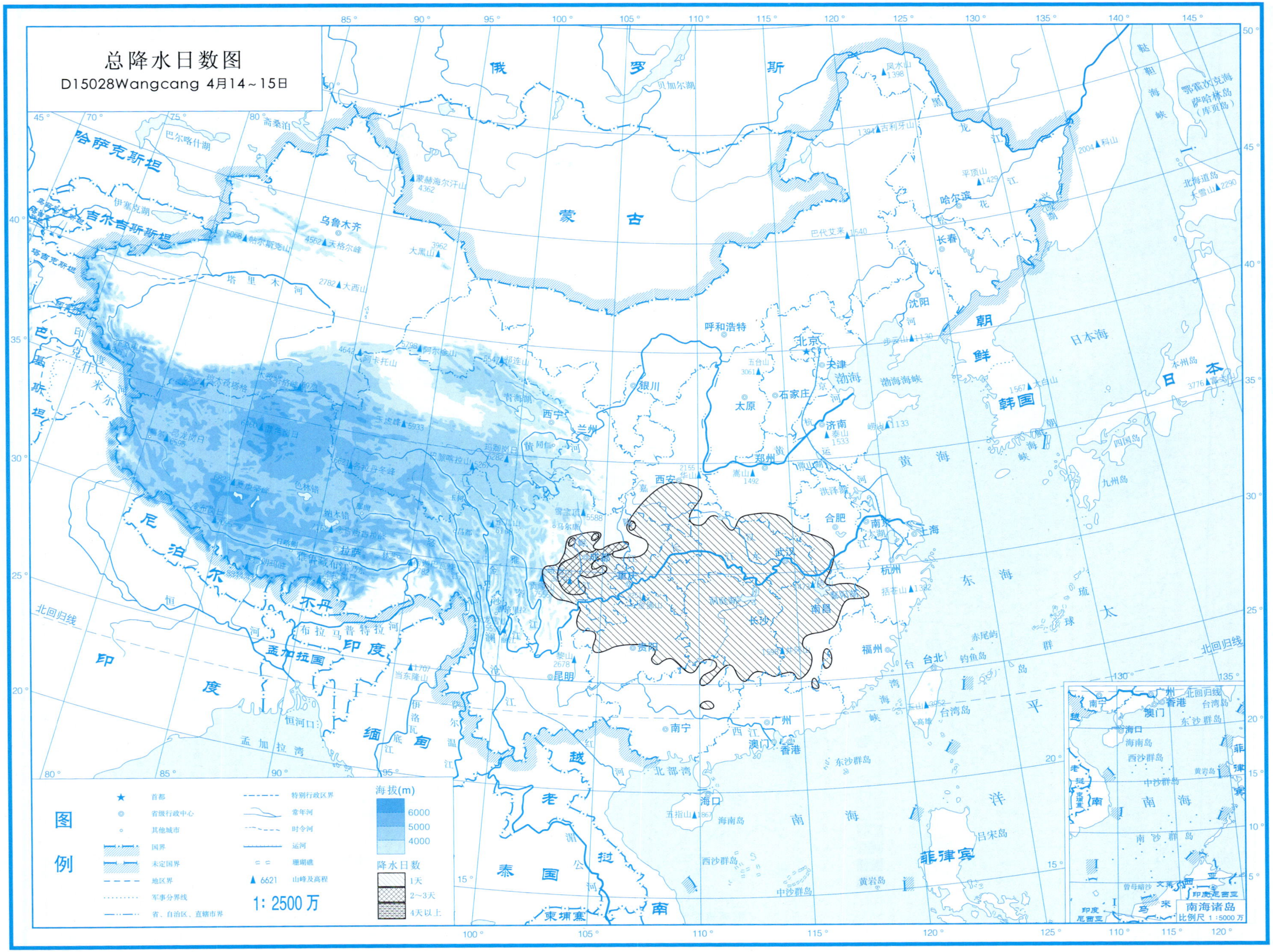
总降水日数图
D15028Wangcang 4月14~15日
俄 罗 斯
蒙 古
哈萨克斯坦
吉尔吉斯斯坦
塔吉克斯坦
巴基斯坦
尼泊尔
不丹
印度
孟加拉国
缅甸
泰国
老挝
越南
柬埔寨
菲律宾
朝鲜
韩国
日本
日本海
黄海
东海
南海
太平洋
北京
天津
石家庄
太原
呼和浩特
沈阳
长春
哈尔滨
济南
郑州
西安
银川
兰州
西宁
乌鲁木齐
拉萨
成都
重庆
武汉
长沙
南昌
合肥
南京
上海
杭州
福州
台北
贵阳
昆明
南宁
广州
香港
澳门
海口
北回归线
南海诸岛
比例尺 1:5000万
图例
首都
省级行政中心
其他城市
国界
未定国界
地区界
军事分界线
省、自治区、直辖市界
特别行政区界
常年河
时令河
运河
珊瑚礁
山峰及高程
1: 2500万
海拔(m)
6000
5000
4000
降水日数
1天
2~3天
4天以上

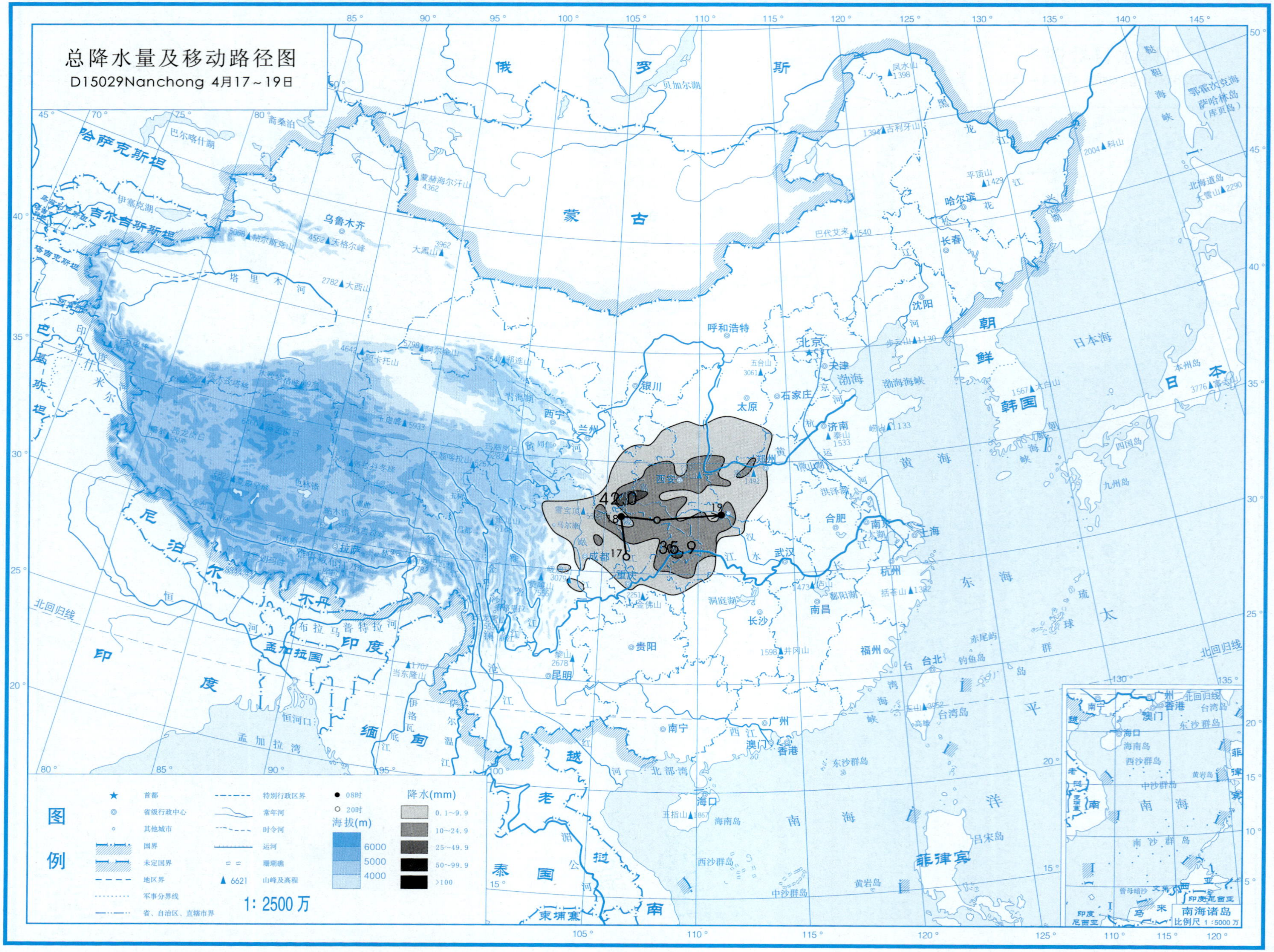
总降水量及移动路径图
D15029Nanchong 4月17~19日
图例
首都
省级行政中心
其他城市
国界
未定国界
地区界
军事分界线
省、自治区、直辖市界
特别行政区界
常年河
时令河
运河
珊瑚礁
6621 山峰及高程
08时
20时
海拔(m)
6000
5000
4000
降水(mm)
0.1~9.9
10~24.9
25~49.9
50~99.9
>100
1:2500万
42.0
35.9
17
18
19
成都
重庆
西安
郑州
武汉
北京
上海
南海诸岛
比例尺 1:5000万

总降水日数图

D15029Nanchong 4月17～19日

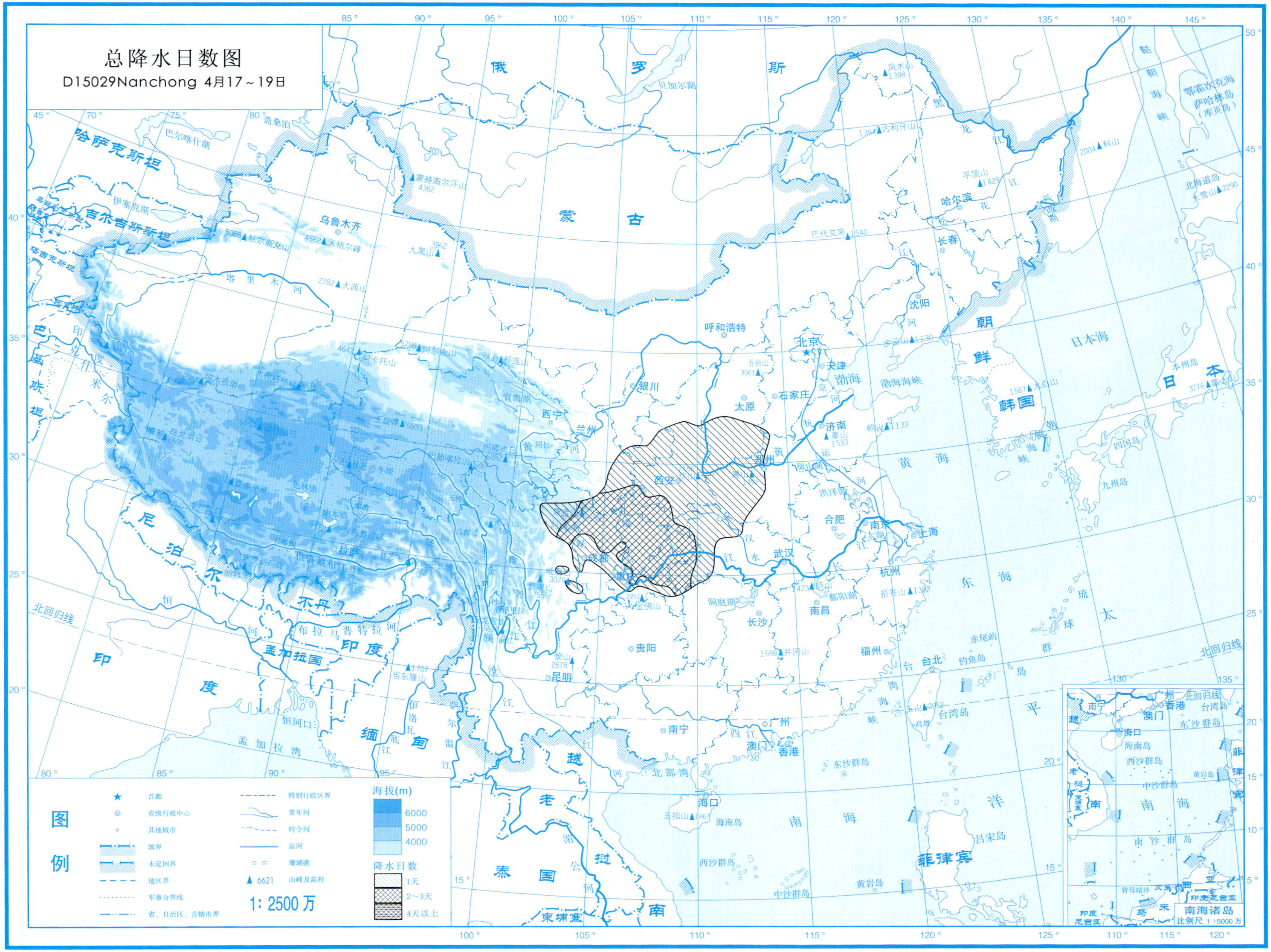

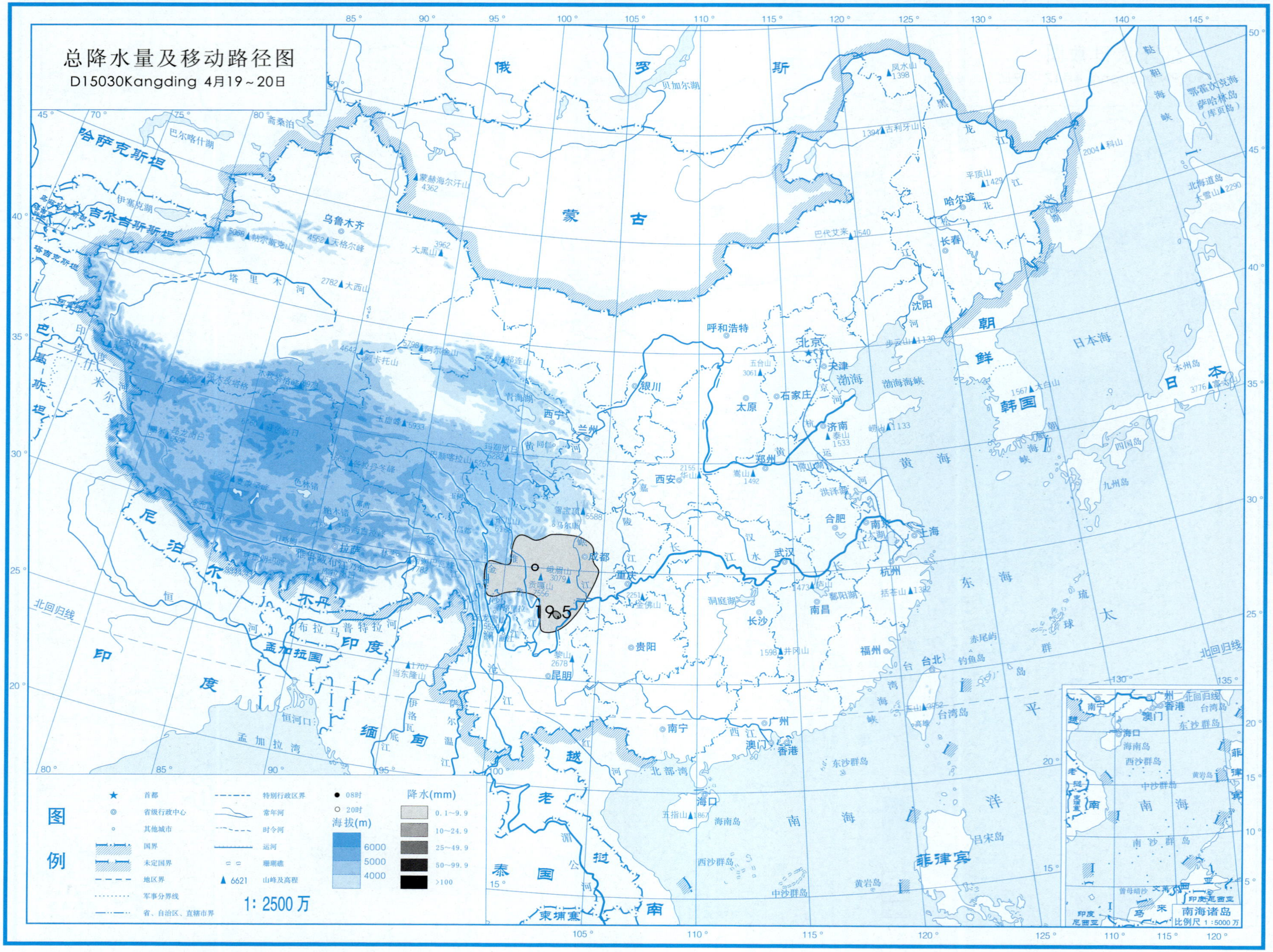
总降水量及移动路径图
D15030Kangding 4月19～20日
图例
首都
省级行政中心
其他城市
国界
未定国界
地区界
军事分界线
省、自治区、直辖市界
特别行政区界
常年河
时令河
运河
珊瑚礁
6621 山峰及高程
08时
20时
海拔(m)
6000
5000
4000
降水(mm)
0.1～9.9
10～24.9
25～49.9
50～99.9
>100
1:2500万
19.5
南海诸岛
比例尺 1:5000万

总降水日数图

D15030Kangding 4月19～20日

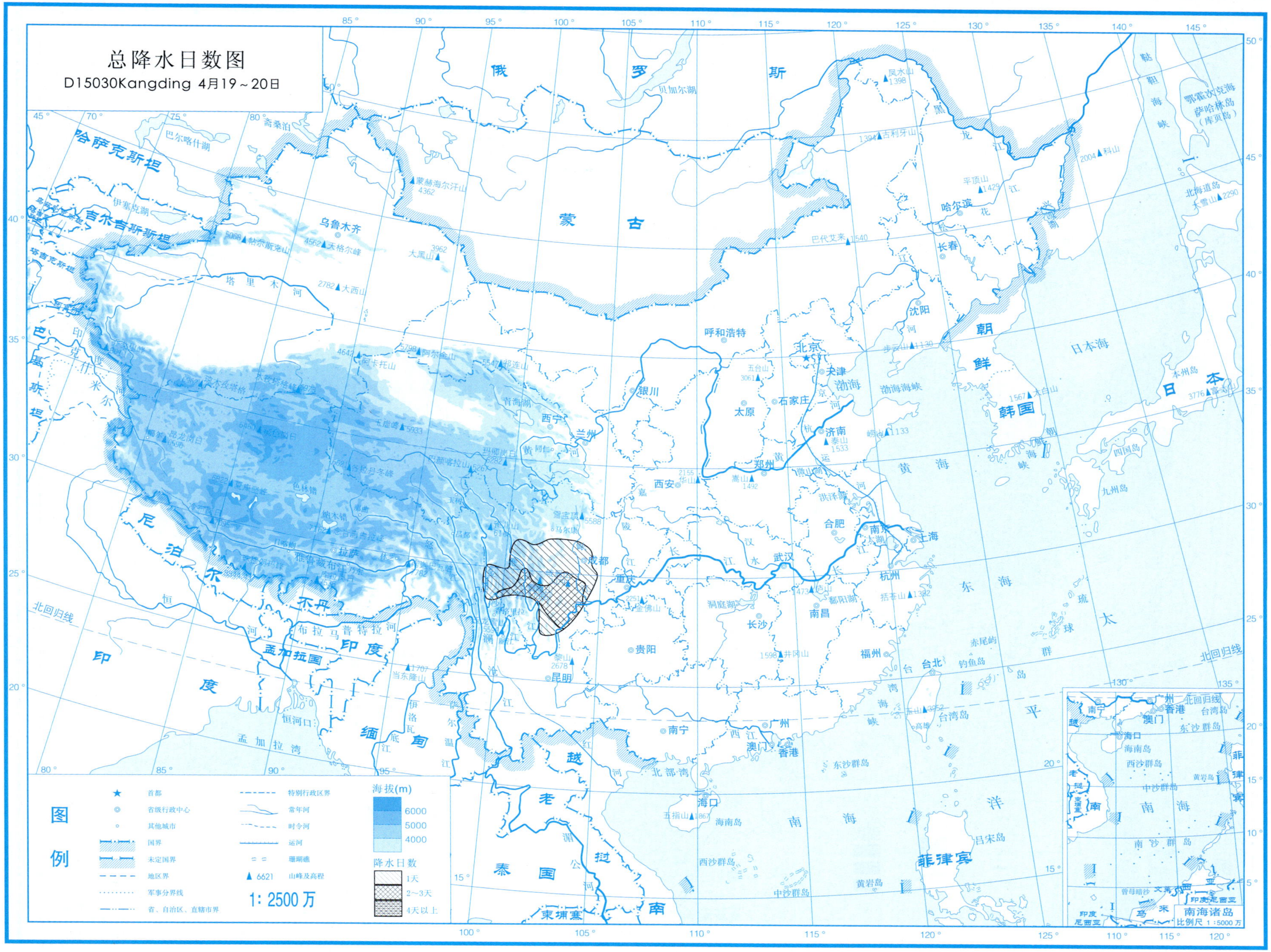

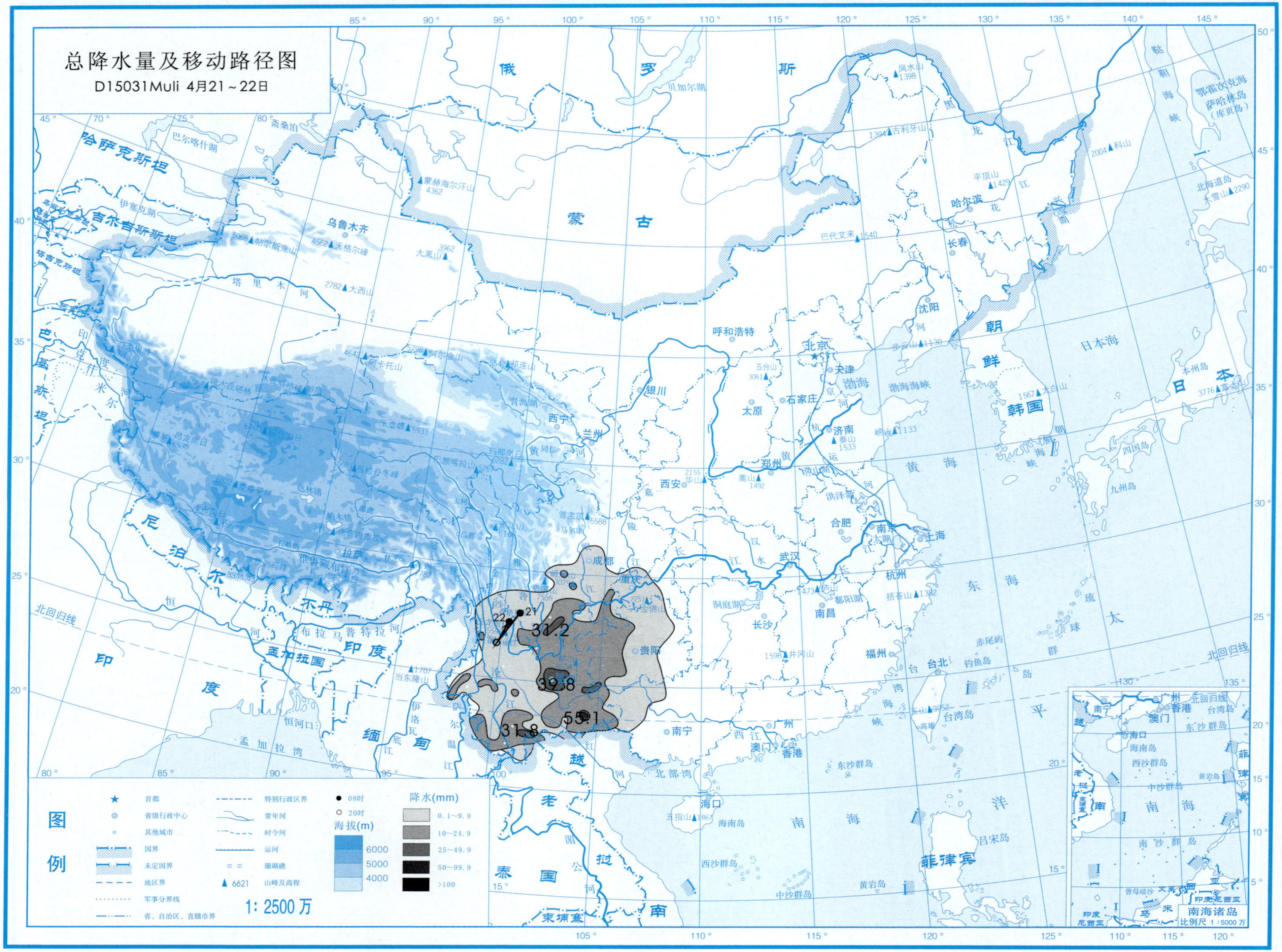
总降水量及移动路径图
D15031Muli 4月21～22日
图例
首都
省级行政中心
其他城市
国界
未定国界
地区界
军事分界线
省、自治区、直辖市界
特别行政区界
常年河
时令河
运河
珊瑚礁
6621 山峰及高程
08时
20时
海拔(m)
6000
5000
4000
降水(mm)
0.1～9.9
10～24.9
25～49.9
50～99.9
>100
1: 2500 万
31.2
39.8
31.8
53.1
南海诸岛
比例尺 1:5000 万

总降水日数图

D15031Muli 4月21～22日

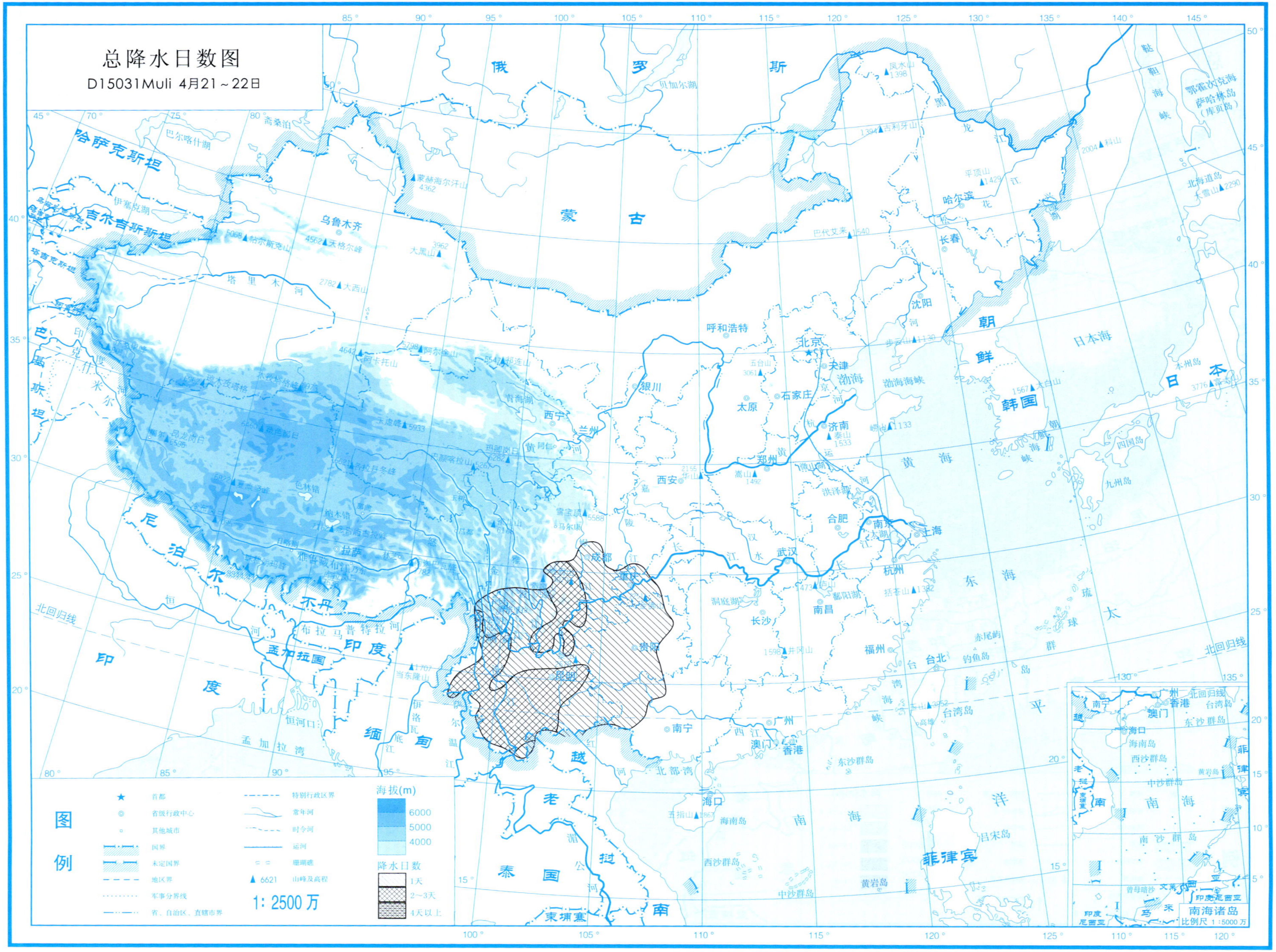

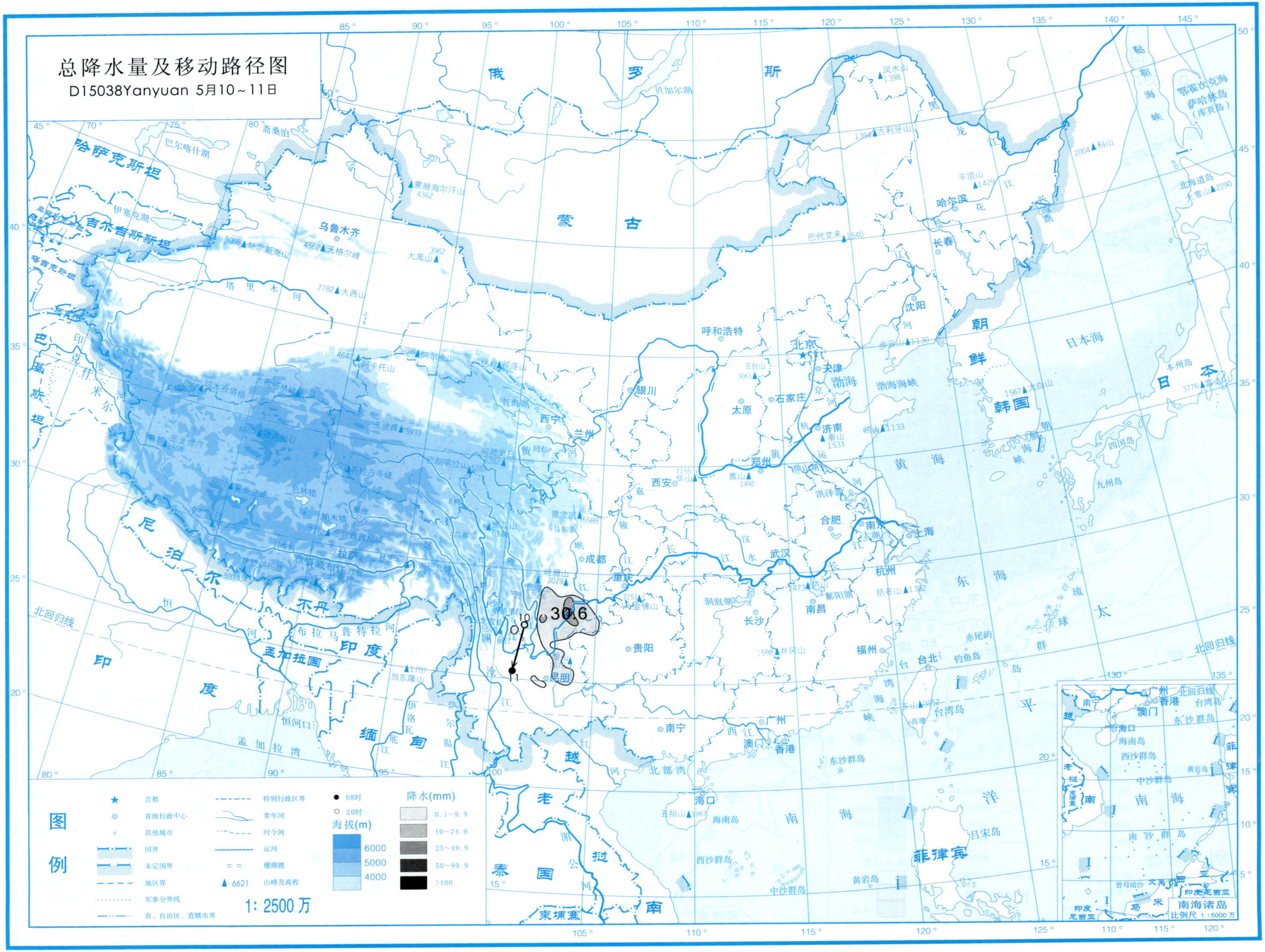

总降水量及移动路径图
D15038Yanyuan 5月10～11日

总降水日数图

D15051Jiulong 6月17~18日

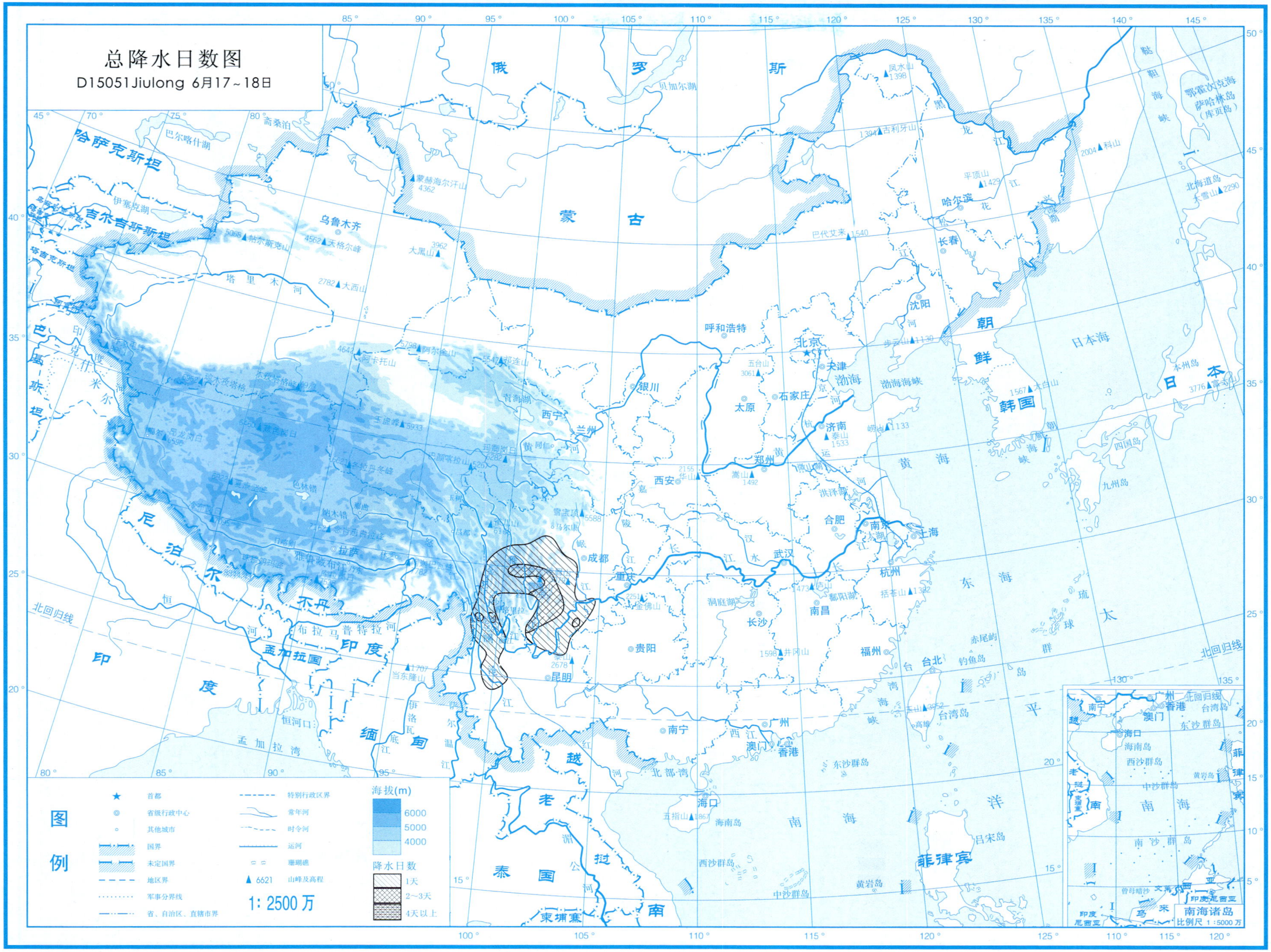

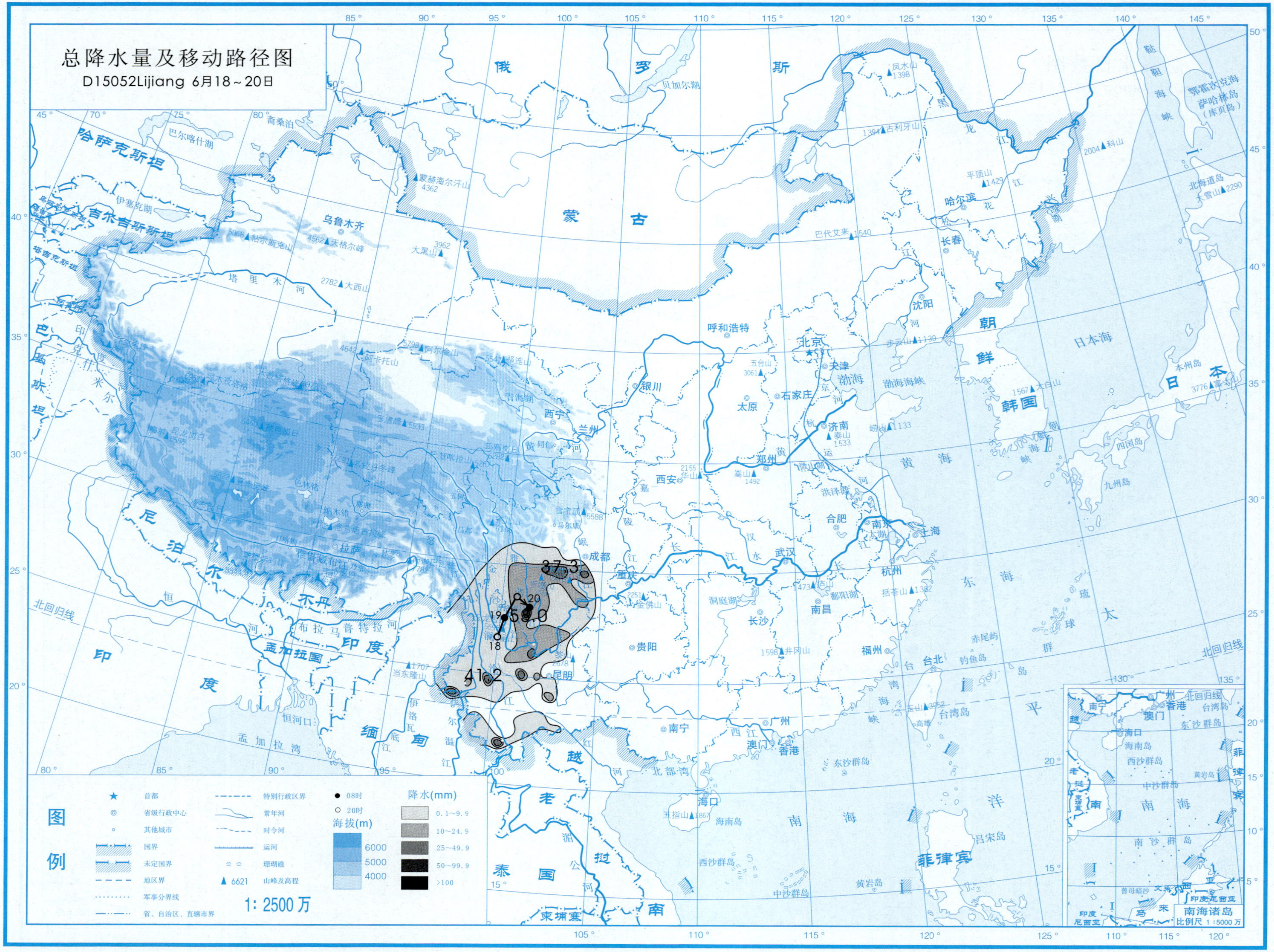
总降水量及移动路径图
D15052Lijiang 6月18～20日
图例
首都
省级行政中心
其他城市
国界
未定国界
地区界
军事分界线
省、自治区、直辖市界
特别行政区界
常年河
时令河
运河
珊瑚礁
6621 山峰及高程
1：2500万
08时
20时
海拔(m)
6000
5000
4000
降水(mm)
0.1～9.9
10～24.9
25～49.9
50～99.9
>100
南海诸岛
比例尺 1:5000万

总降水日数图

D15052Lijiang 6月18～20日

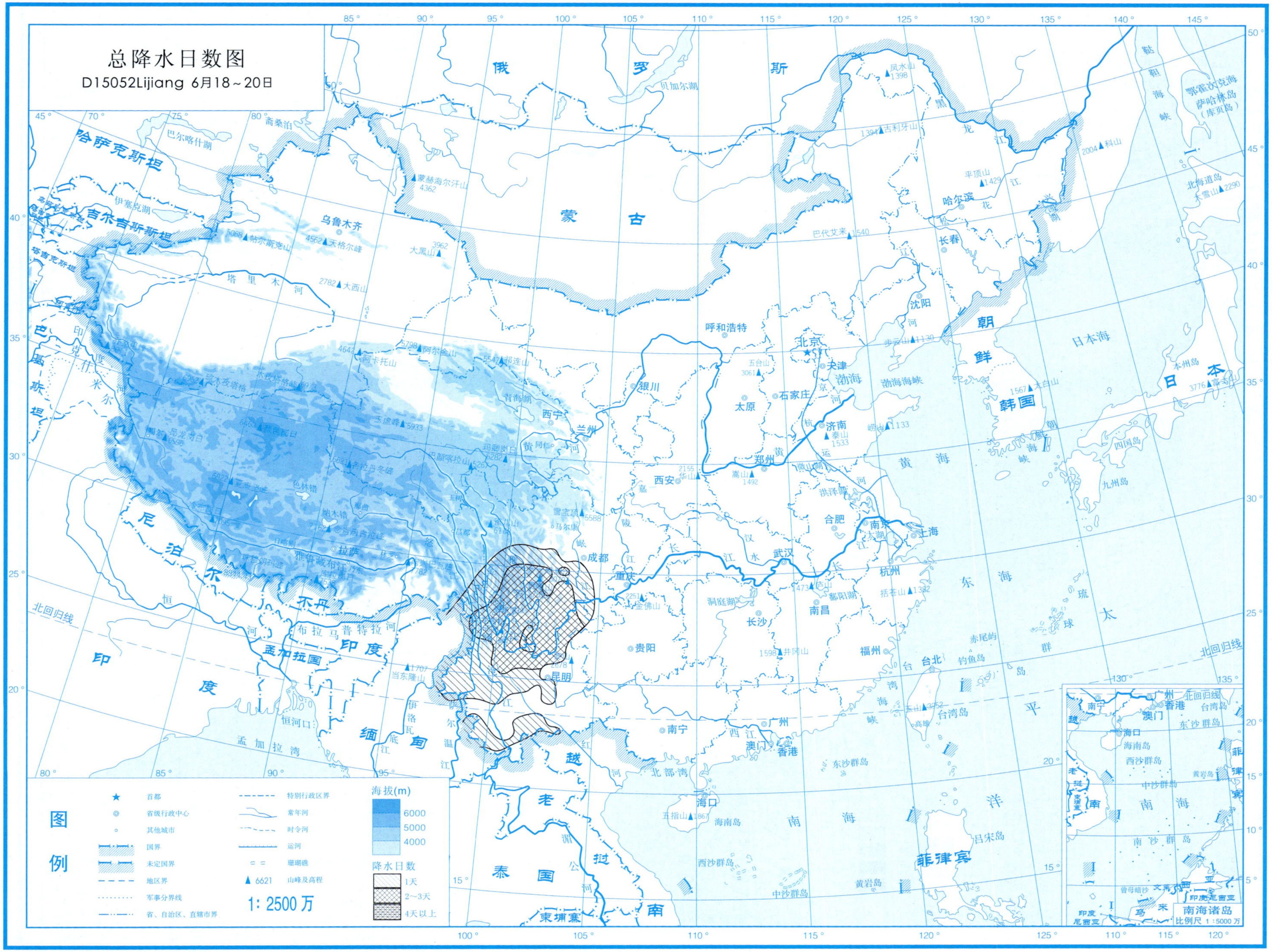

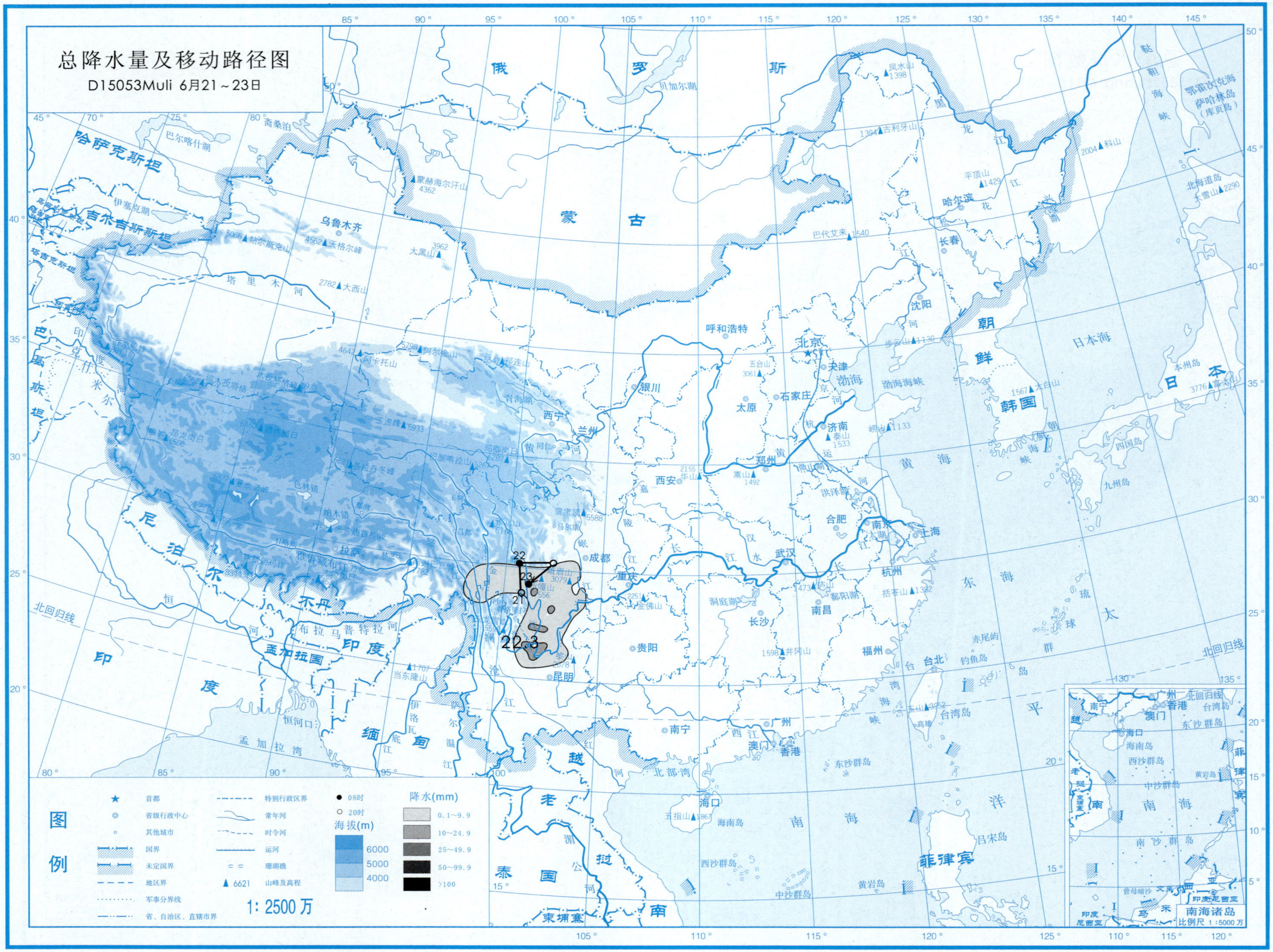
总降水量及移动路径图
D15053Muli 6月21～23日
图例
首都
省级行政中心
其他城市
国界
未定国界
地区界
军事分界线
省、自治区、直辖市界
特别行政区界
常年河
时令河
运河
珊瑚礁
6621 山峰及高程
08时
20时
海拔(m)
6000
5000
4000
降水(mm)
0.1～9.9
10～24.9
25～49.9
50～99.9
>100
1: 2500 万
22
23
21
22-23
南海诸岛
比例尺 1:5000 万

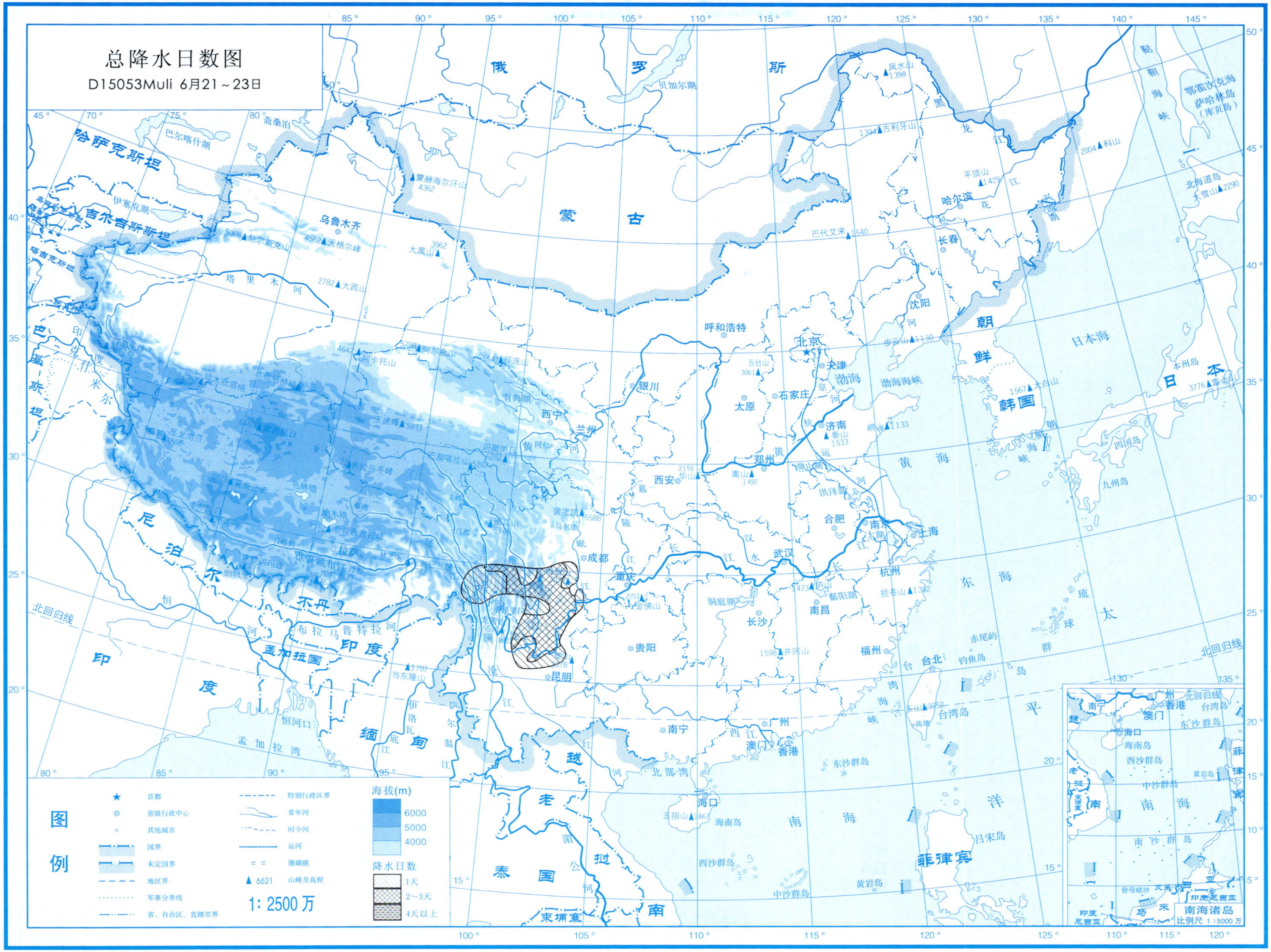
总降水日数图
D15053Muli 6月21～23日
图例
首都
省级行政中心
其他城市
国界
未定国界
地区界
军事分界线
省、自治区、直辖市界
特别行政区界
常年河
时令河
运河
珊瑚礁
6621 山峰及高程
1∶2500万
海拔(m)
6000
5000
4000
降水日数
1天
2～3天
4天以上
南海诸岛
比例尺 1∶5000万
俄罗斯
蒙古
哈萨克斯坦
吉尔吉斯斯坦
塔吉克斯坦
巴基斯坦
印度
尼泊尔
不丹
孟加拉国
缅甸
老挝
泰国
越南
柬埔寨
朝鲜
韩国
日本
菲律宾
贝加尔湖
巴尔喀什湖
斋桑泊
伊塞克湖
乌鲁木齐
呼和浩特
北京
天津
石家庄
太原
济南
郑州
西安
银川
兰州
西宁
成都
重庆
贵阳
昆明
南宁
长沙
武汉
南昌
合肥
南京
上海
杭州
福州
台北
广州
香港
澳门
海口
哈尔滨
长春
沈阳
塔里木河
黄河
长江
渤海
黄海
东海
南海
日本海
太平洋
台湾岛
海南岛
东沙群岛
西沙群岛
中沙群岛
南沙群岛
黄岩岛
钓鱼岛
赤尾屿
北回归线
北海道岛
本州岛
四国岛
九州岛
萨哈林岛（库页岛）
鄂霍次克海
珠穆朗玛峰

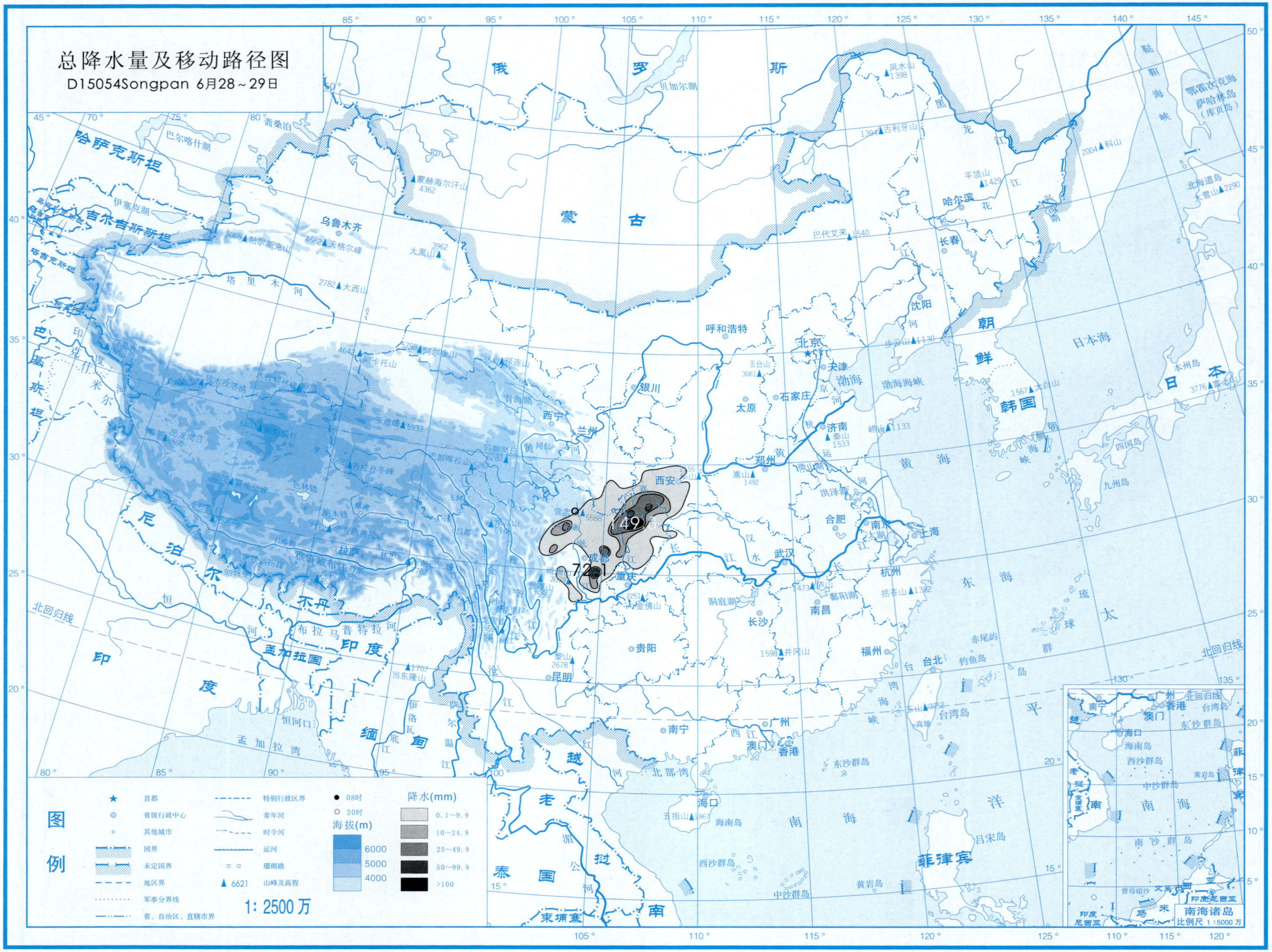
总降水量及移动路径图
D15054Songpan 6月28～29日
俄 罗 斯
蒙 古
哈萨克斯坦
吉尔吉斯斯坦
塔吉克斯坦
巴基斯坦
尼泊尔
不丹
印度
孟加拉国
缅甸
越南
老挝
泰国
柬埔寨
朝鲜
韩国
日本
菲律宾
乌鲁木齐
呼和浩特
北京
天津
石家庄
太原
银川
西宁
兰州
西安
郑州
济南
合肥
南京
上海
杭州
武汉
成都
重庆
贵阳
昆明
长沙
南昌
福州
台北
广州
南宁
海口
香港
澳门
沈阳
长春
哈尔滨
拉萨
渤海
黄海
东海
南海
日本海
台湾岛
海南岛
149
72.1
图例
首都
省级行政中心
其他城市
国界
未定国界
地区界
军事分界线
省、自治区、直辖市界
特别行政区界
常年河
时令河
运河
珊瑚礁
6621 山峰及高程
08时
20时
海拔(m)
6000
5000
4000
降水(mm)
0.1～9.9
10～24.9
25～49.9
50～99.9
>100
1：2500万
南海诸岛
比例尺 1：5000万

总降水日数图

D15054Songpan 6月28～29日

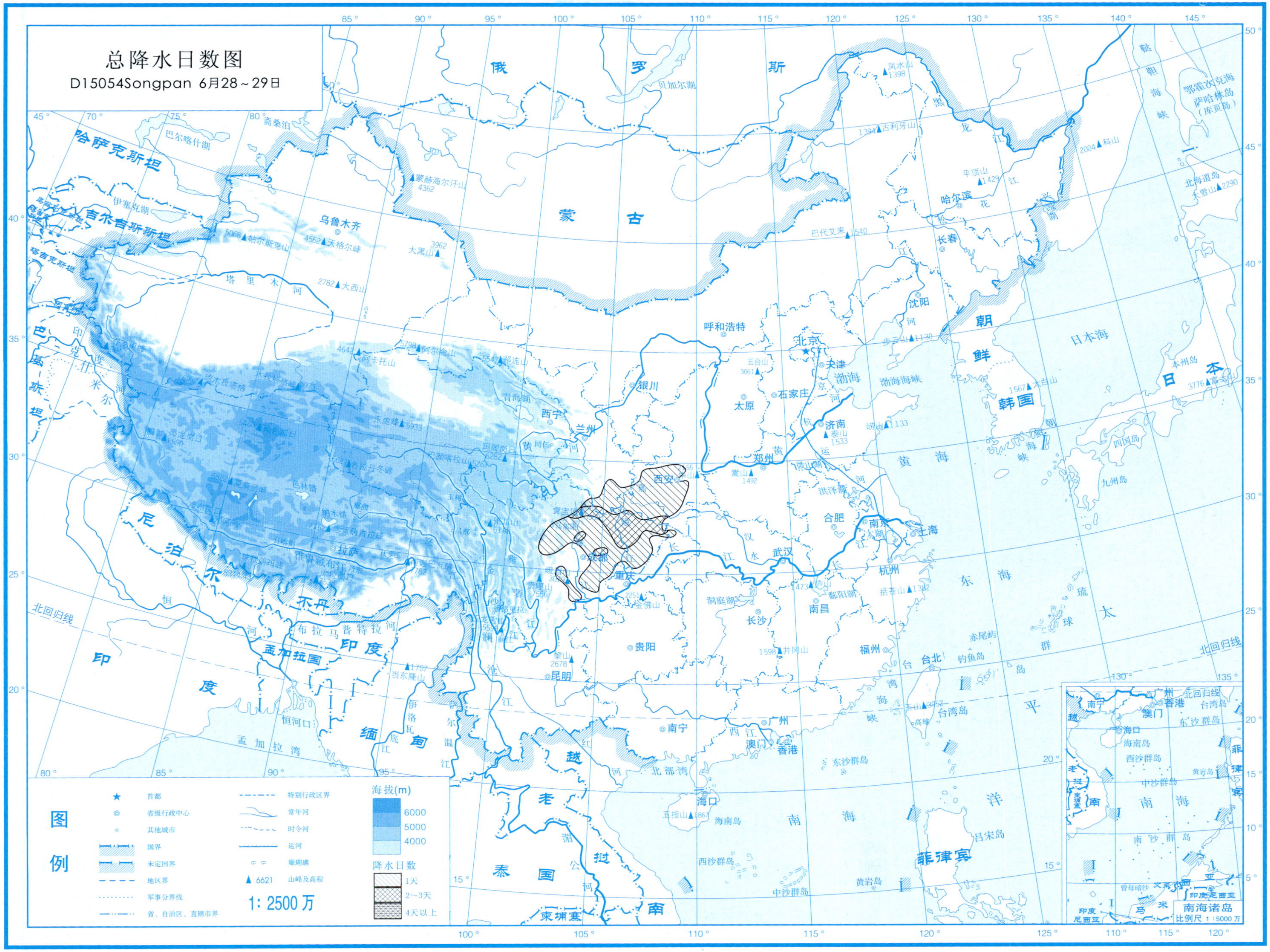

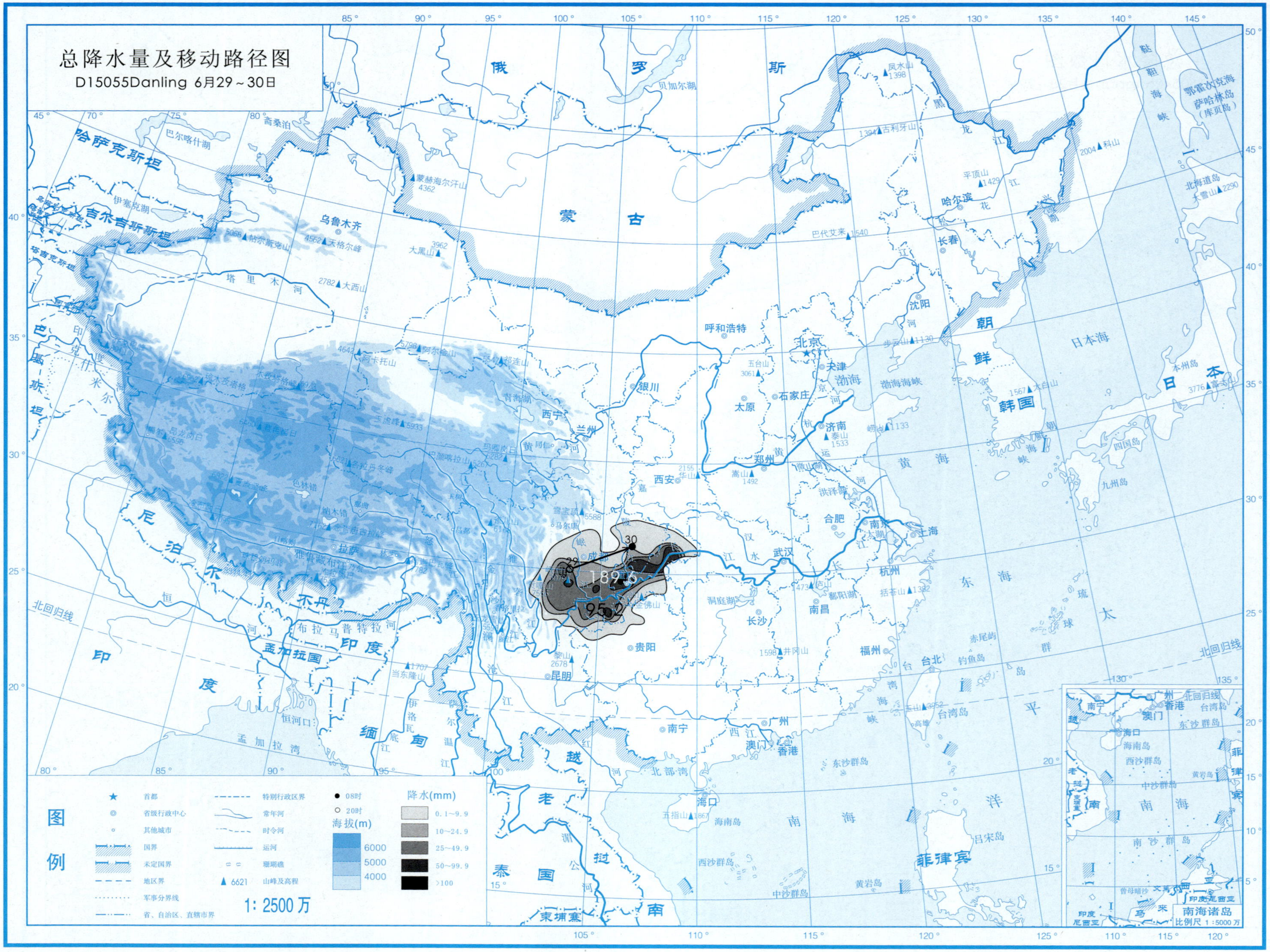
总降水量及移动路径图
D15055Danling 6月29～30日
图例
首都
省级行政中心
其他城市
国界
未定国界
地区界
军事分界线
省、自治区、直辖市界
特别行政区界
常年河
时令河
运河
珊瑚礁
6621 山峰及高程
08时
20时
海拔(m)
6000
5000
4000
降水(mm)
0.1~9.9
10~24.9
25~49.9
50~99.9
>100
1∶2500万
183.6
95.2
29
30
南海诸岛
比例尺 1∶5000万

总降水日数图

D15055Danling 6月29～30日

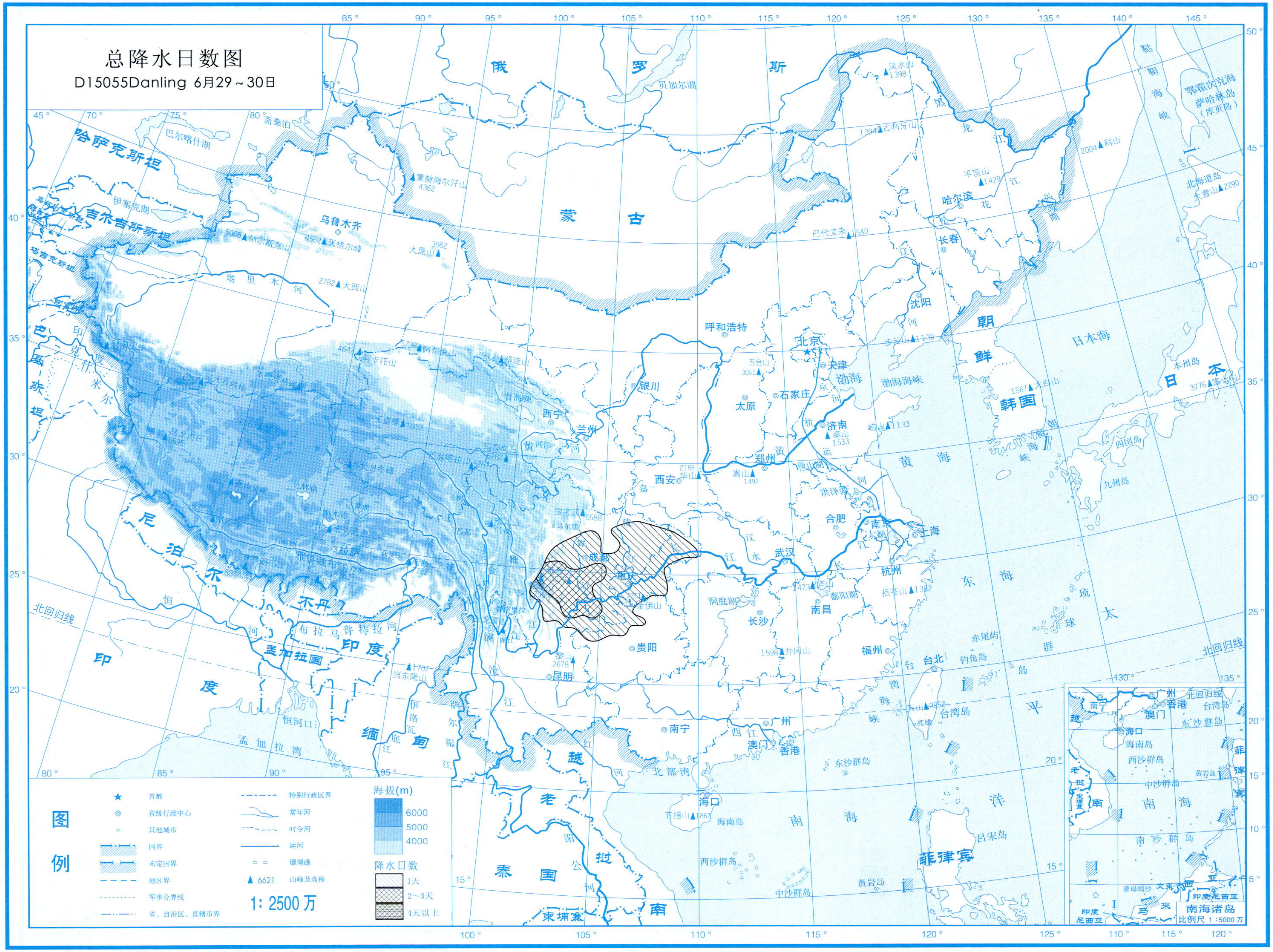

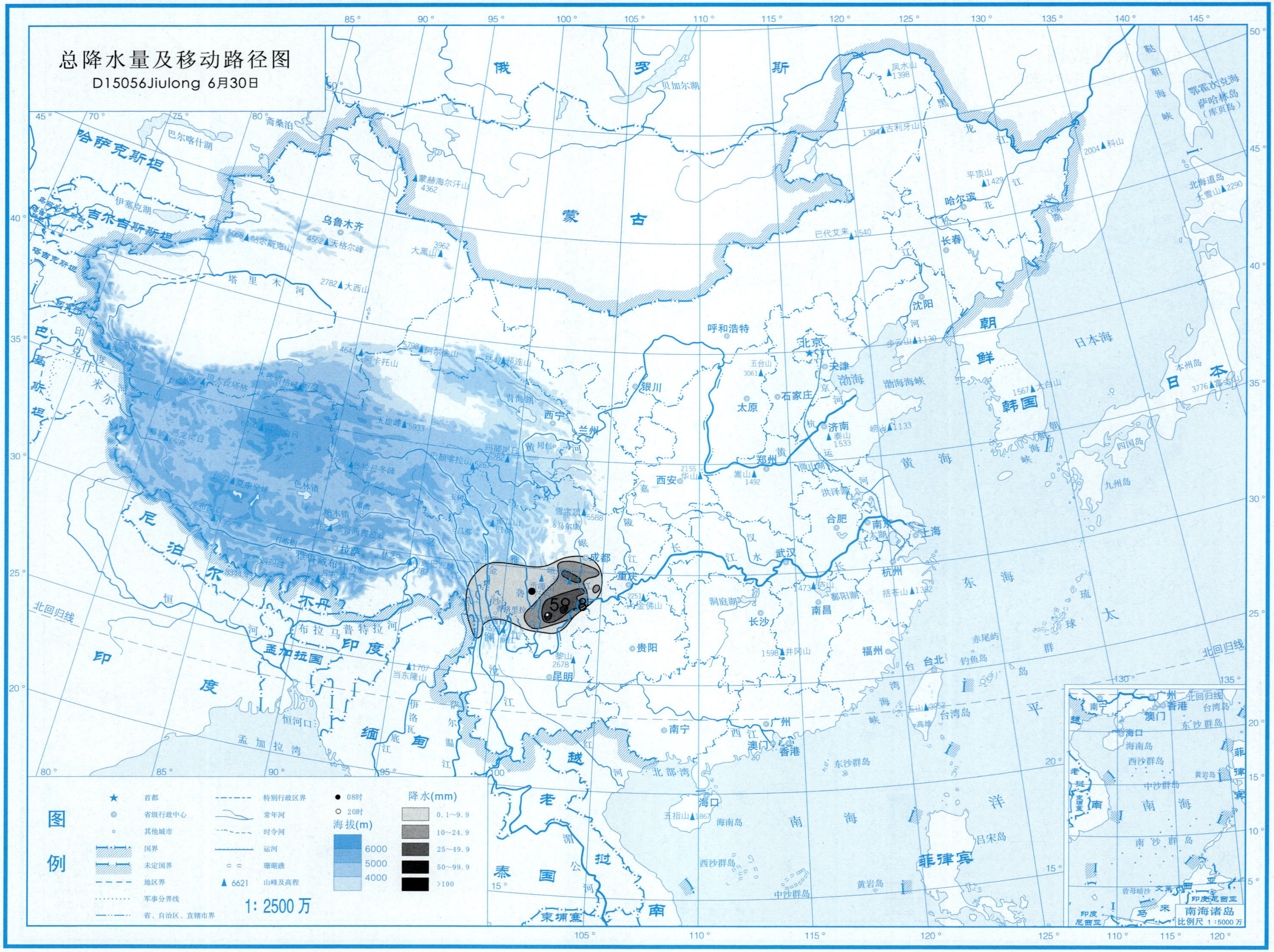
总降水量及移动路径图
D15056Jiulong 6月30日
58.8
图例
首都
省级行政中心
其他城市
国界
未定国界
地区界
军事分界线
省、自治区、直辖市界
特别行政区界
常年河
时令河
运河
珊瑚礁
6621 山峰及高程
08时
20时
海拔(m)
6000
5000
4000
降水(mm)
0.1~9.9
10~24.9
25~49.9
50~99.9
>100
1: 2500万
南海诸岛
比例尺 1:5000万

总降水日数图

D15056Jiulong 6月30日

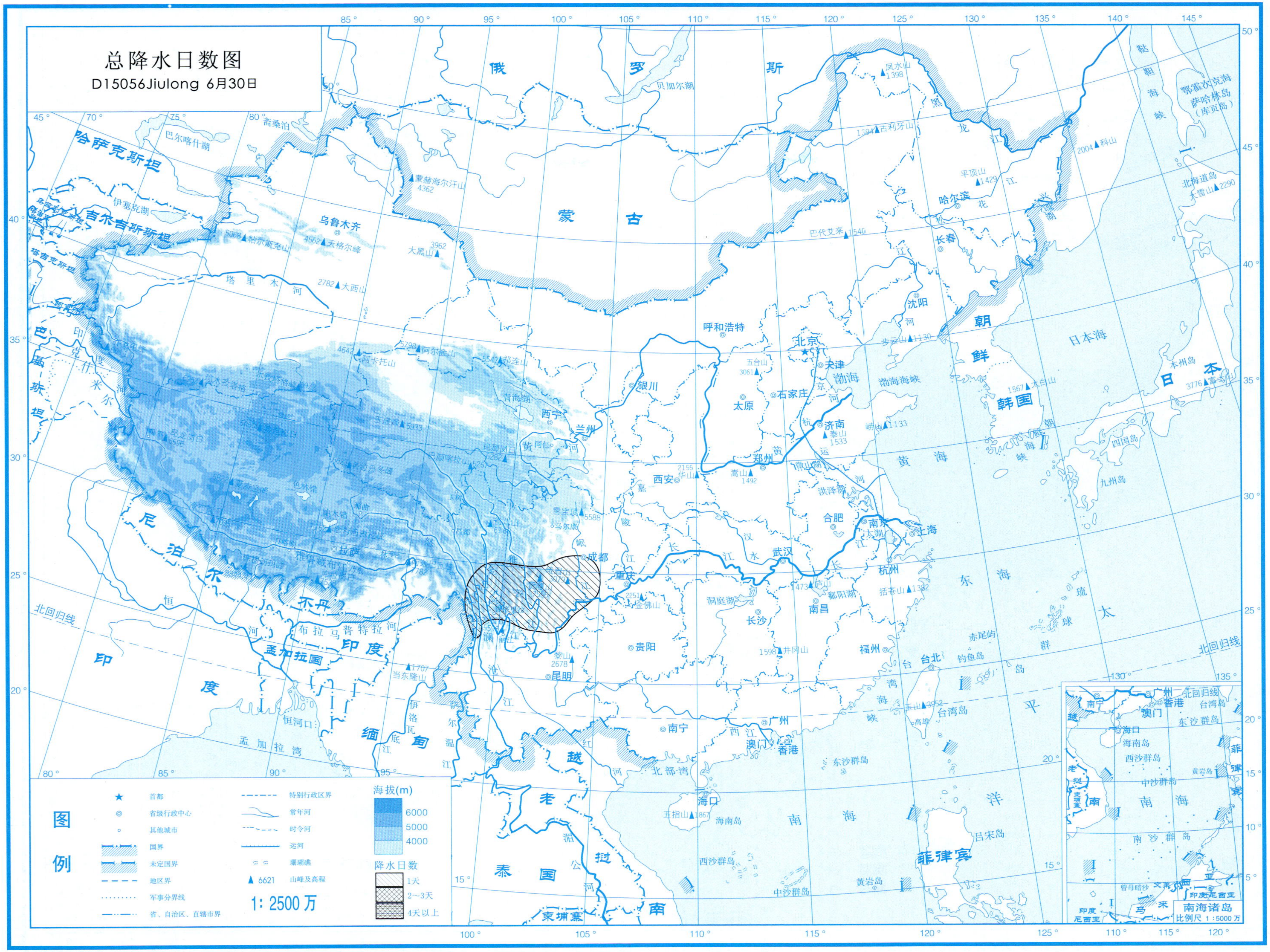

总降水量及移动路径图

D15057Dechang 7月2～3日

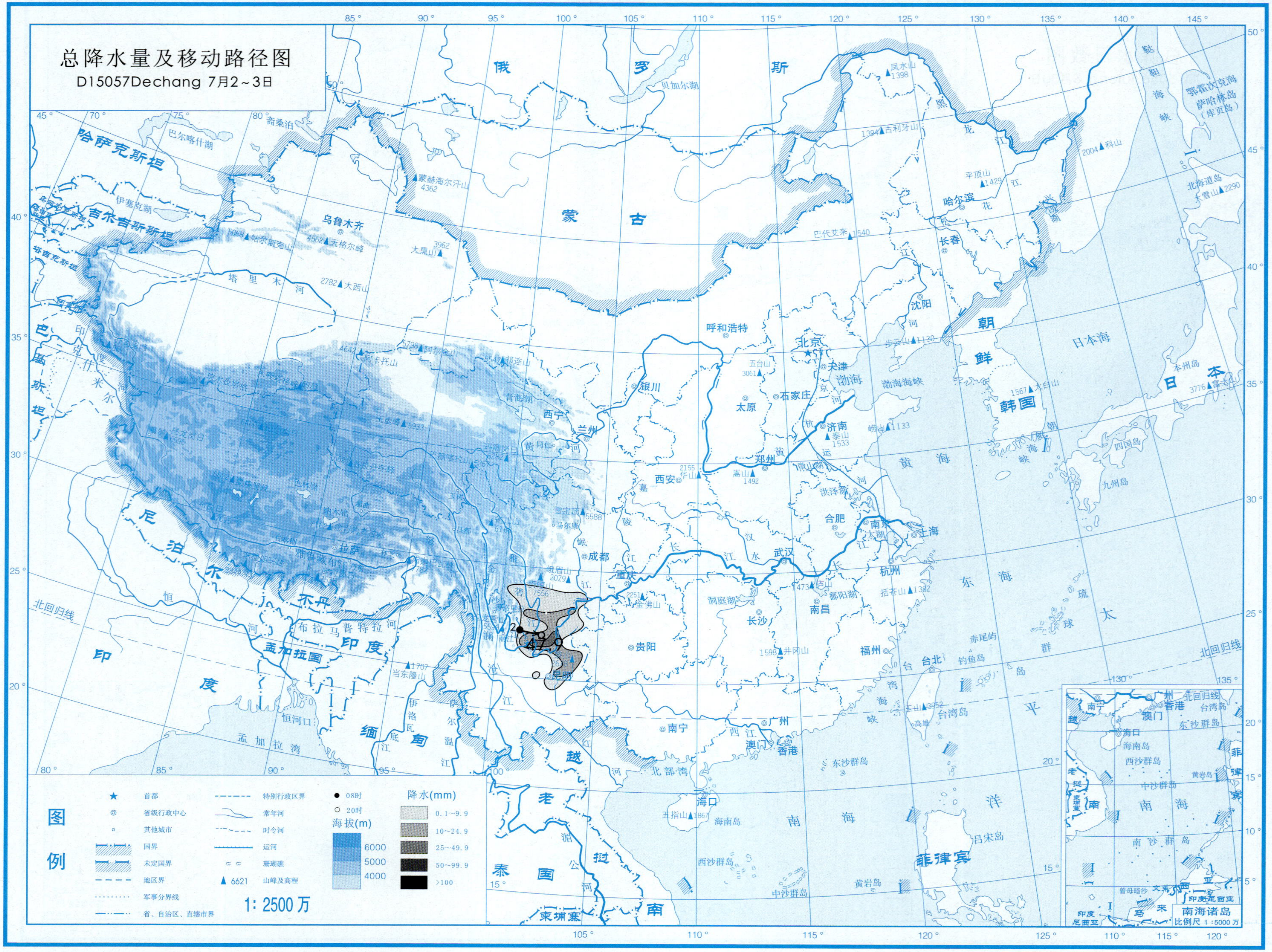

总降水日数图

D15057Dechang 7月2~3日

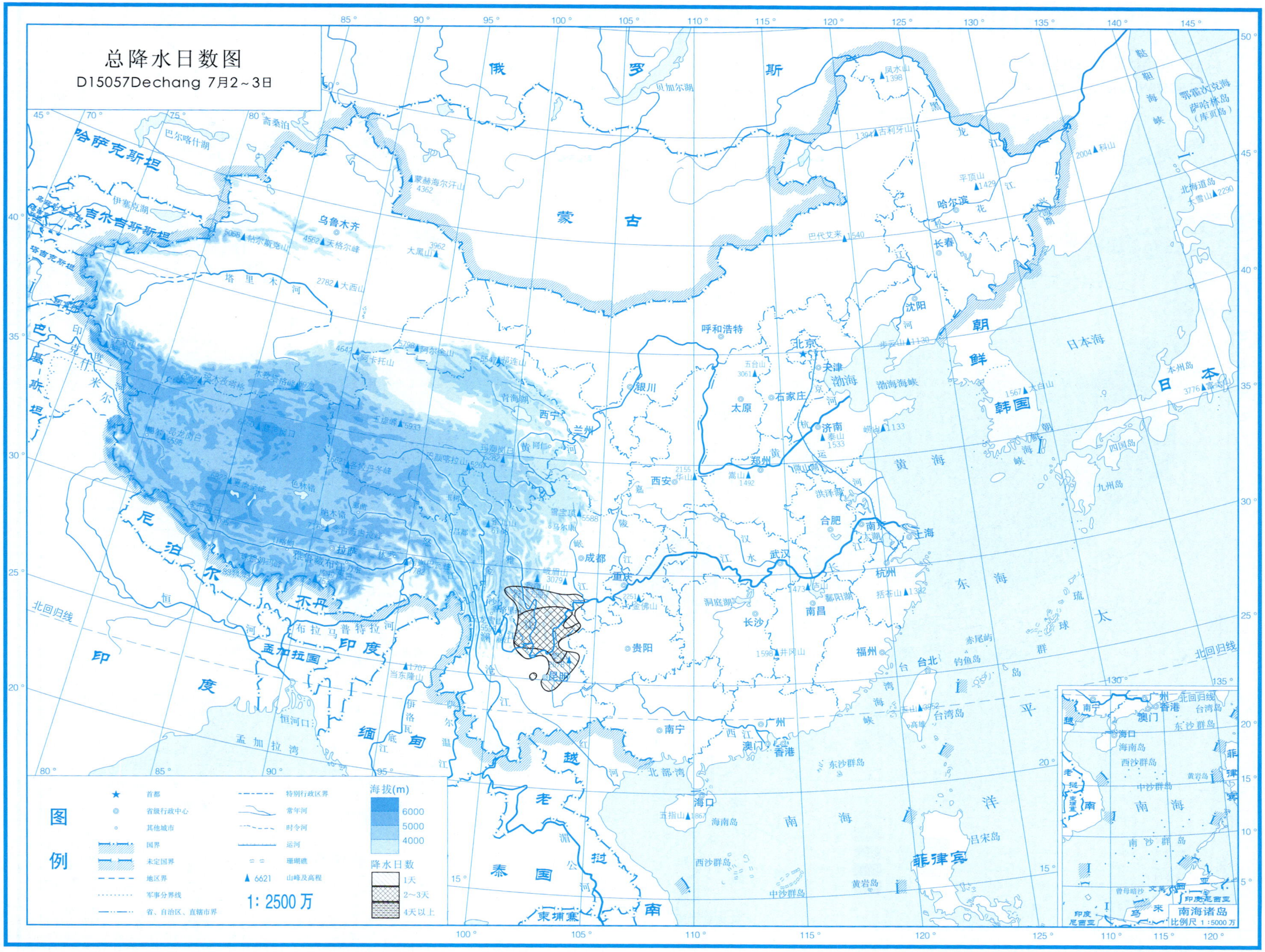

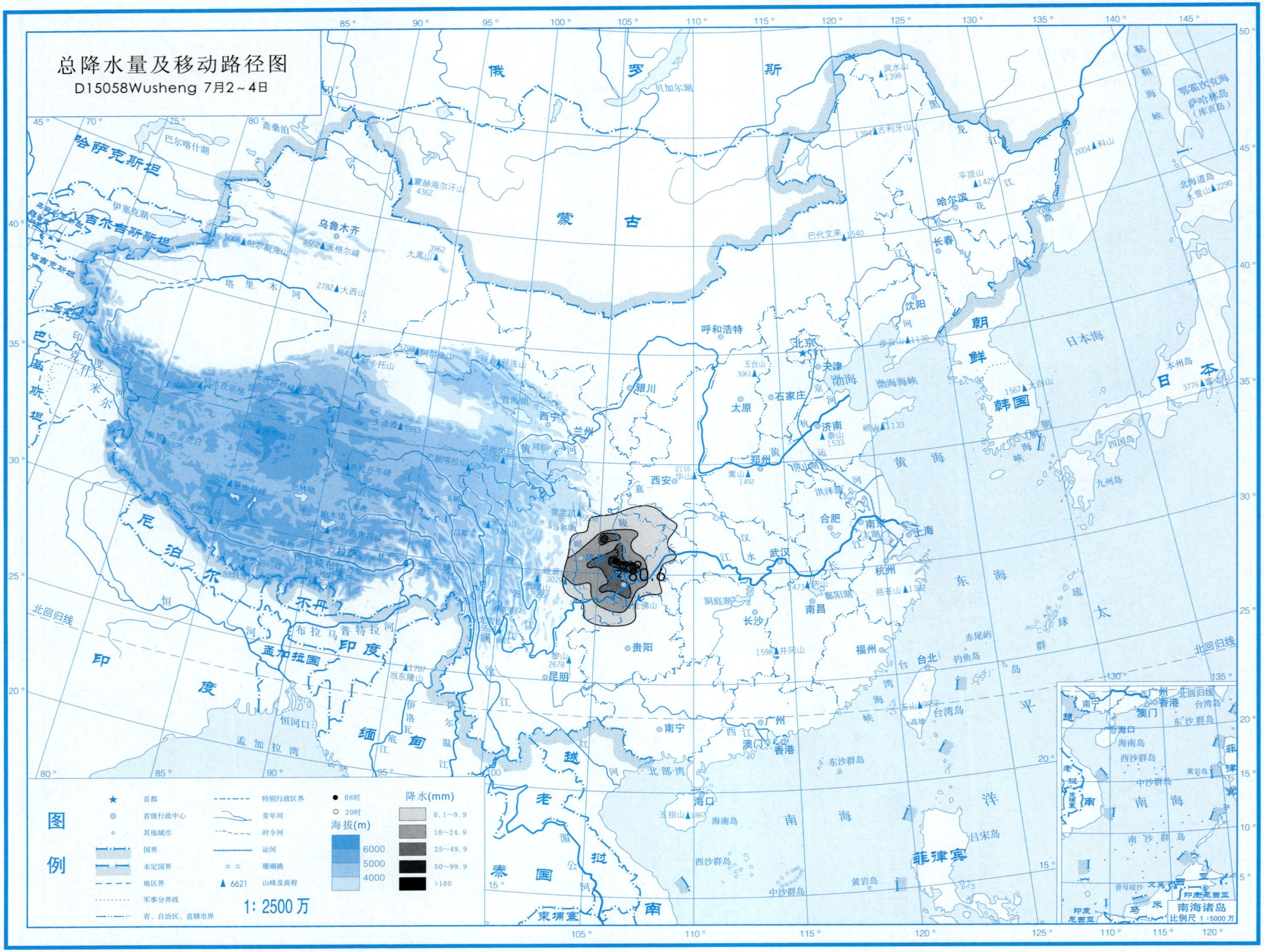
总降水量及移动路径图
D15058Wusheng 7月2～4日
图例
首都
省级行政中心
其他城市
国界
未定国界
地区界
军事分界线
省、自治区、直辖市界
特别行政区界
常年河
时令河
运河
珊瑚礁
山峰及高程
08时
20时
海拔(m)
6000
5000
4000
降水(mm)
0.1～9.9
10～24.9
25～49.9
50～99.9
>100
1：2500万
南海诸岛
比例尺 1：5000万
80.6
俄 罗 斯
蒙 古
哈萨克斯坦
吉尔吉斯斯坦
塔吉克斯坦
尼泊尔
不丹
印度
孟加拉国
缅甸
老挝
越南
泰国
柬埔寨
菲律宾
朝鲜
韩国
日本
北京
天津
石家庄
太原
呼和浩特
沈阳
长春
哈尔滨
济南
郑州
西安
银川
兰州
西宁
乌鲁木齐
拉萨
成都
贵阳
昆明
南宁
广州
长沙
武汉
合肥
南京
上海
杭州
南昌
福州
台北
海口
香港
澳门
渤海
黄海
东海
南海
日本海
太平洋

总降水日数图

D15058Wusheng 7月2～4日

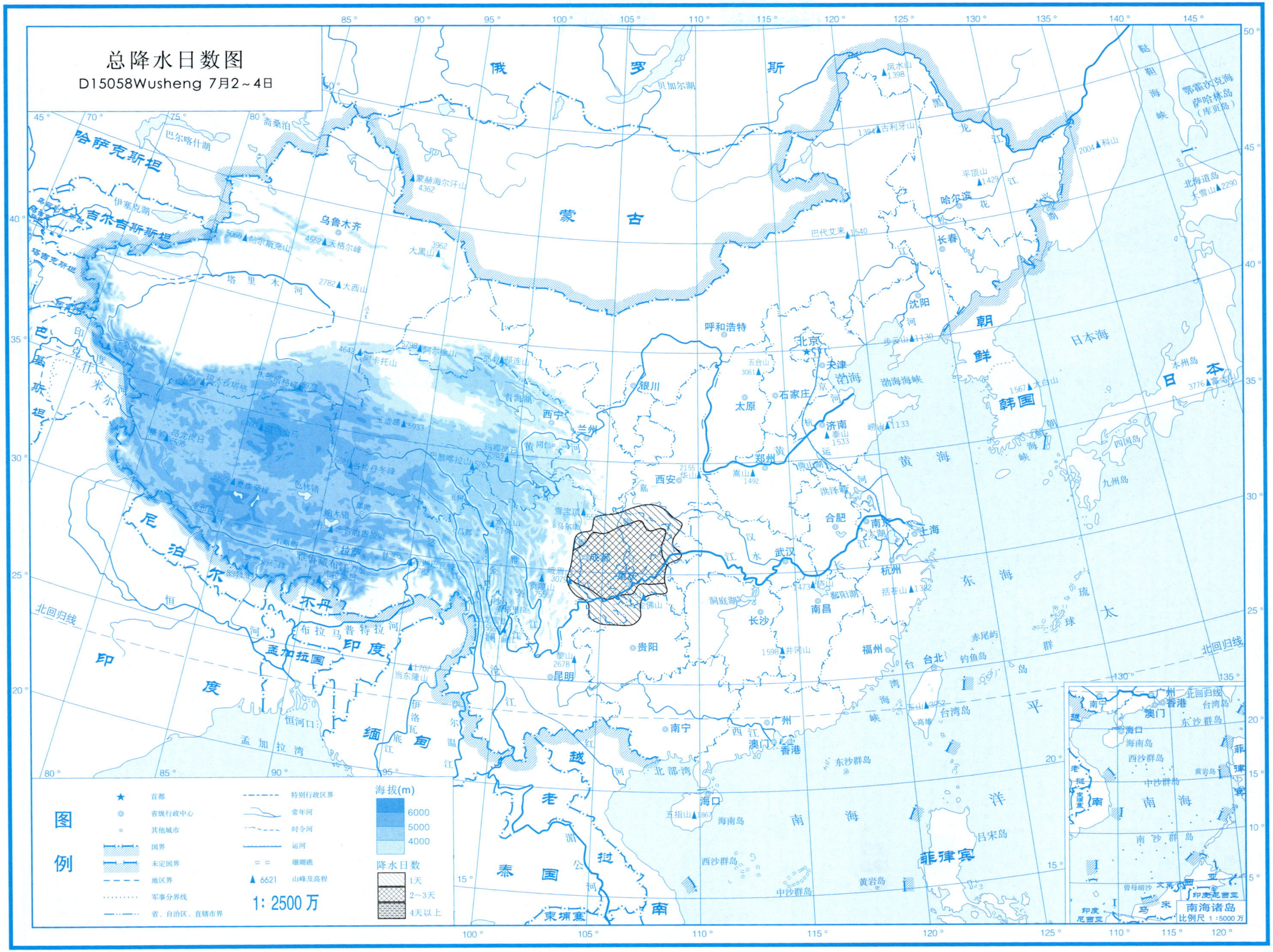

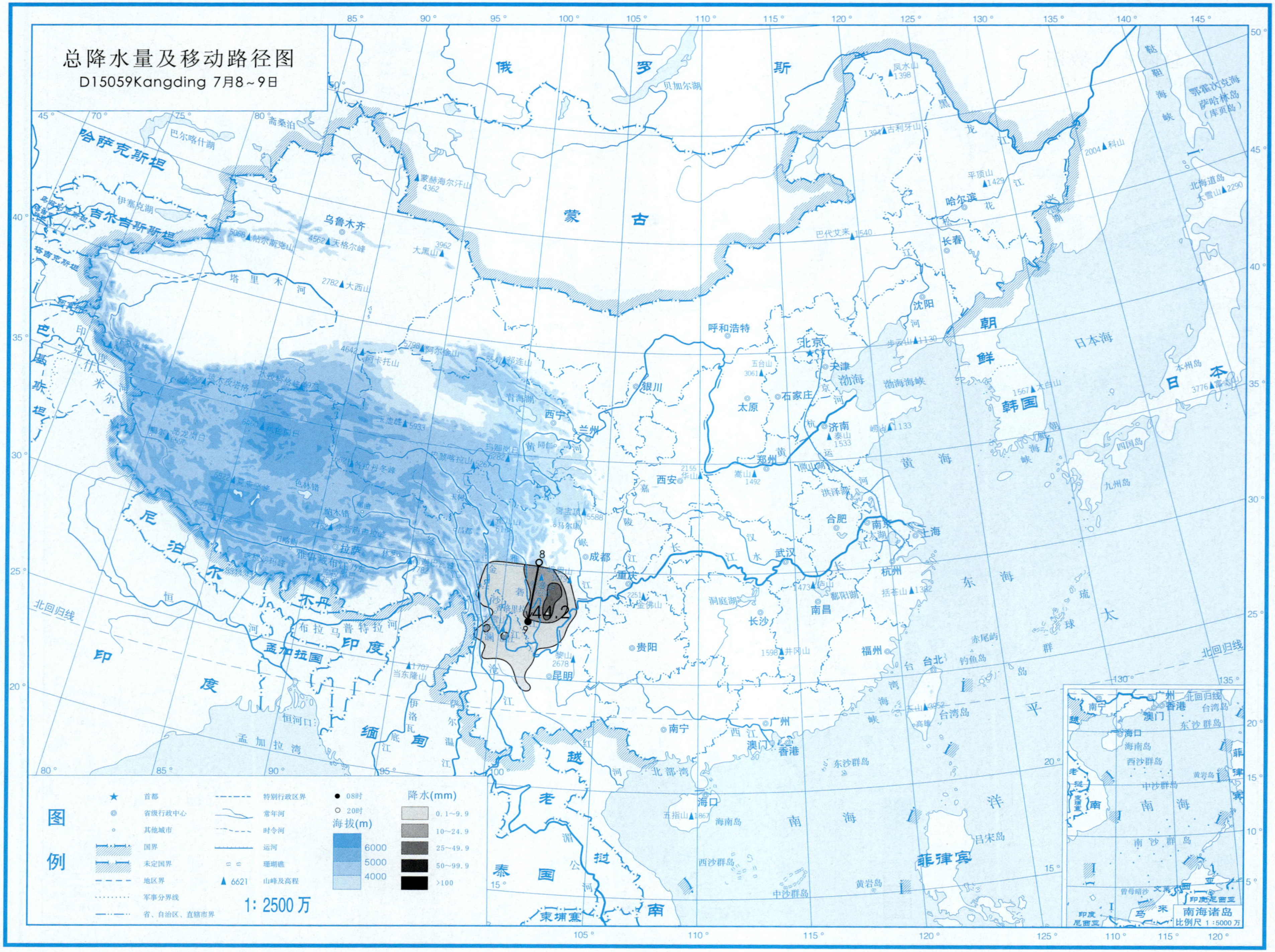
总降水量及移动路径图
D15059Kangding 7月8～9日
44.2
图例
首都
省级行政中心
其他城市
国界
未定国界
地区界
军事分界线
省、自治区、直辖市界
特别行政区界
常年河
时令河
运河
珊瑚礁
6621 山峰及高程
08时
20时
海拔(m)
6000
5000
4000
降水(mm)
0.1～9.9
10～24.9
25～49.9
50～99.9
>100
1: 2500万
南海诸岛
比例尺 1:5000万

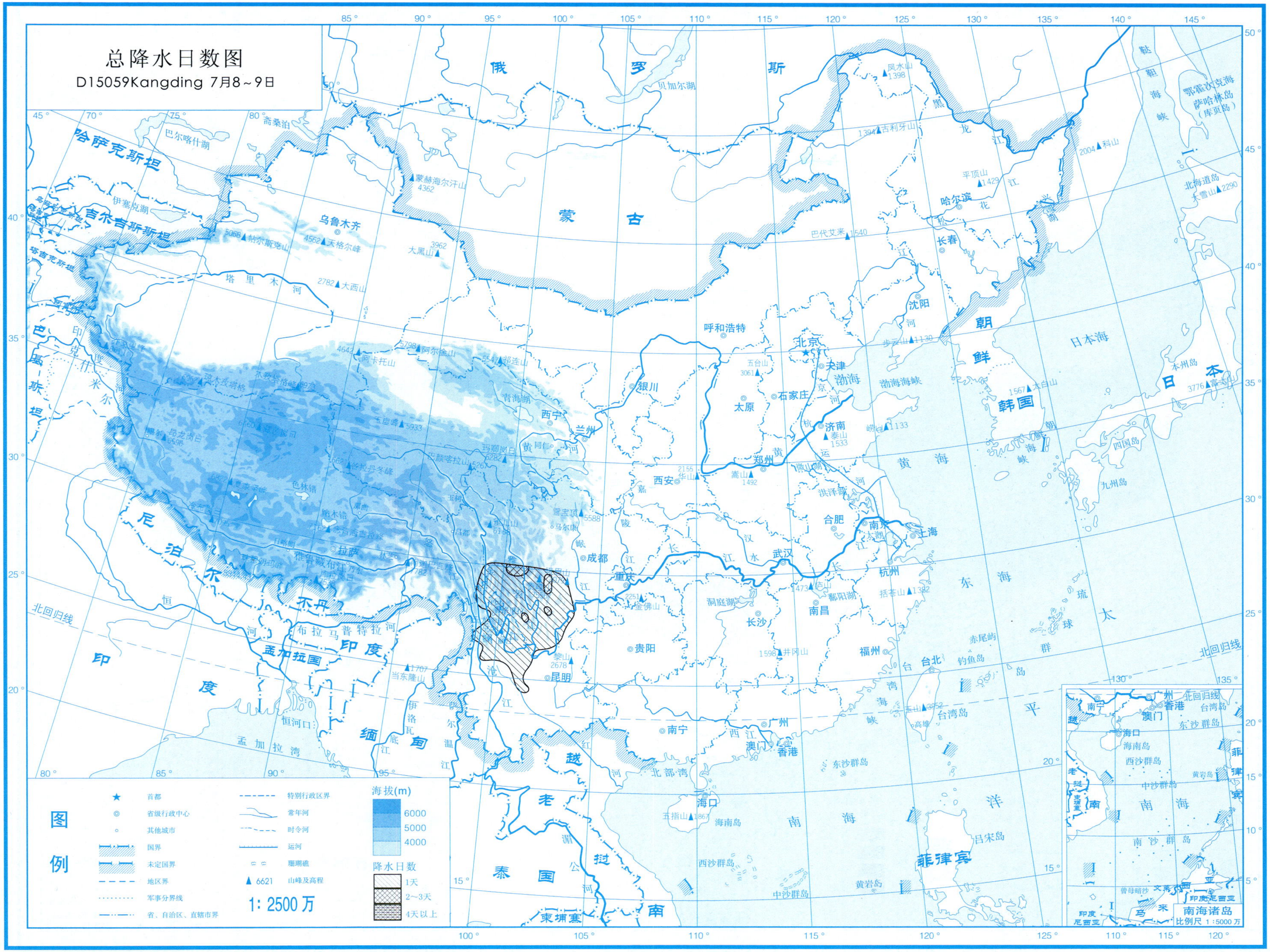
总降水日数图
D15059Kangding 7月8~9日
图例
首都
省级行政中心
其他城市
国界
未定国界
地区界
军事分界线
省、自治区、直辖市界
特别行政区界
常年河
时令河
运河
珊瑚礁
6621 山峰及高程
1: 2500 万
海拔(m)
6000
5000
4000
降水日数
1天
2~3天
4天以上
俄罗斯
蒙古
哈萨克斯坦
吉尔吉斯斯坦
塔吉克斯坦
巴基斯坦
尼泊尔
不丹
印度
孟加拉国
缅甸
老挝
泰国
越南
柬埔寨
朝鲜
韩国
日本
菲律宾
日本海
黄海
东海
南海
太平洋
北回归线
北京
天津
石家庄
太原
呼和浩特
沈阳
长春
哈尔滨
济南
郑州
西安
银川
兰州
西宁
乌鲁木齐
拉萨
成都
重庆
贵阳
昆明
南宁
广州
长沙
武汉
南昌
合肥
南京
上海
杭州
福州
台北
海口
香港
澳门
南海诸岛
比例尺 1:5000 万

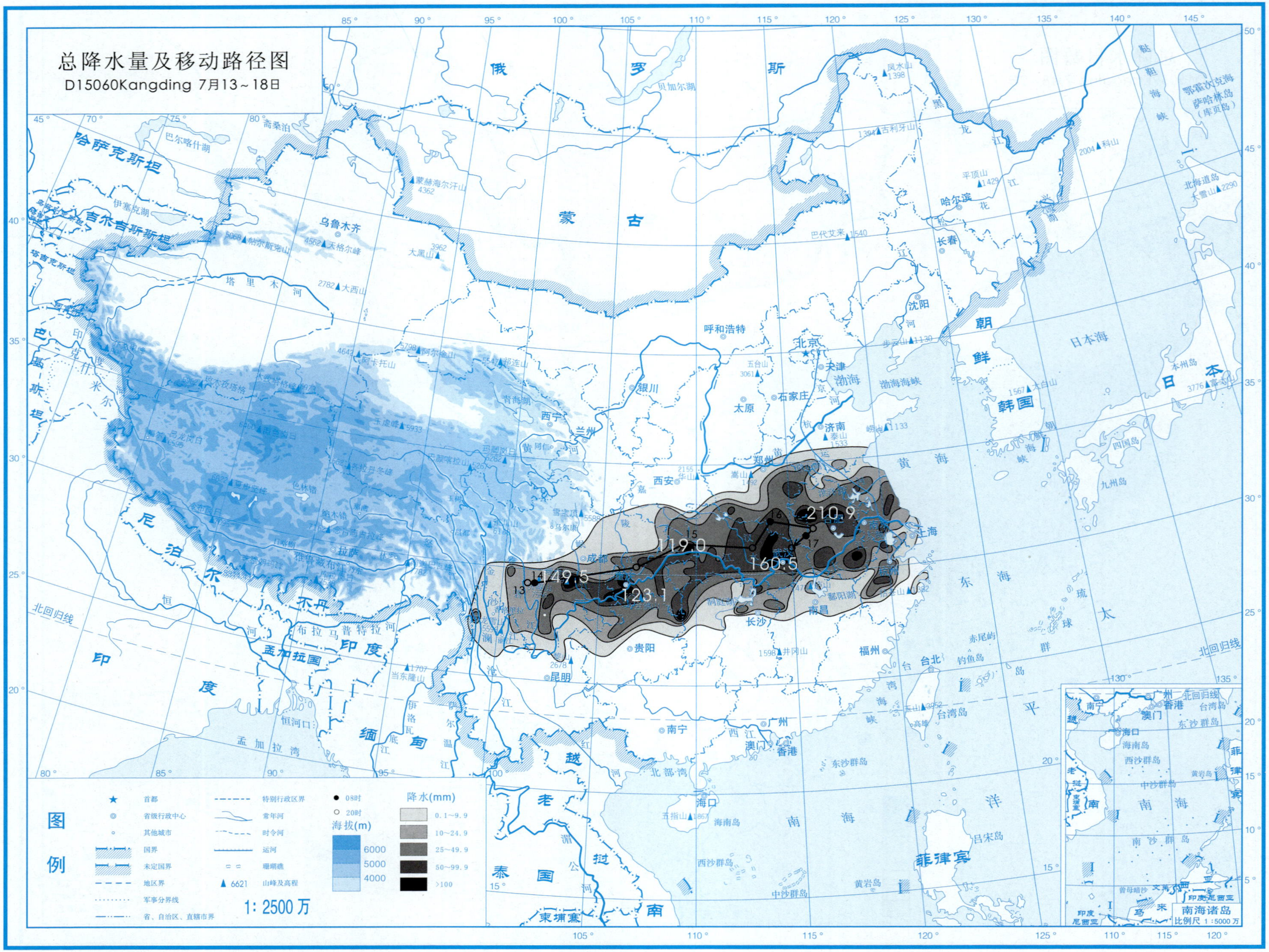
总降水量及移动路径图
D15060Kangding 7月13～18日
图例
首都
省级行政中心
其他城市
国界
未定国界
地区界
军事分界线
省、自治区、直辖市界
特别行政区界
常年河
时令河
运河
珊瑚礁
6621 山峰及高程
08时
20时
海拔(m)
6000
5000
4000
降水(mm)
0.1～9.9
10～24.9
25～49.9
50～99.9
>100
1: 2500 万
南海诸岛
比例尺 1:5000 万

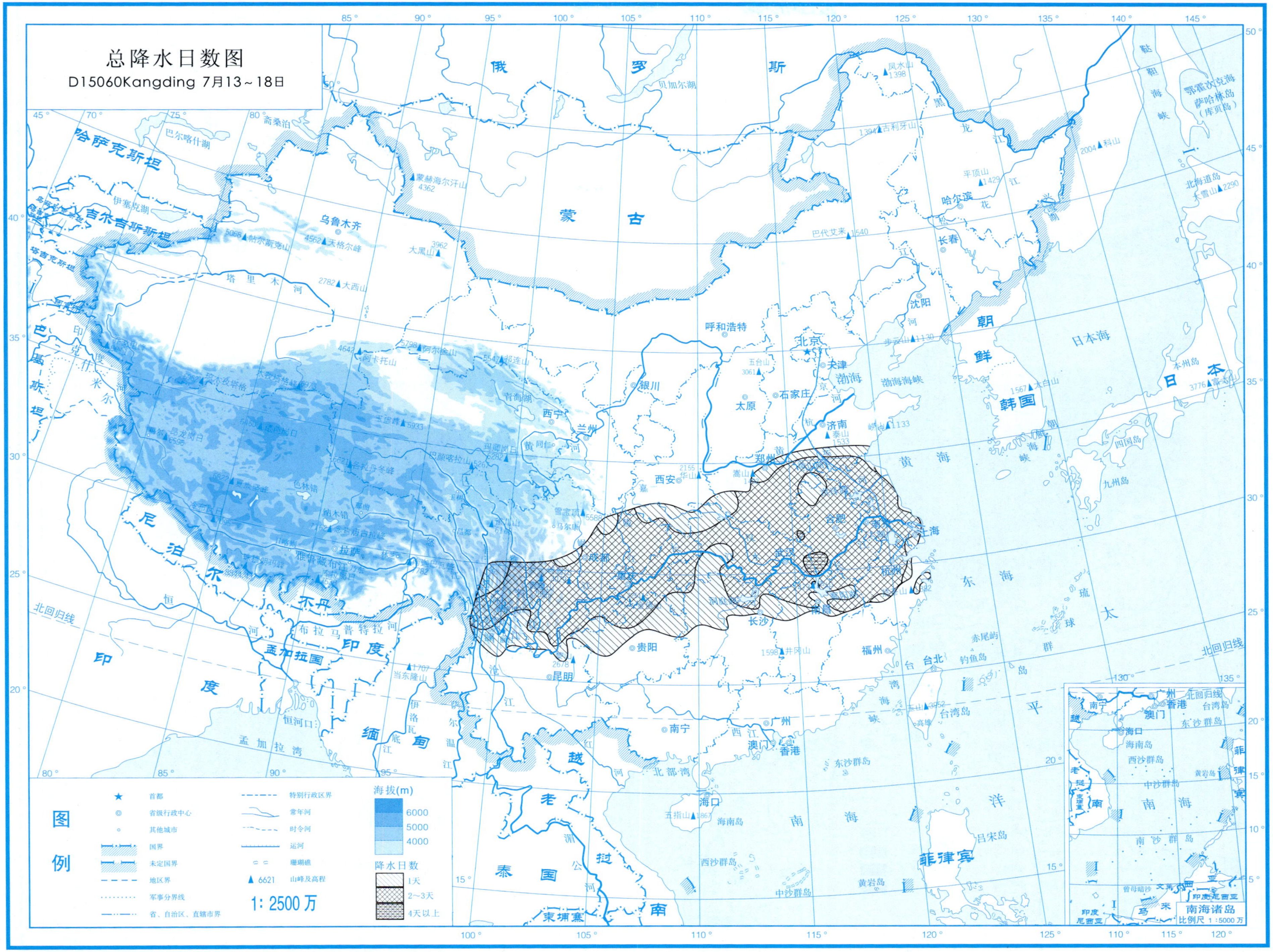
总降水日数图
D15060Kangding 7月13～18日
图例
首都
省级行政中心
其他城市
国界
未定国界
地区界
军事分界线
省、自治区、直辖市界
特别行政区界
常年河
时令河
运河
珊瑚礁
6621 山峰及高程
1: 2500 万
海拔(m)
6000
5000
4000
降水日数
1天
2～3天
4天以上
俄 罗 斯
蒙 古
哈萨克斯坦
吉尔吉斯斯坦
塔吉克斯坦
巴基斯坦
尼泊尔
不丹
孟加拉国
印度
缅甸
老挝
泰国
越南
柬埔寨
朝鲜
韩国
日本
菲律宾
乌鲁木齐
呼和浩特
北京
天津
石家庄
太原
济南
郑州
西安
银川
兰州
西宁
成都
武汉
合肥
上海
南昌
长沙
贵阳
昆明
南宁
广州
福州
台北
香港
澳门
海口
沈阳
长春
哈尔滨
渤海
黄海
东海
日本海
南海
太平洋
孟加拉湾
北回归线
南海诸岛
比例尺 1：5000 万

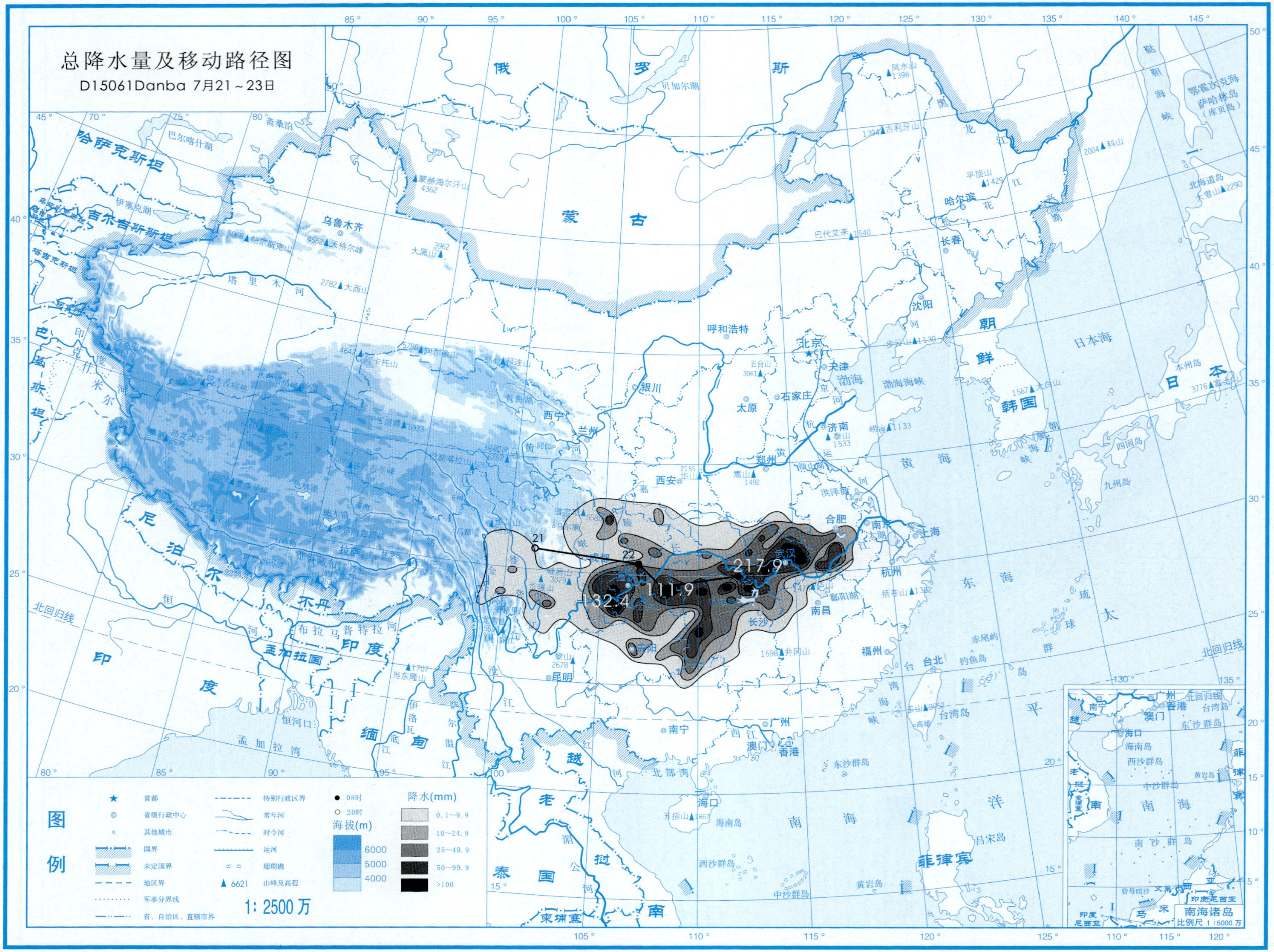
总降水量及移动路径图
D15061Danba 7月21～23日
21
22
217.9
111.9
132.4
图例
首都
省级行政中心
其他城市
国界
未定国界
地区界
军事分界线
省、自治区、直辖市界
特别行政区界
常年河
时令河
运河
珊瑚礁
6621 山峰及高程
08时
20时
海拔(m)
6000
5000
4000
降水(mm)
0.1～9.9
10～24.9
25～49.9
50～99.9
>100
1：2500万
南海诸岛
比例尺 1：5000万

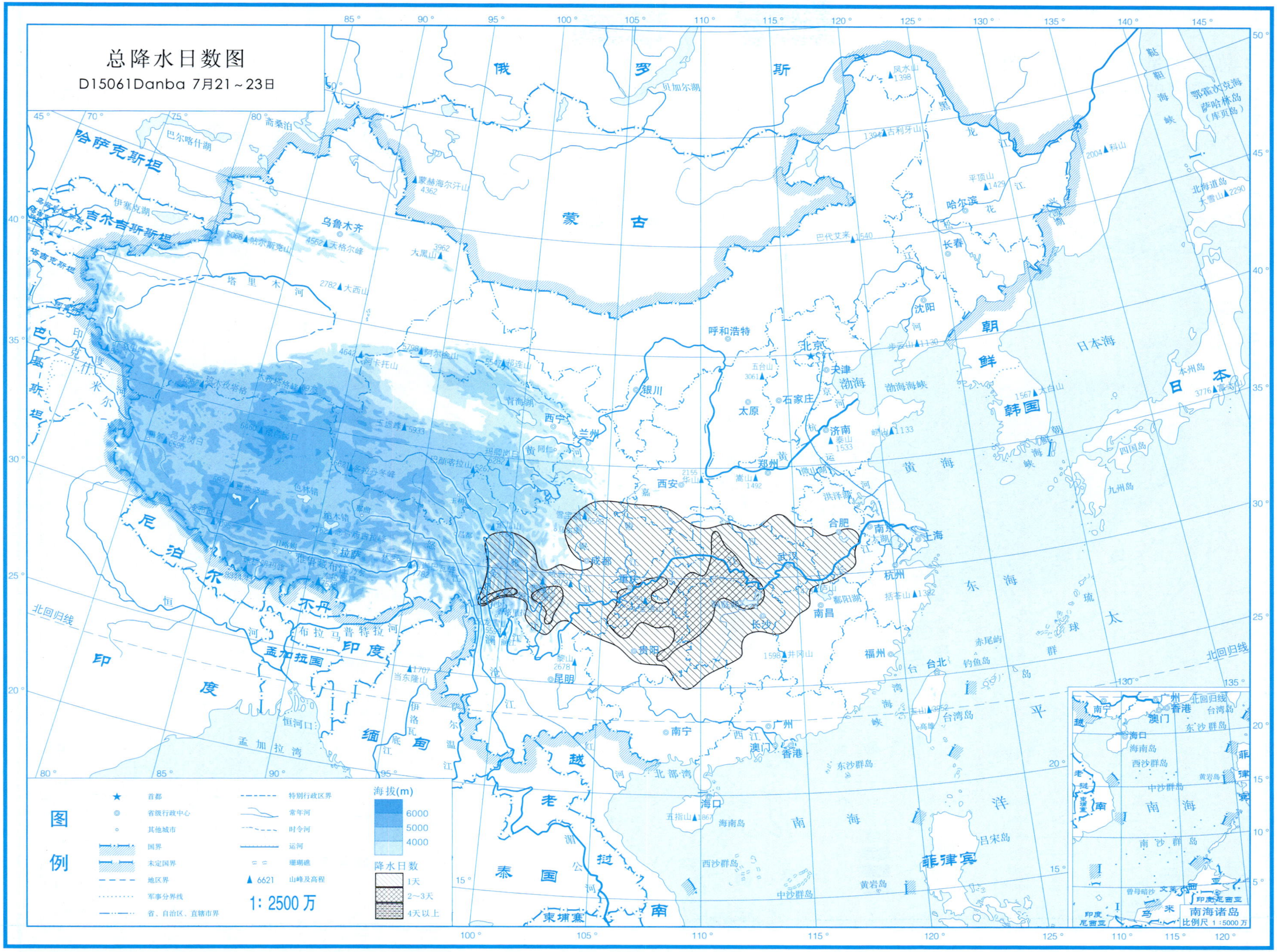
总降水日数图
D15061Danba 7月21～23日
图例
首都
省级行政中心
其他城市
国界
未定国界
地区界
军事分界线
省、自治区、直辖市界
特别行政区界
常年河
时令河
运河
珊瑚礁
6621 山峰及高程
1∶2500万
海拔(m)
6000
5000
4000
降水日数
1天
2～3天
4天以上
南海诸岛
比例尺 1∶5000万

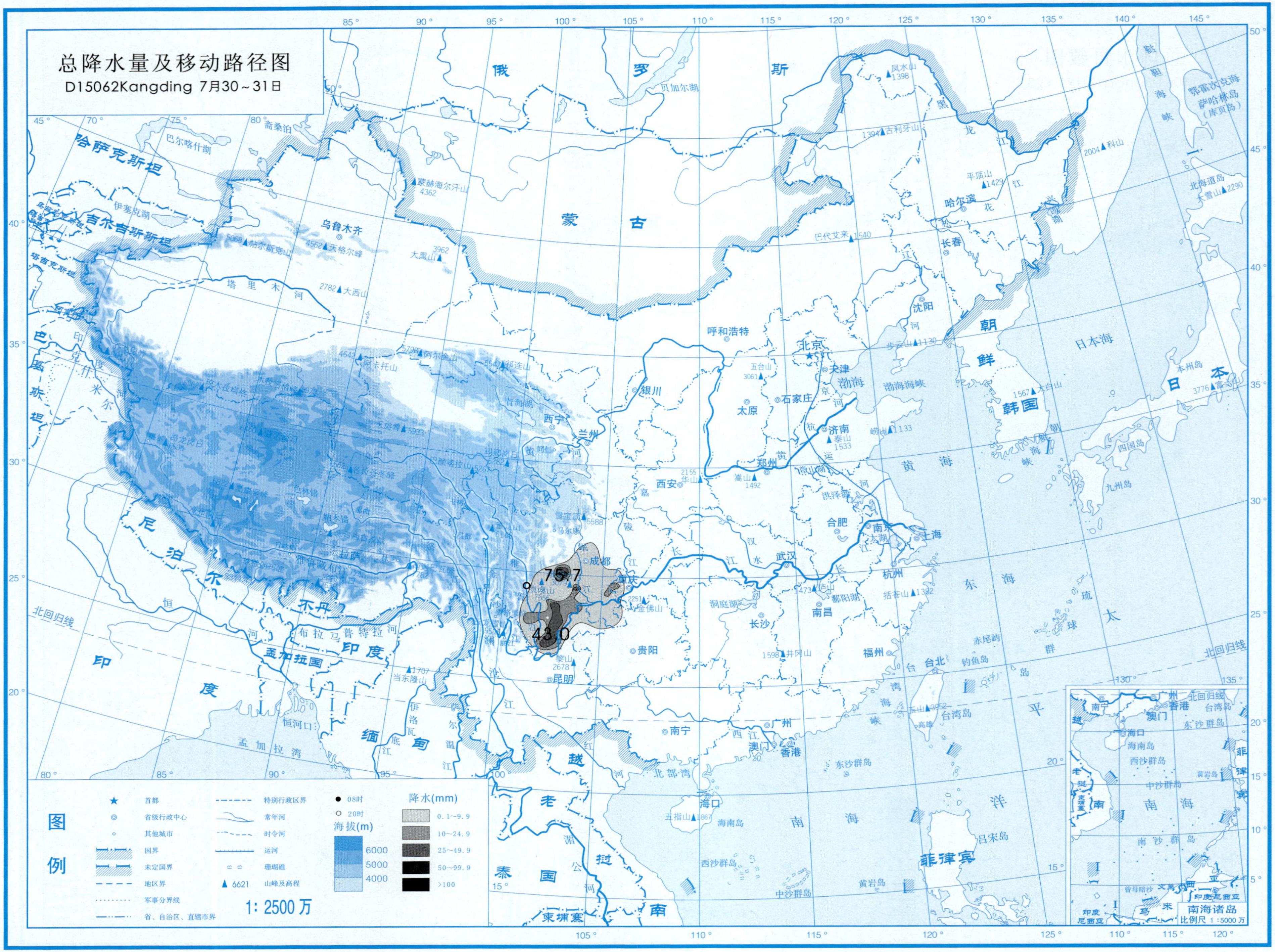
总降水量及移动路径图
D15062Kangding 7月30～31日
75.7
43.0
图例
首都
省级行政中心
其他城市
国界
未定国界
地区界
军事分界线
省、自治区、直辖市界
特别行政区界
常年河
时令河
运河
珊瑚礁
6621 山峰及高程
● 08时
○ 20时
海拔(m)
6000
5000
4000
降水(mm)
0.1～9.9
10～24.9
25～49.9
50～99.9
>100
1: 2500 万
南海诸岛
比例尺 1：5000 万
俄 罗 斯
蒙 古
哈萨克斯坦
吉尔吉斯斯坦
塔吉克斯坦
巴基斯坦
尼泊尔
不丹
印度
孟加拉国
缅甸
老挝
越南
泰国
柬埔寨
朝鲜
韩国
日本
菲律宾
北京
天津
石家庄
太原
呼和浩特
沈阳
长春
哈尔滨
上海
南京
杭州
合肥
济南
郑州
武汉
长沙
南昌
福州
台北
广州
南宁
海口
昆明
贵阳
成都
重庆
拉萨
西宁
兰州
银川
西安
乌鲁木齐
香港
澳门
日本海
渤海
黄海
东海
南海
太平洋
北回归线

总降水日数图

D15062Kangding 7月30~31日

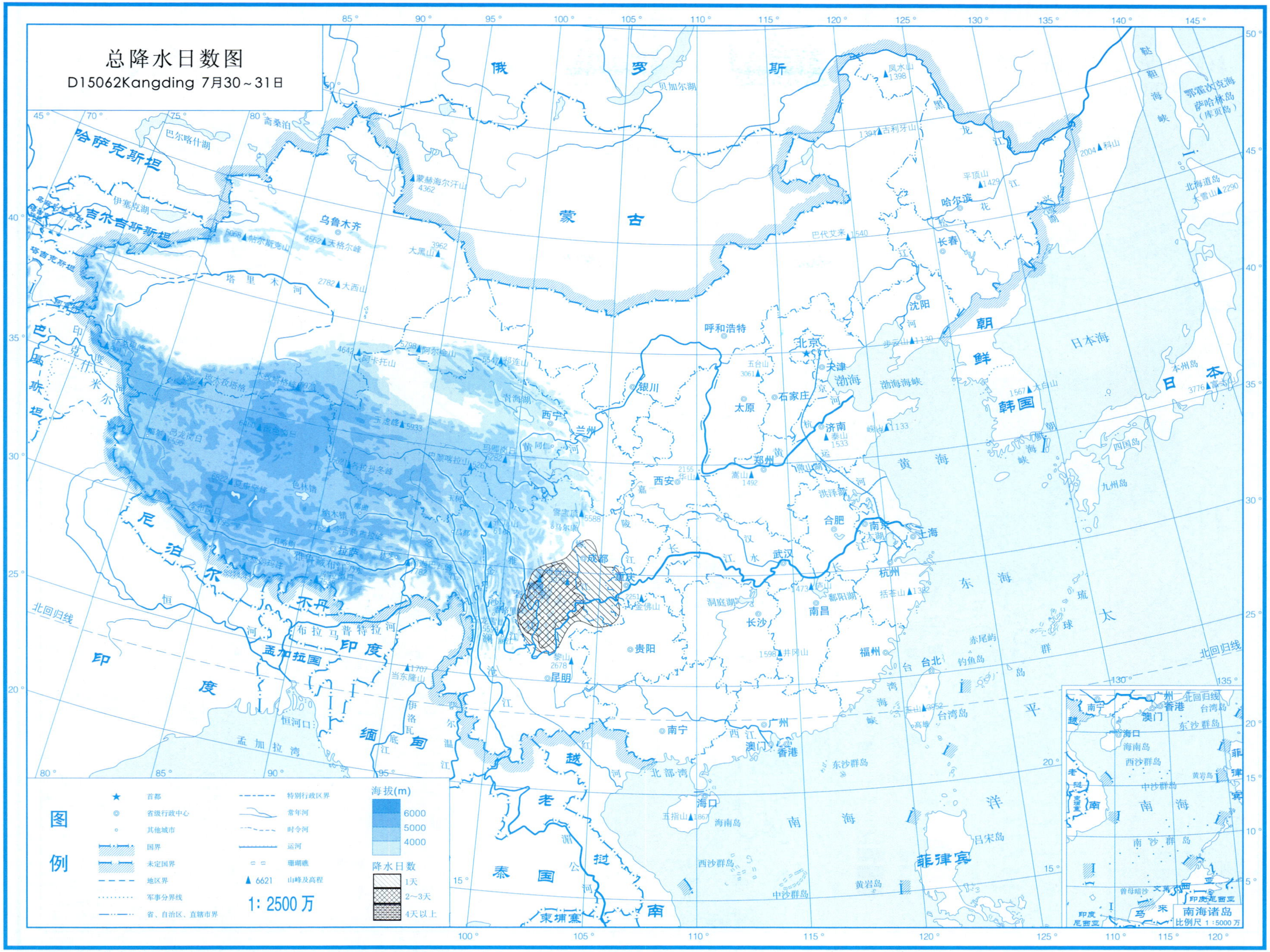

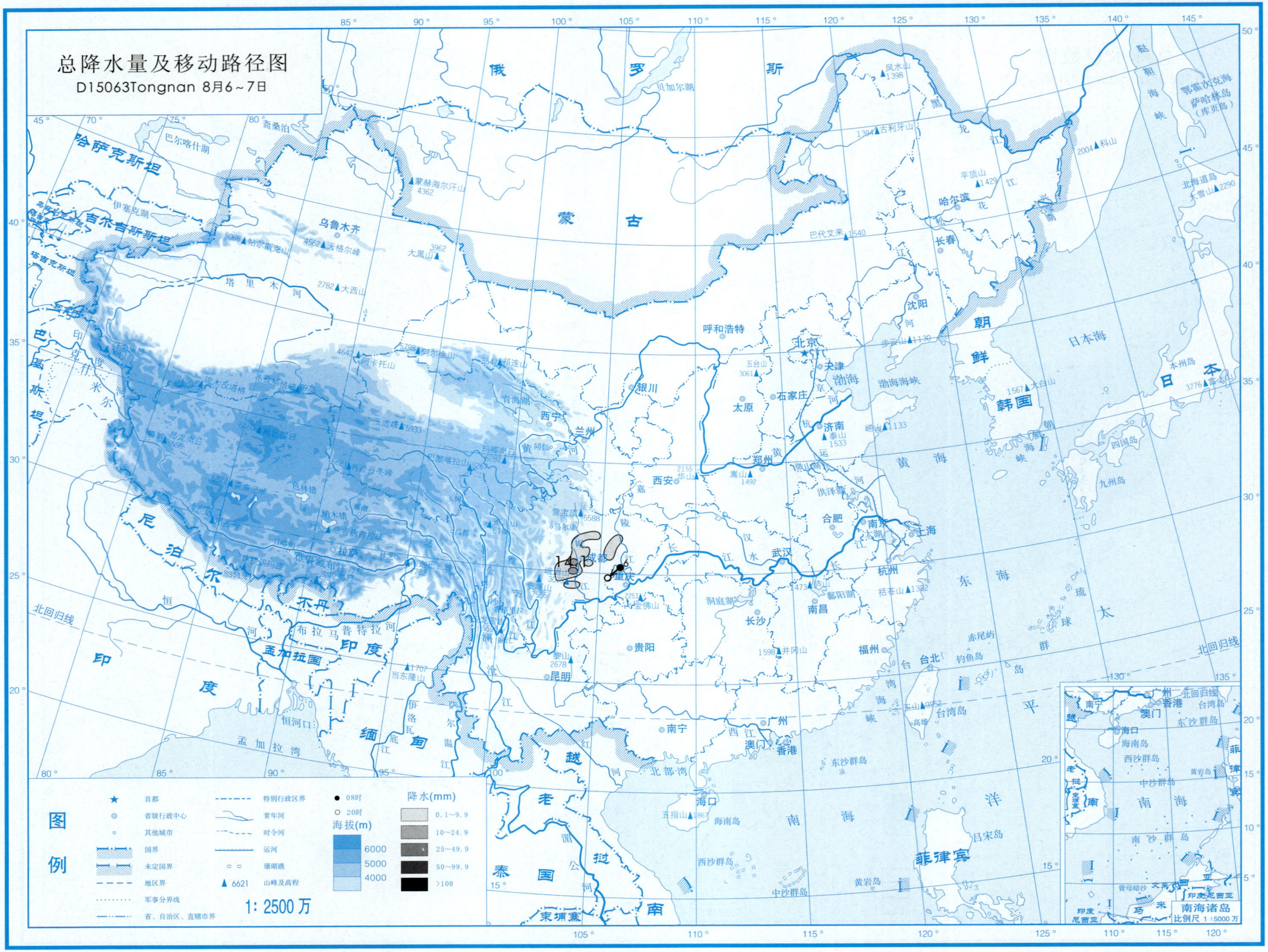
总降水量及移动路径图
D15063Tongnan 8月6～7日
图例
首都
省级行政中心
其他城市
国界
未定国界
地区界
军事分界线
省、自治区、直辖市界
特别行政区界
常年河
时令河
运河
珊瑚礁
6621 山峰及高程
08时
20时
海拔(m)
6000
5000
4000
降水(mm)
0.1～9.9
10～24.9
25～49.9
50～99.9
>100
1：2500 万
南海诸岛
比例尺 1：5000 万
俄
罗
斯
蒙
古
哈萨克斯坦
吉尔吉斯斯坦
塔吉克斯坦
巴基斯坦
尼泊尔
不丹
印度
孟加拉国
缅甸
越南
老挝
泰国
柬埔寨
朝鲜
韩国
日本
菲律宾
日本海
渤海
黄海
东海
南海
太平洋
北京
天津
石家庄
太原
呼和浩特
沈阳
长春
哈尔滨
济南
郑州
西安
银川
兰州
西宁
乌鲁木齐
拉萨
成都
重庆
贵阳
昆明
南宁
广州
长沙
武汉
南昌
合肥
南京
上海
杭州
福州
台北
海口
香港
澳门
北回归线

总降水日数图

D15063Tongnan 8月6~7日

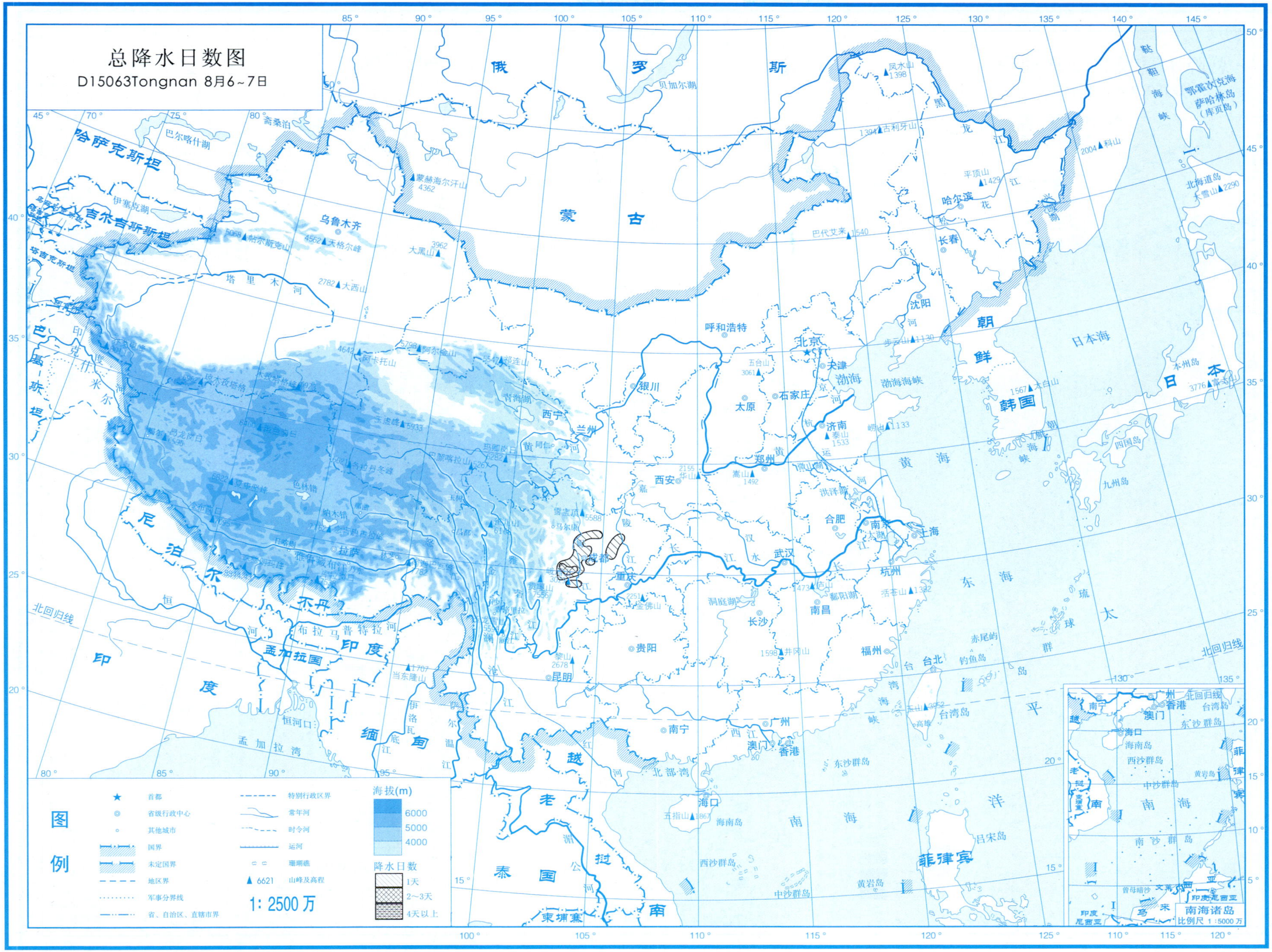

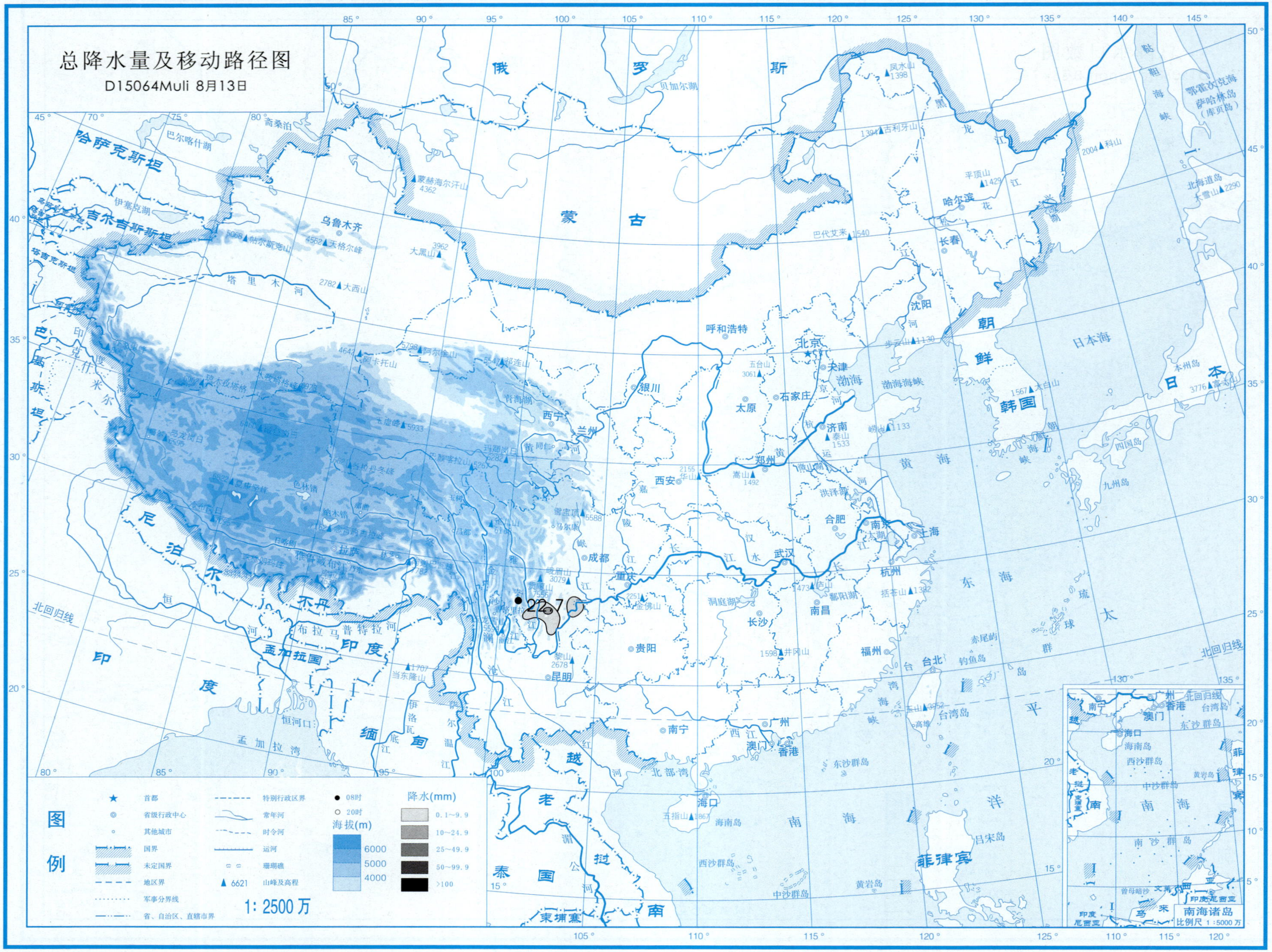

总降水量及移动路径图
D15064Muli 8月13日

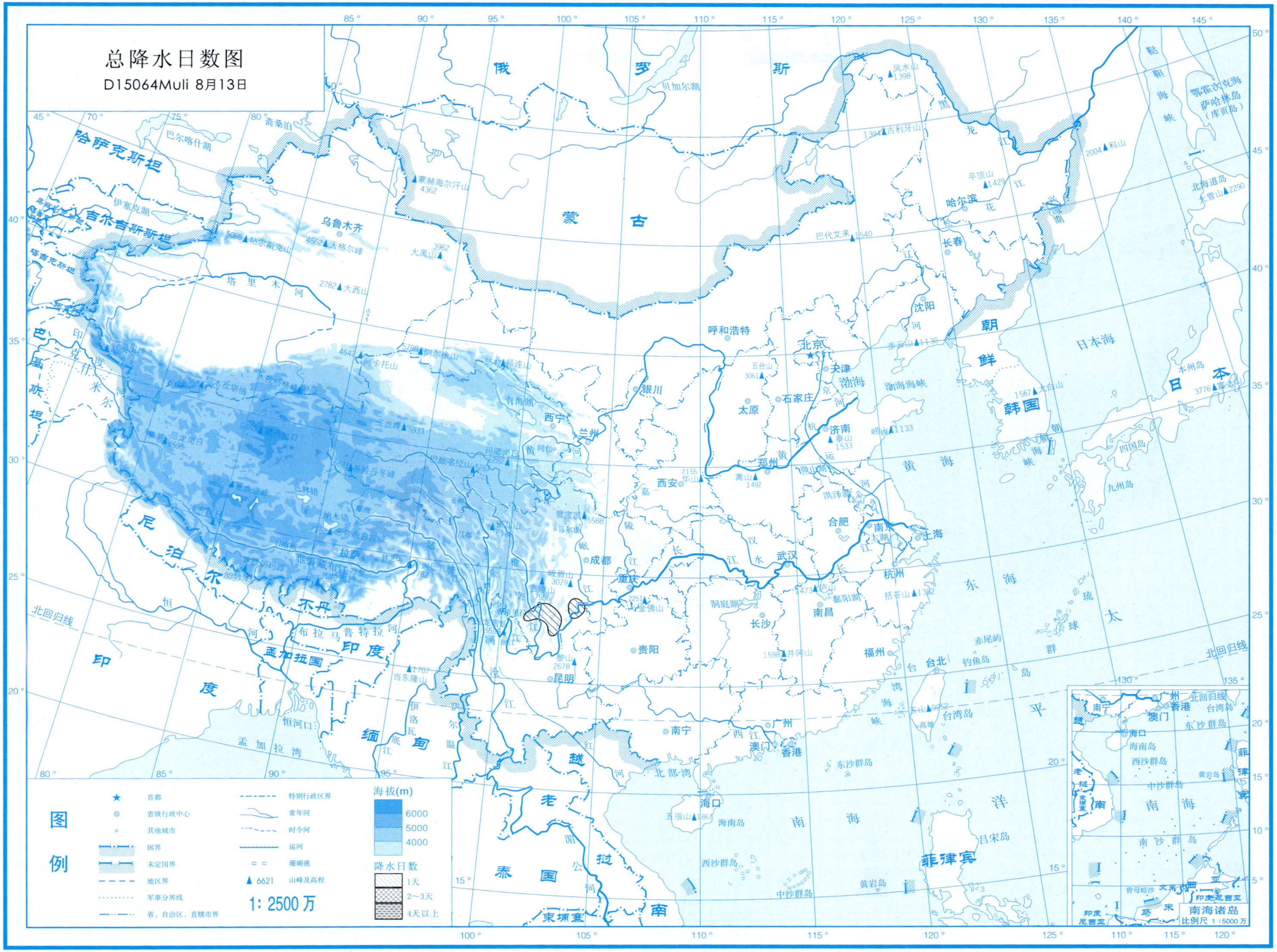
总降水日数图
D15064Muli 8月13日
图例
首都
省级行政中心
其他城市
国界
未定国界
地区界
军事分界线
省、自治区、直辖市界
特别行政区界
常年河
时令河
运河
珊瑚礁
6621 山峰及高程
1: 2500 万
海拔(m)
6000
5000
4000
降水日数
1天
2~3天
4天以上
南海诸岛
比例尺 1：5000 万
俄 罗 斯
蒙 古
哈萨克斯坦
吉尔吉斯斯坦
塔吉克斯坦
巴基斯坦
印度
尼泊尔
不丹
孟加拉国
缅甸
老挝
越南
泰国
柬埔寨
朝鲜
韩国
日本
菲律宾
北京
天津
石家庄
太原
呼和浩特
沈阳
长春
哈尔滨
济南
郑州
西安
银川
兰州
西宁
乌鲁木齐
拉萨
成都
重庆
贵阳
昆明
南宁
广州
长沙
武汉
南昌
合肥
南京
上海
杭州
福州
台北
海口
香港
澳门
渤海
黄海
东海
日本海
南海
太平洋
北回归线

总降水量及移动路径图

D15065Danba 8月15～20日

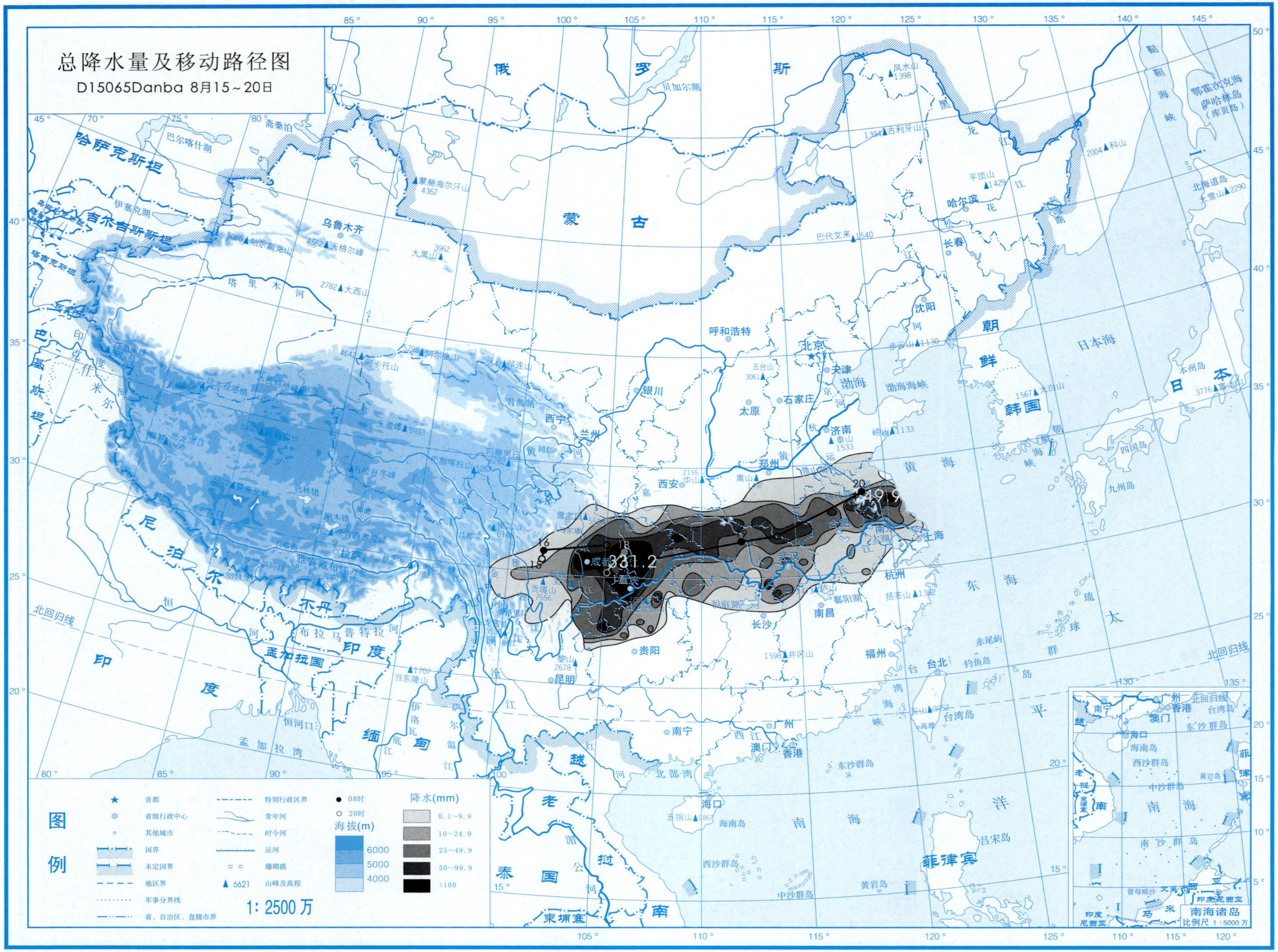

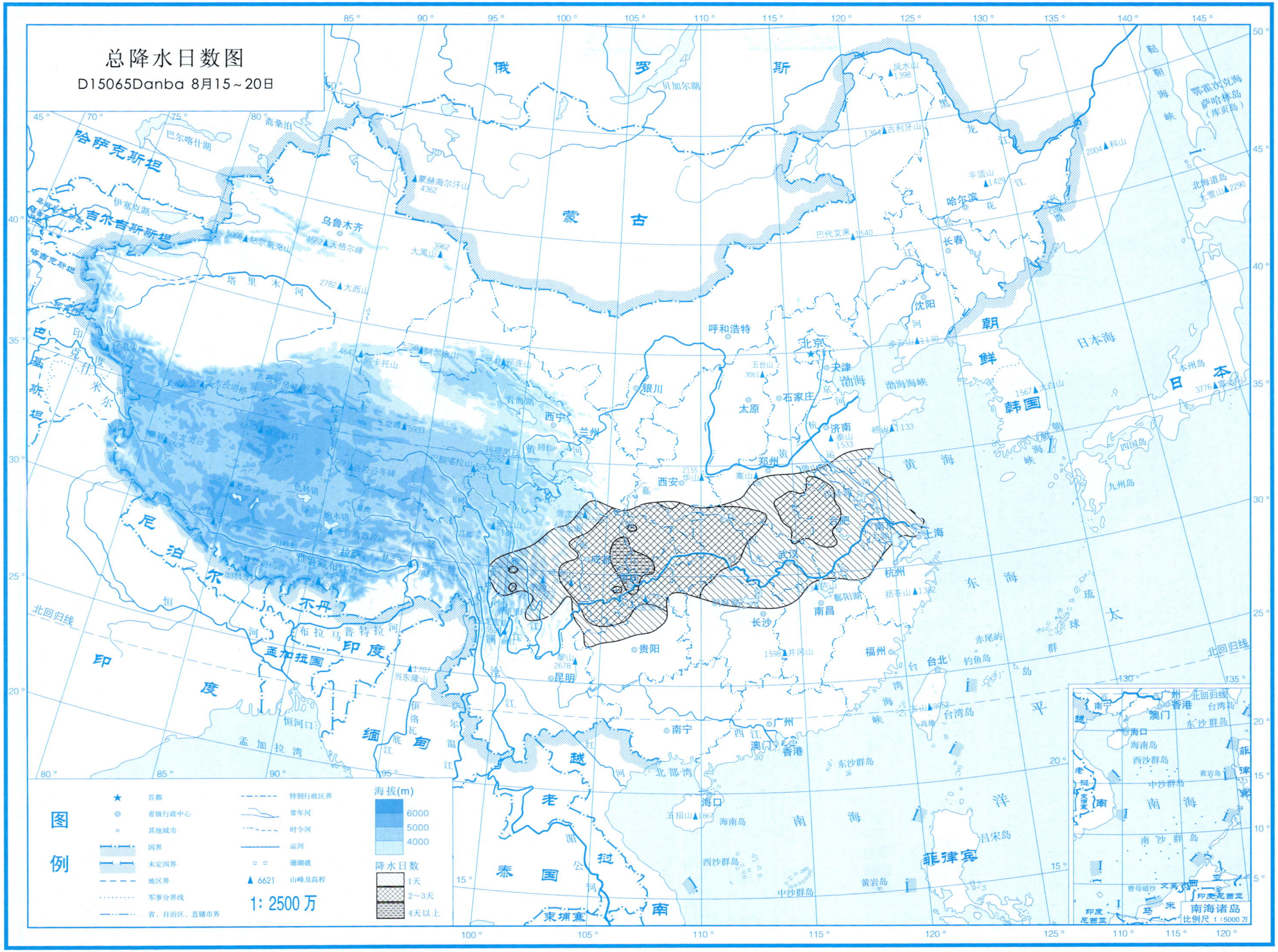
总降水日数图
D15065Danba 8月15～20日
图例
首都
省级行政中心
其他城市
国界
未定国界
地区界
军事分界线
省、自治区、直辖市界
特别行政区界
常年河
时令河
运河
珊瑚礁
6621 山峰及高程
1: 2500 万
海拔(m)
6000
5000
4000
降水日数
1天
2～3天
4天以上
俄罗斯
蒙古
哈萨克斯坦
吉尔吉斯斯坦
塔吉克斯坦
巴基斯坦
尼泊尔
不丹
印度
孟加拉国
缅甸
老挝
泰国
越南
柬埔寨
朝鲜
韩国
日本
菲律宾
乌鲁木齐
拉萨
西宁
兰州
银川
呼和浩特
北京
天津
石家庄
太原
济南
郑州
西安
成都
重庆
武汉
合肥
南京
上海
杭州
长沙
南昌
福州
台北
贵阳
昆明
南宁
广州
澳门
香港
海口
沈阳
长春
哈尔滨
渤海
黄海
东海
南海
日本海
太平洋
孟加拉湾
北部湾
北回归线
南海诸岛
比例尺 1:5000 万

总降水量及移动路径图

D15066Muli 8月17日

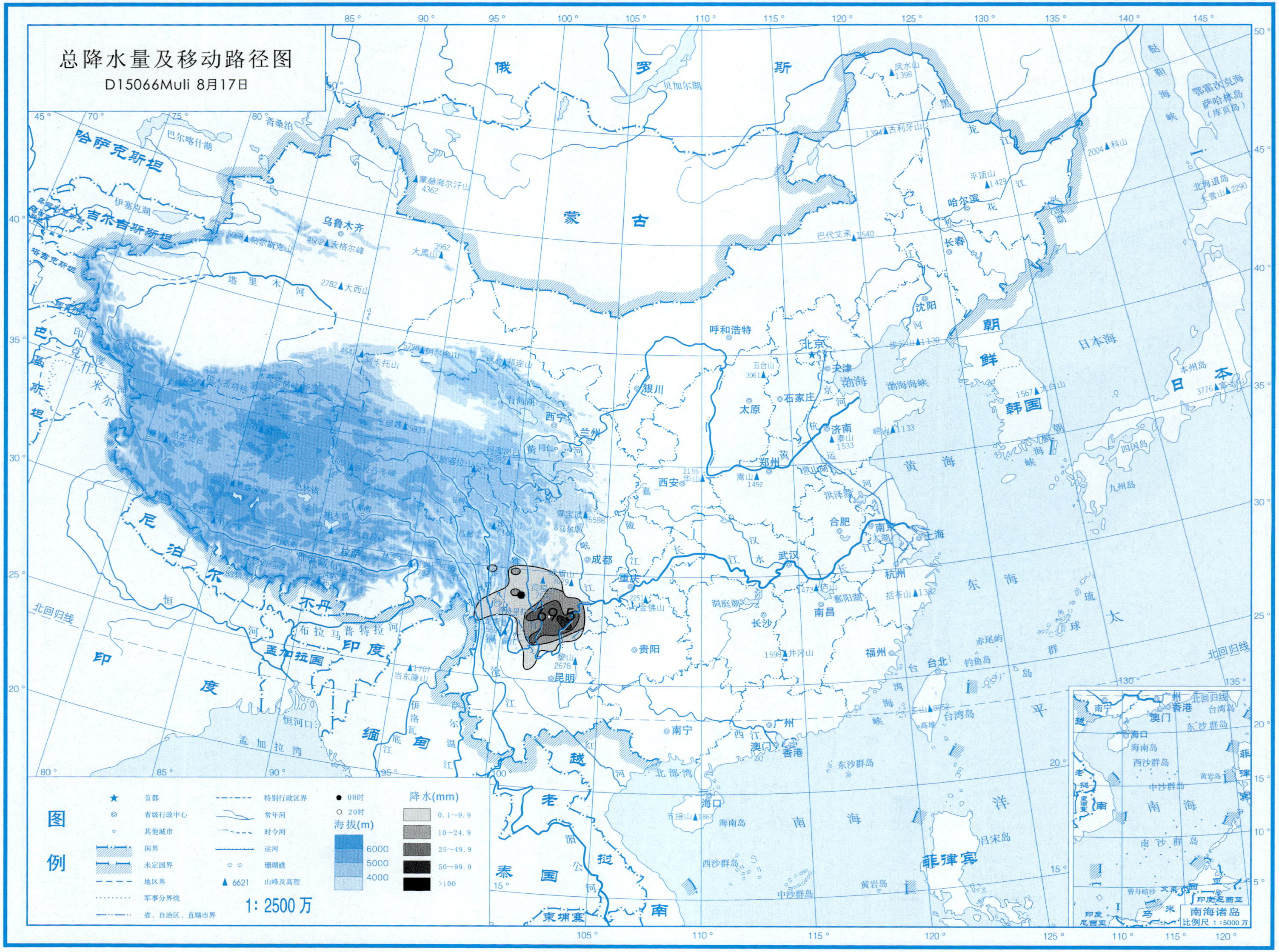

总降水日数图

D15066Muli 8月17日

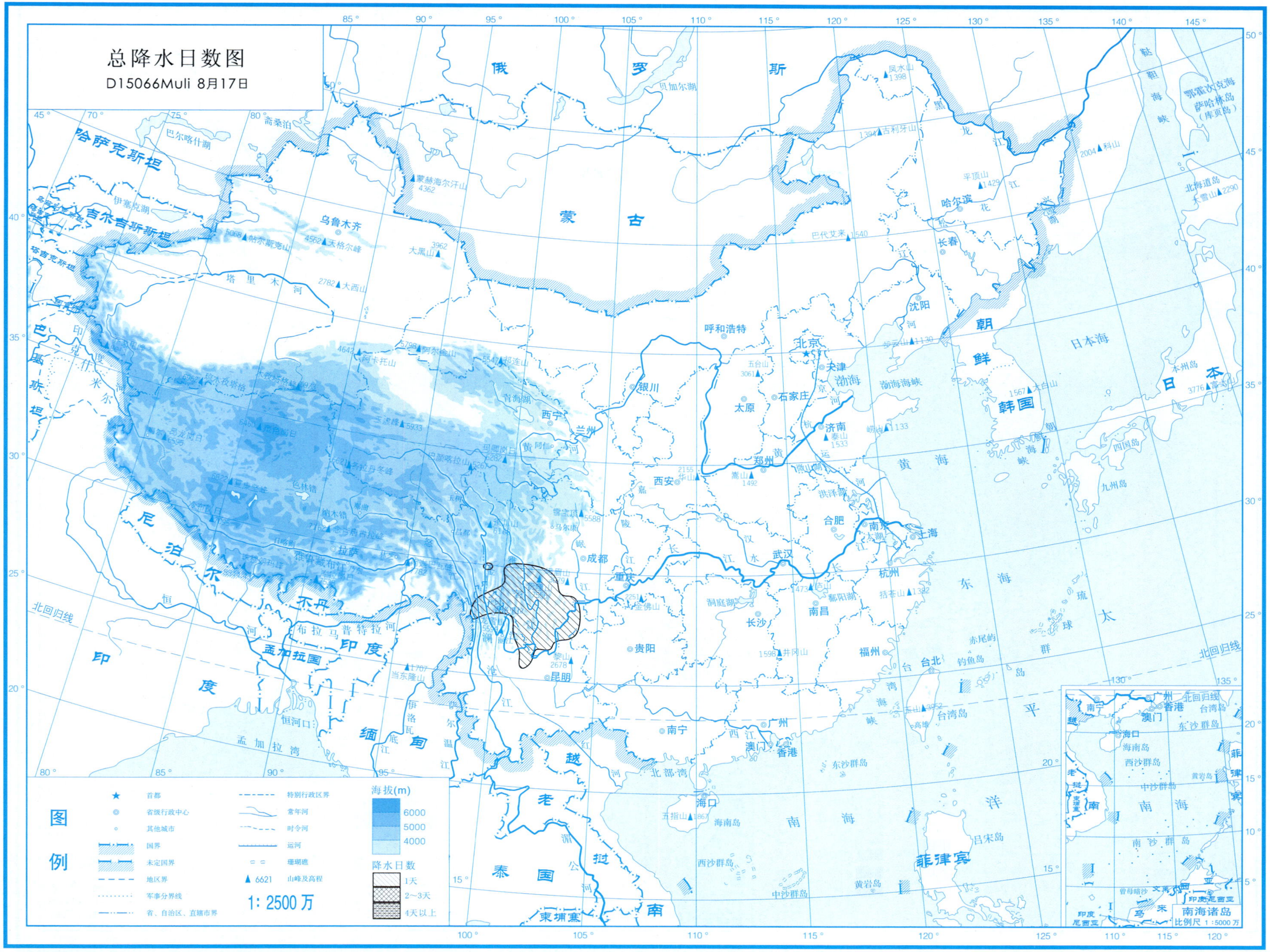

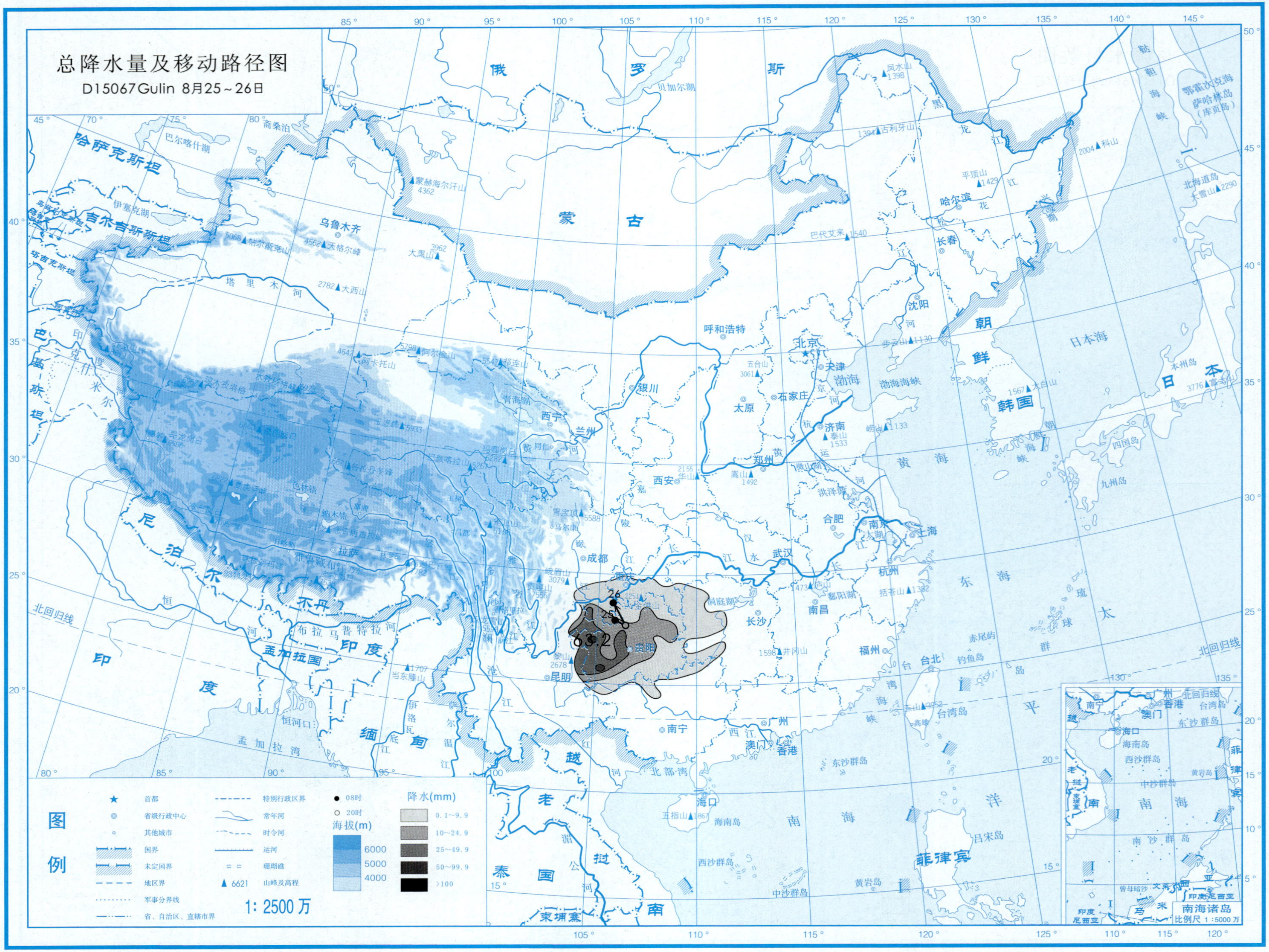
总降水量及移动路径图
D15067Gulin 8月25～26日
63.2
25
26
图例
首都
省级行政中心
其他城市
国界
未定国界
地区界
军事分界线
省、自治区、直辖市界
特别行政区界
常年河
时令河
运河
珊瑚礁
6621 山峰及高程
08时
20时
海拔(m)
6000
5000
4000
降水(mm)
0.1～9.9
10～24.9
25～49.9
50～99.9
>100
1：2500万
南海诸岛
比例尺 1：5000万

总降水日数图

D15067Gulin 8月25～26日

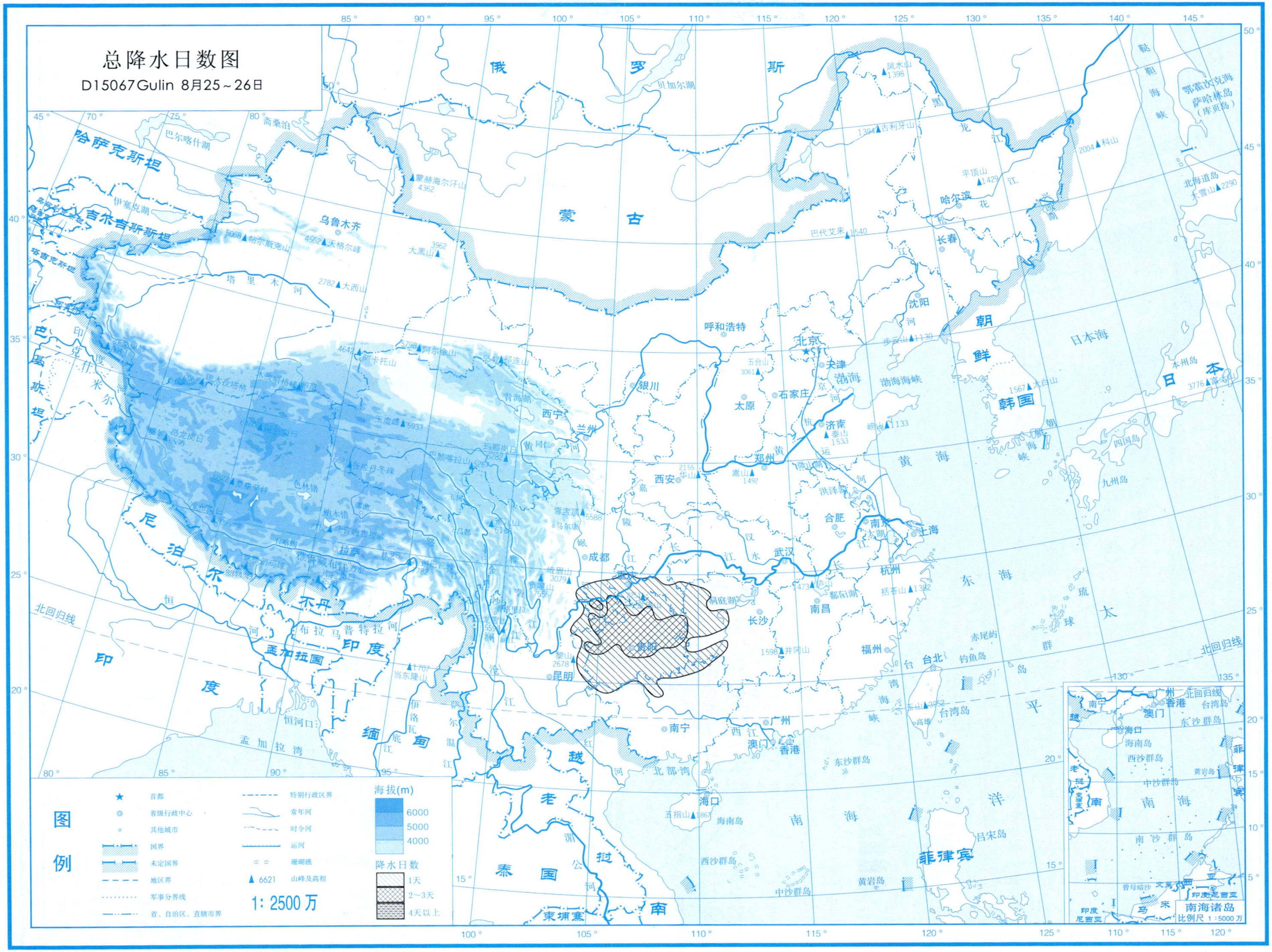

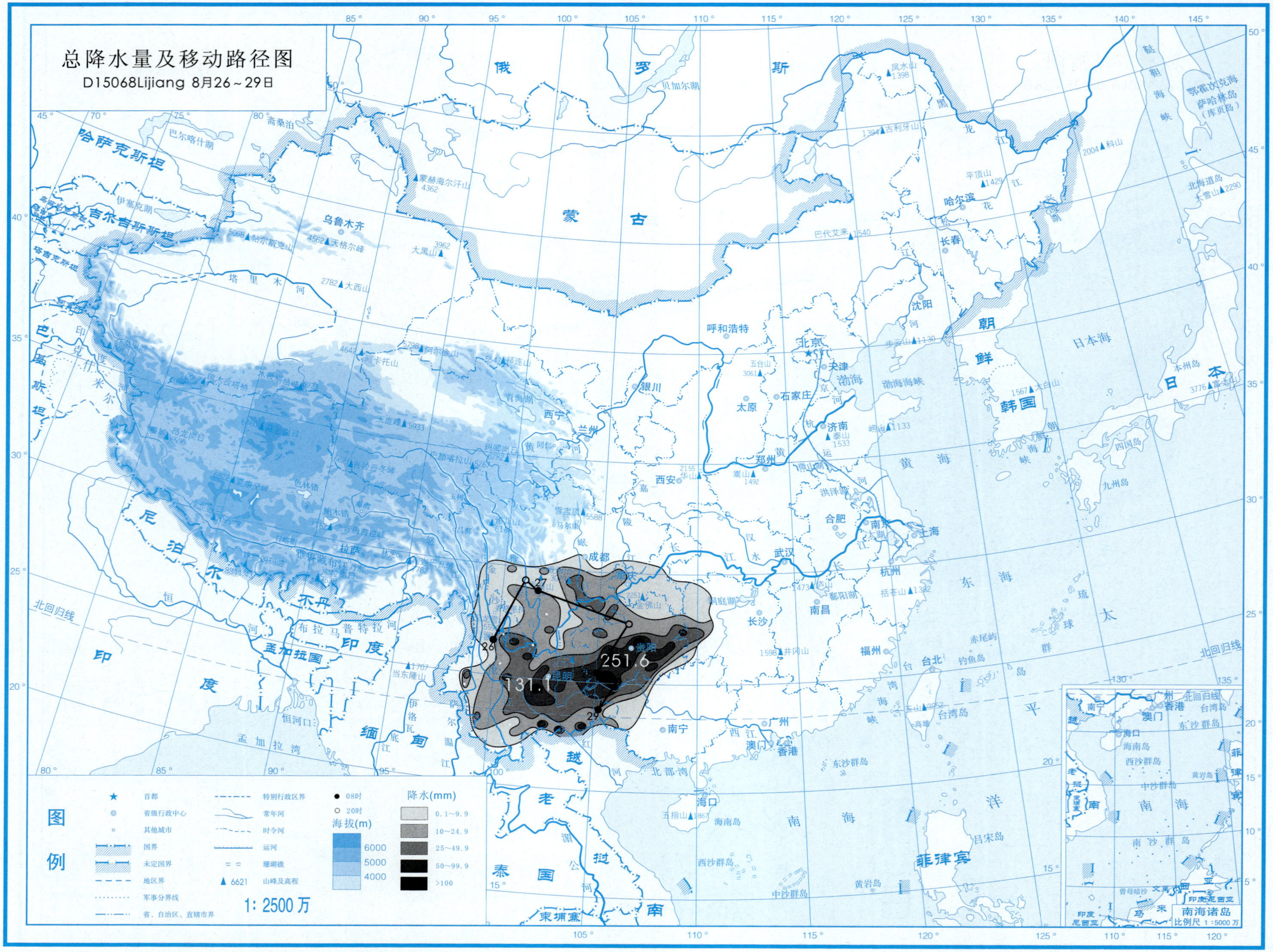
总降水量及移动路径图
D15068Lijiang 8月26～29日
251.6
131.1
26
27
28
29
图例
首都
省级行政中心
其他城市
国界
未定国界
地区界
军事分界线
省、自治区、直辖市界
特别行政区界
常年河
时令河
运河
珊瑚礁
6621 山峰及高程
08时
20时
海拔(m)
6000
5000
4000
降水(mm)
0.1～9.9
10～24.9
25～49.9
50～99.9
>100
1：2500万
南海诸岛
比例尺 1：5000万

总降水日数图

D15068Lijiang 8月26～29日

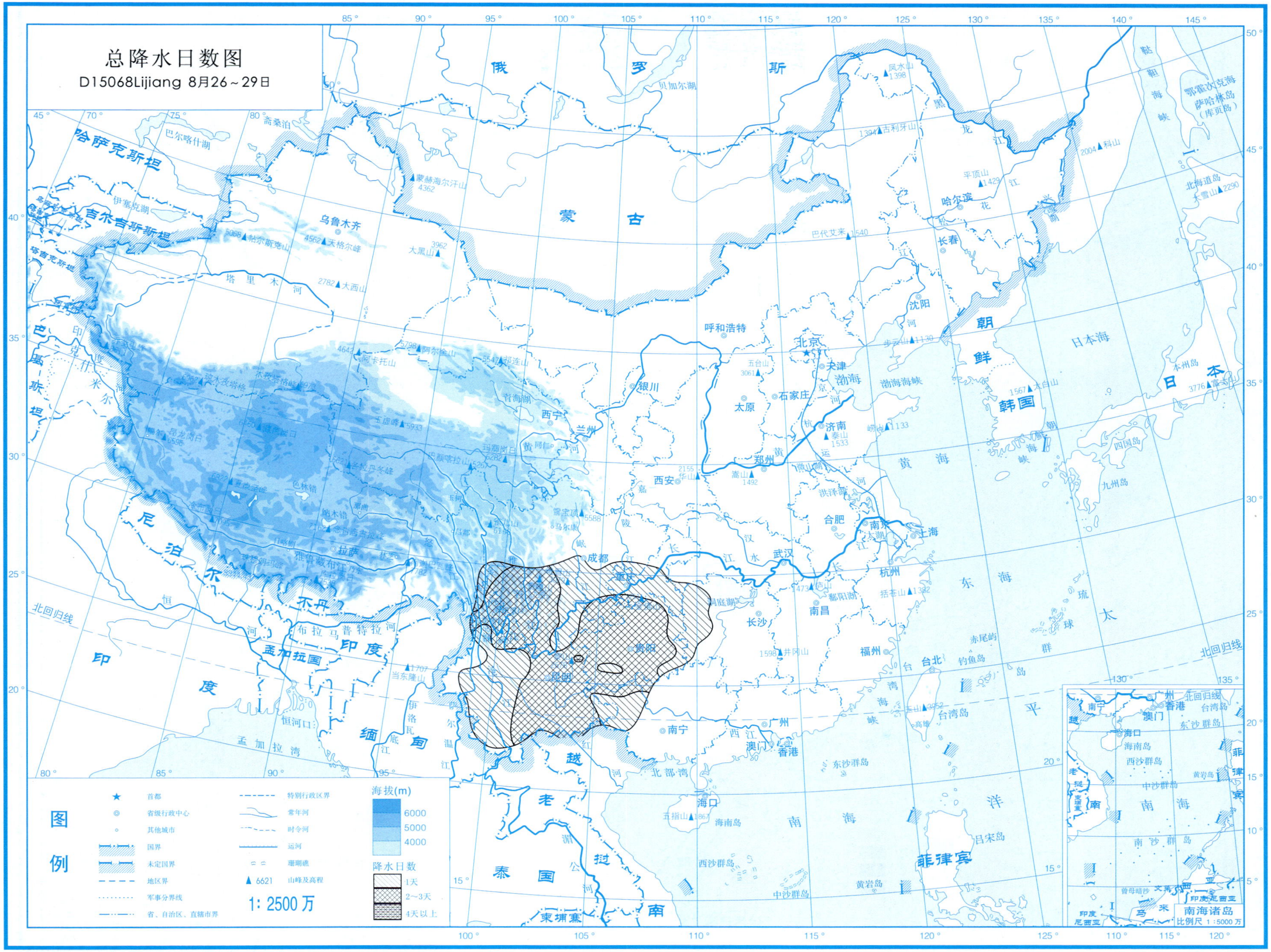

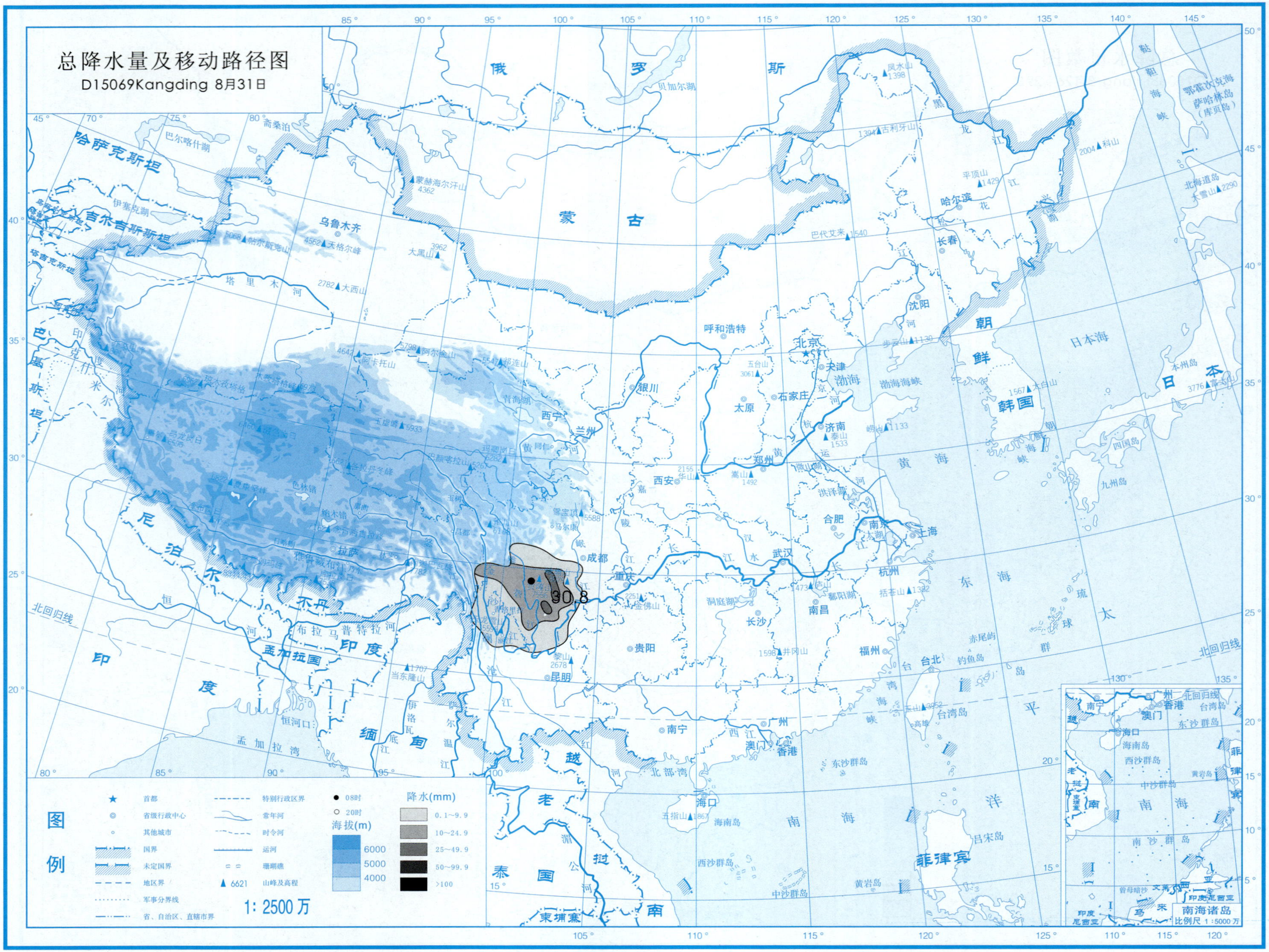
总降水量及移动路径图
D15069Kangding 8月31日
30.8
图例
首都
省级行政中心
其他城市
国界
未定国界
地区界
军事分界线
省、自治区、直辖市界
特别行政区界
常年河
时令河
运河
珊瑚礁
6621 山峰及高程
08时
20时
海拔(m)
6000
5000
4000
降水(mm)
0.1~9.9
10~24.9
25~49.9
50~99.9
>100
1:2500万
南海诸岛
比例尺 1:5000万

总降水日数图

D15069Kangding 8月31日

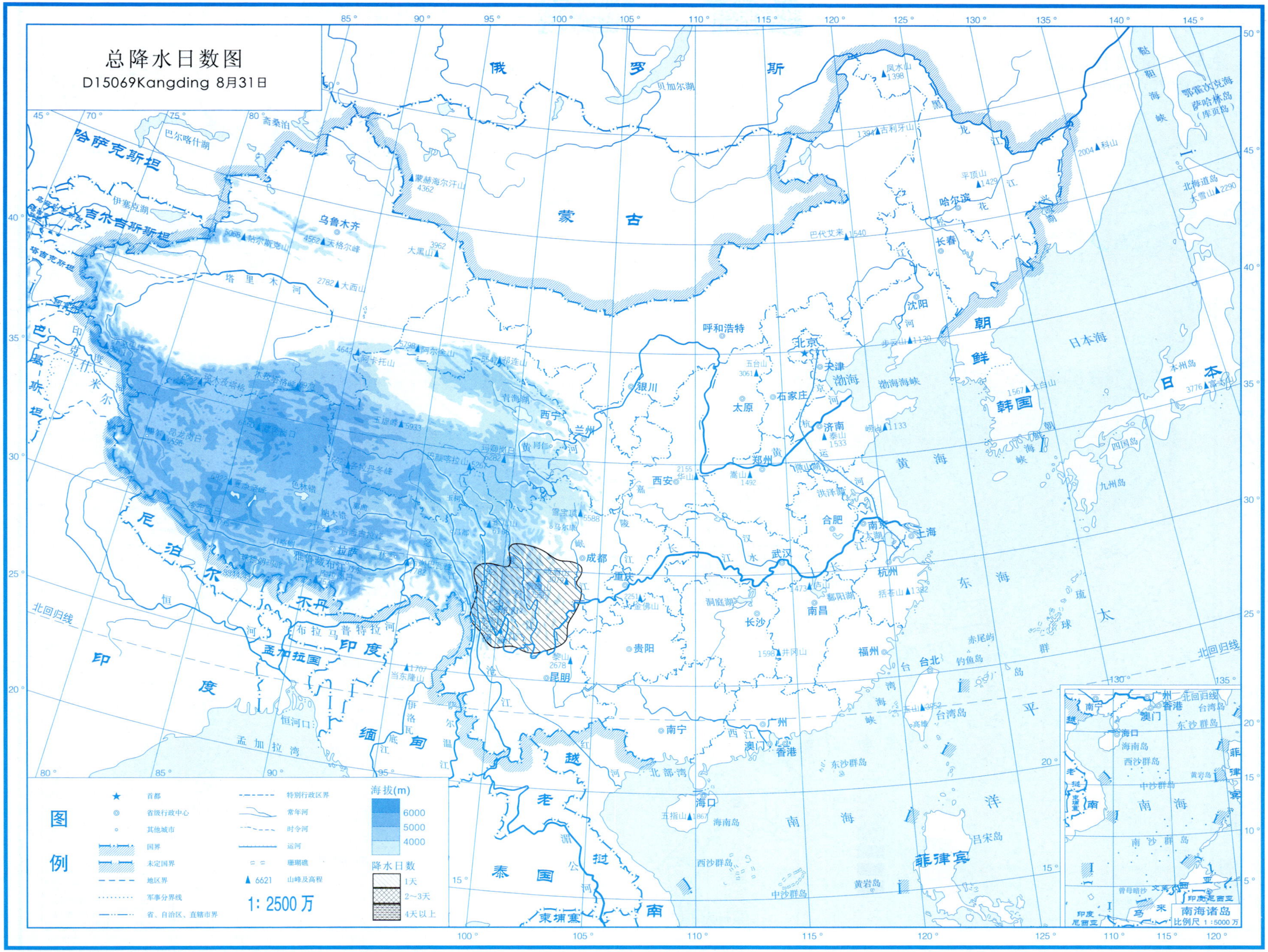

总降水量及移动路径图

D15070Yajiang 9月2～3日

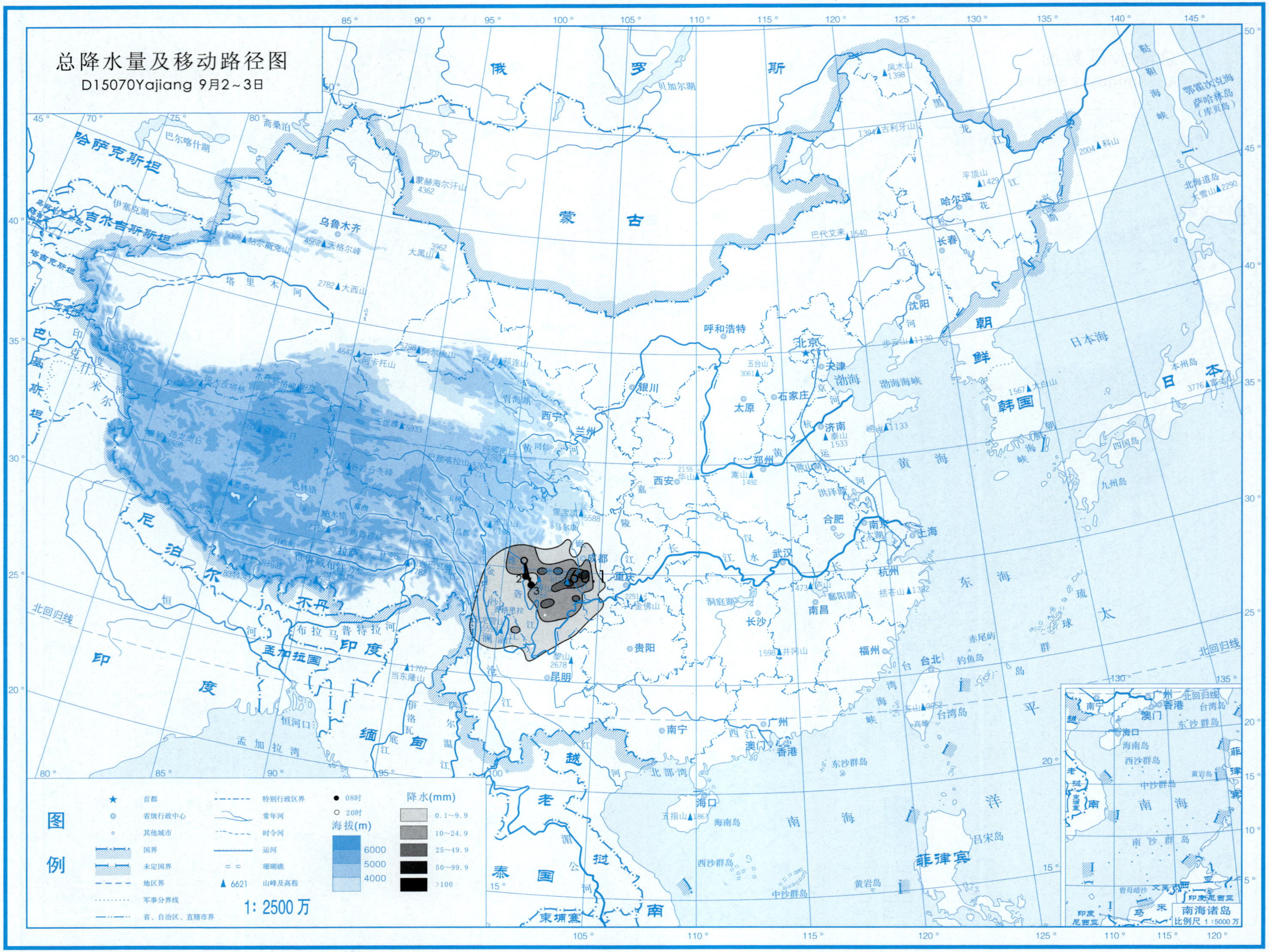

总降水日数图

D15070Yajiang 9月2～3日

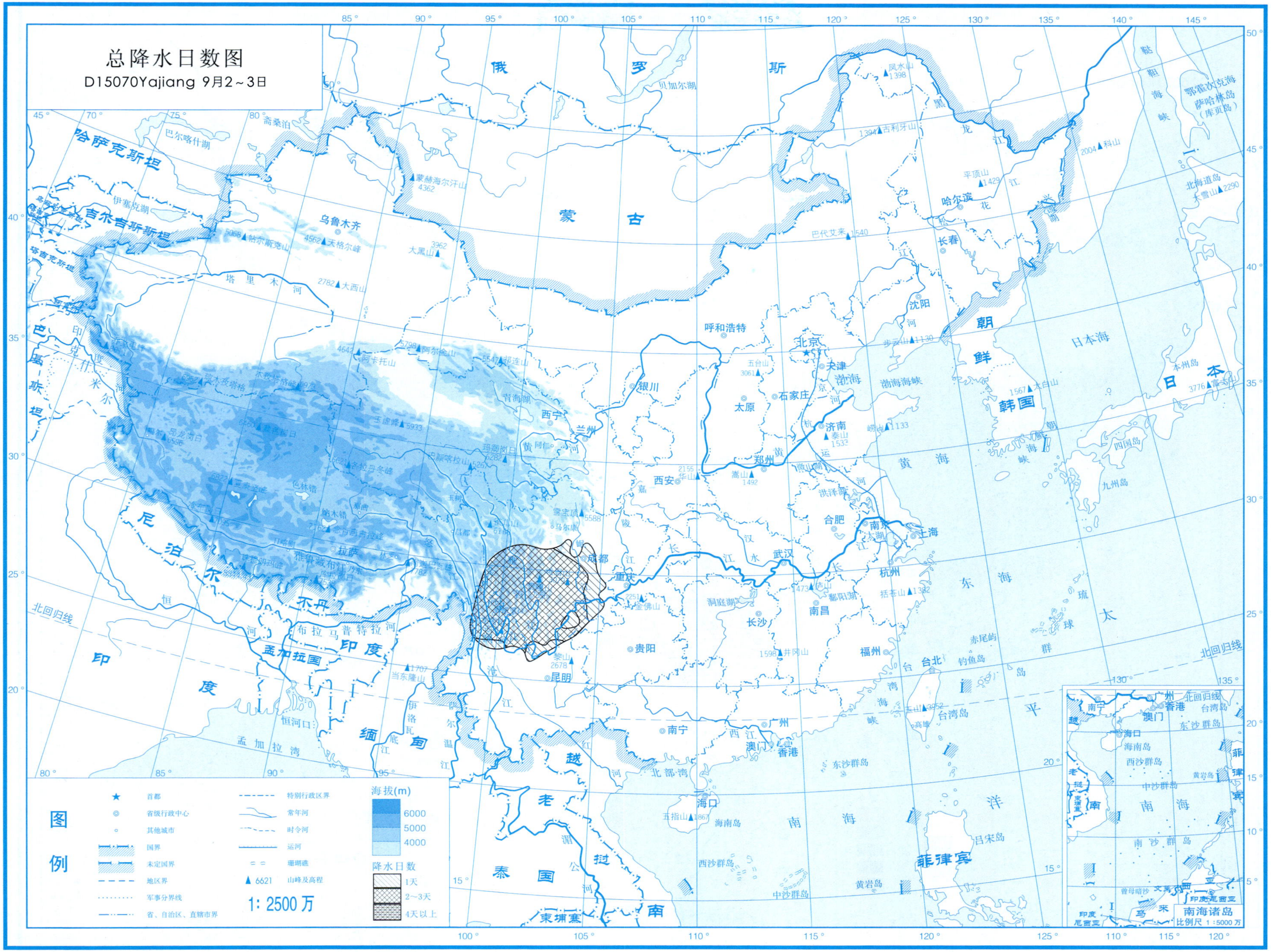

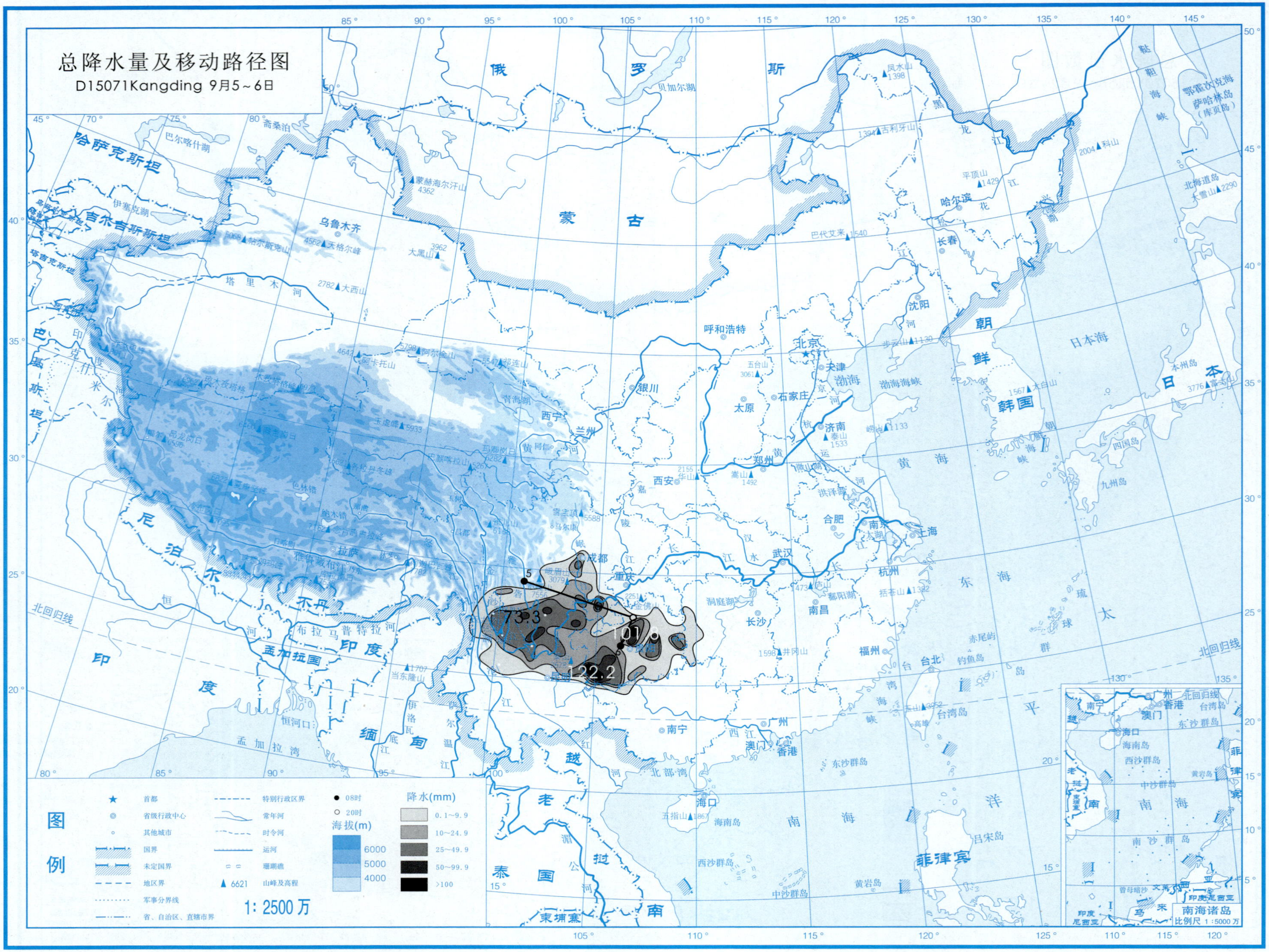
总降水量及移动路径图
D15071Kangding 9月5～6日
5
73.3
101.6
122.2
图例
首都
省级行政中心
其他城市
国界
未定国界
地区界
军事分界线
省、自治区、直辖市界
特别行政区界
常年河
时令河
运河
珊瑚礁
6621 山峰及高程
08时
20时
海拔(m)
6000
5000
4000
降水(mm)
0.1～9.9
10～24.9
25～49.9
50～99.9
>100
1: 2500 万
南海诸岛
比例尺 1:5000 万
俄 罗 斯
蒙 古
哈萨克斯坦
吉尔吉斯斯坦
塔吉克斯坦
巴基斯坦
尼泊尔
不丹
印度
孟加拉国
缅甸
老挝
越南
泰国
柬埔寨
菲律宾
朝鲜
韩国
日本
北京
天津
石家庄
太原
呼和浩特
沈阳
长春
哈尔滨
济南
郑州
西安
银川
兰州
西宁
乌鲁木齐
拉萨
成都
重庆
武汉
长沙
南昌
合肥
南京
上海
杭州
福州
台北
广州
南宁
海口
香港
澳门
昆明
贵阳
黄海
东海
南海
日本海
渤海
北回归线

总降水日数图

D15071Kangding 9月5～6日

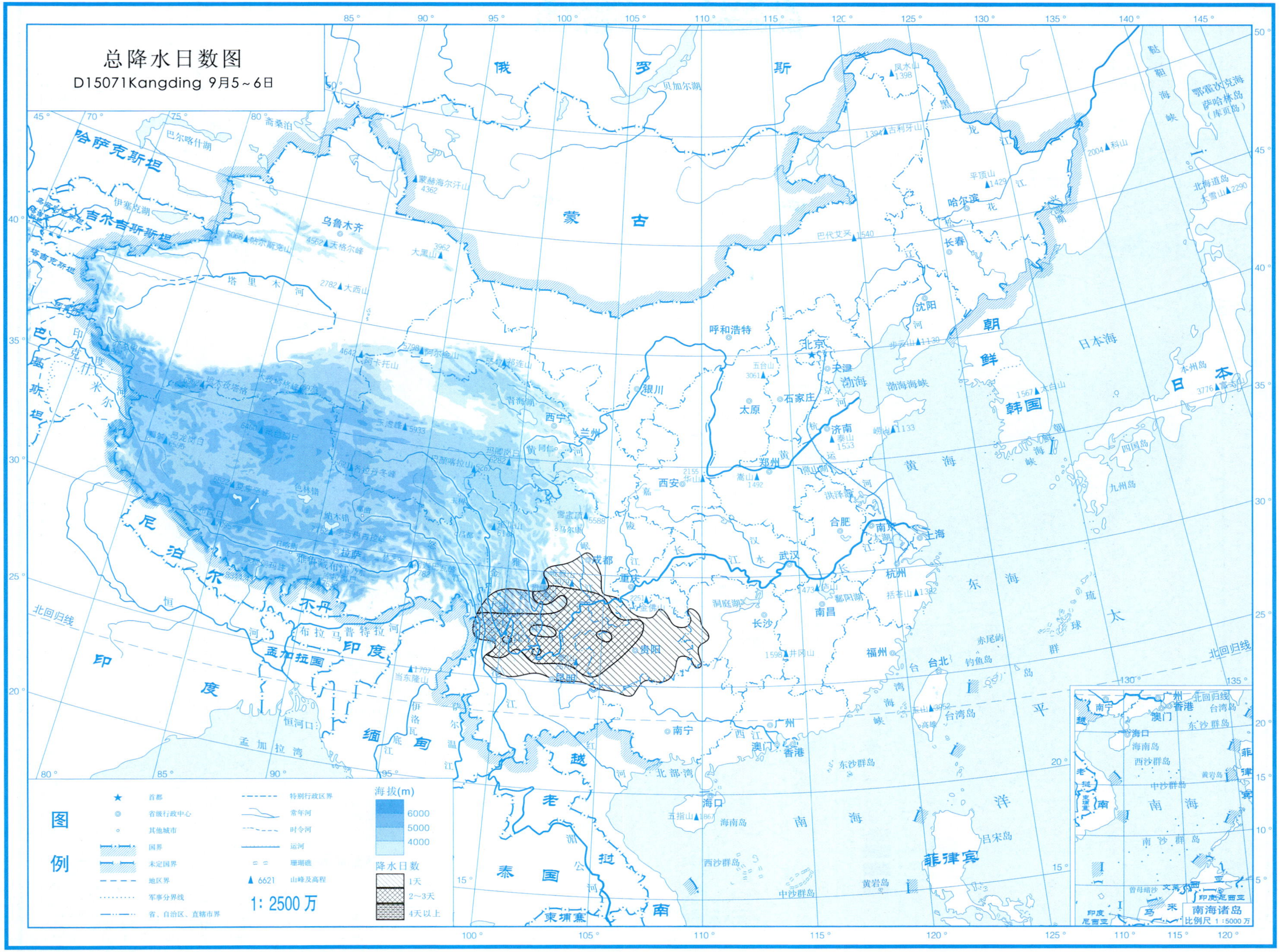

总降水量及移动路径图
D15072Yajiang 9月7～8日

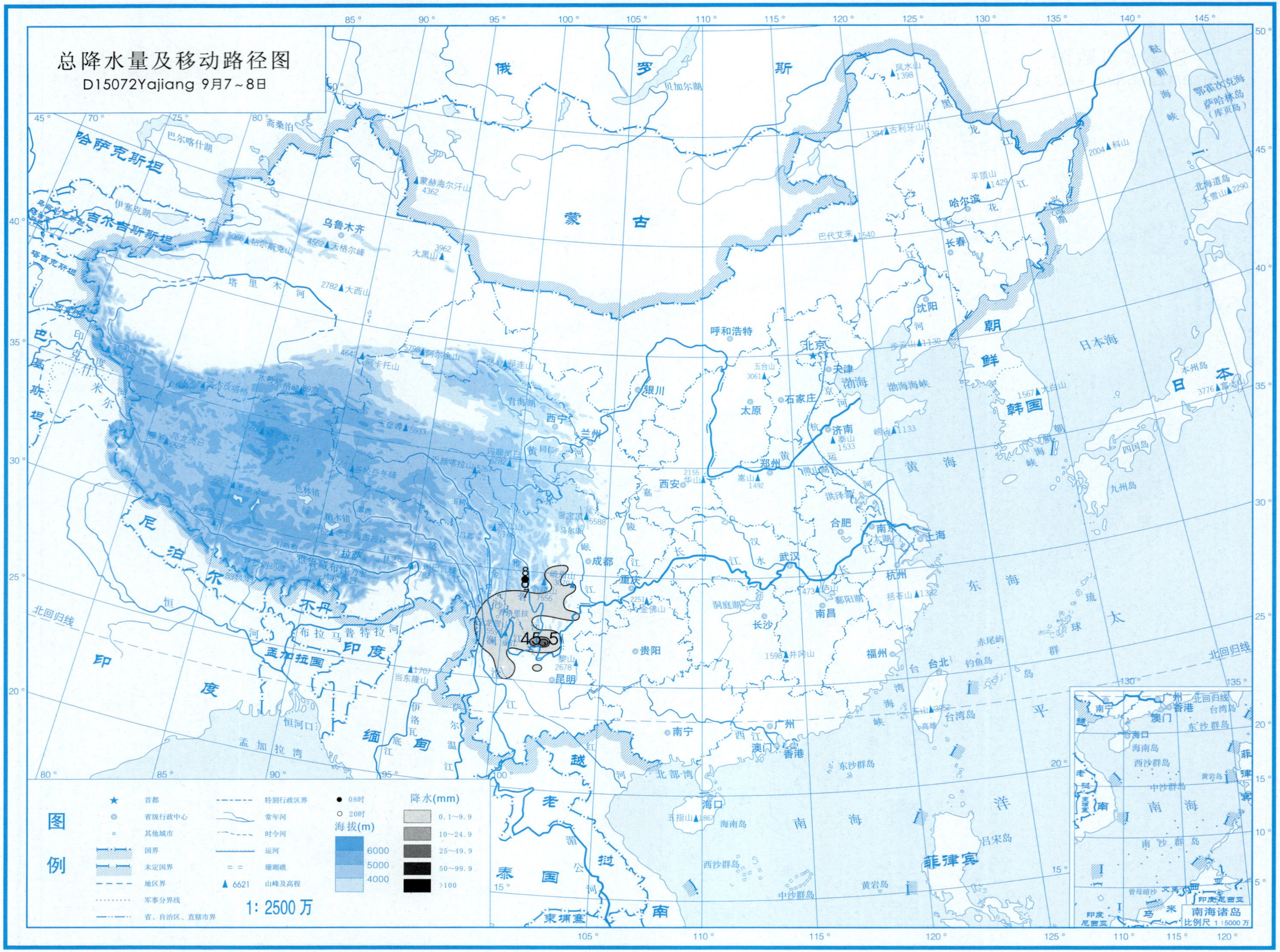

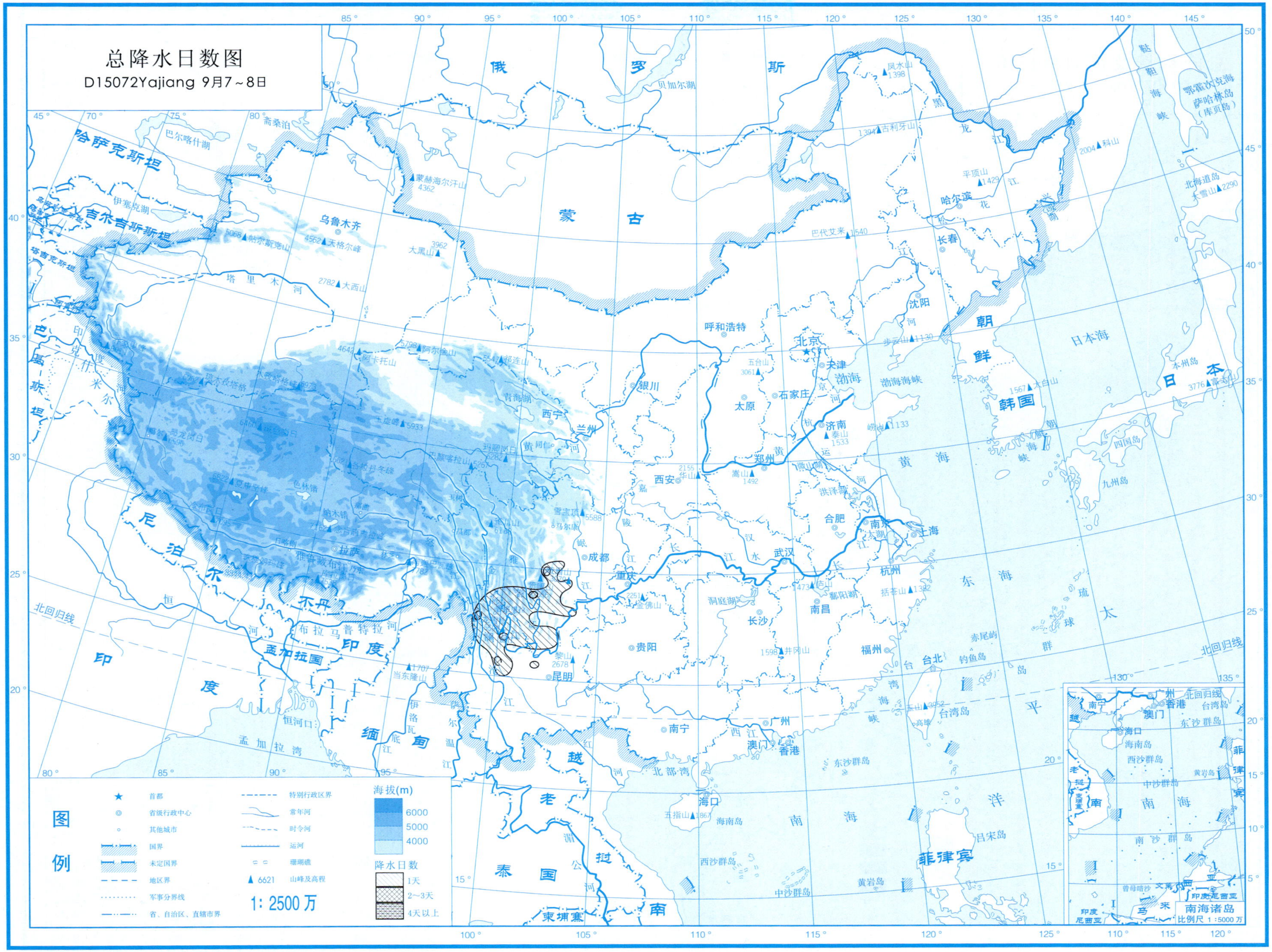

总降水日数图
D15072Yajiang 9月7～8日
图例
首都
省级行政中心
其他城市
国界
未定国界
地区界
军事分界线
省、自治区、直辖市界
特别行政区界
常年河
时令河
运河
珊瑚礁
6621 山峰及高程
1：2500万
海拔(m)
6000
5000
4000
降水日数
1天
2～3天
4天以上
南海诸岛
比例尺 1：5000万

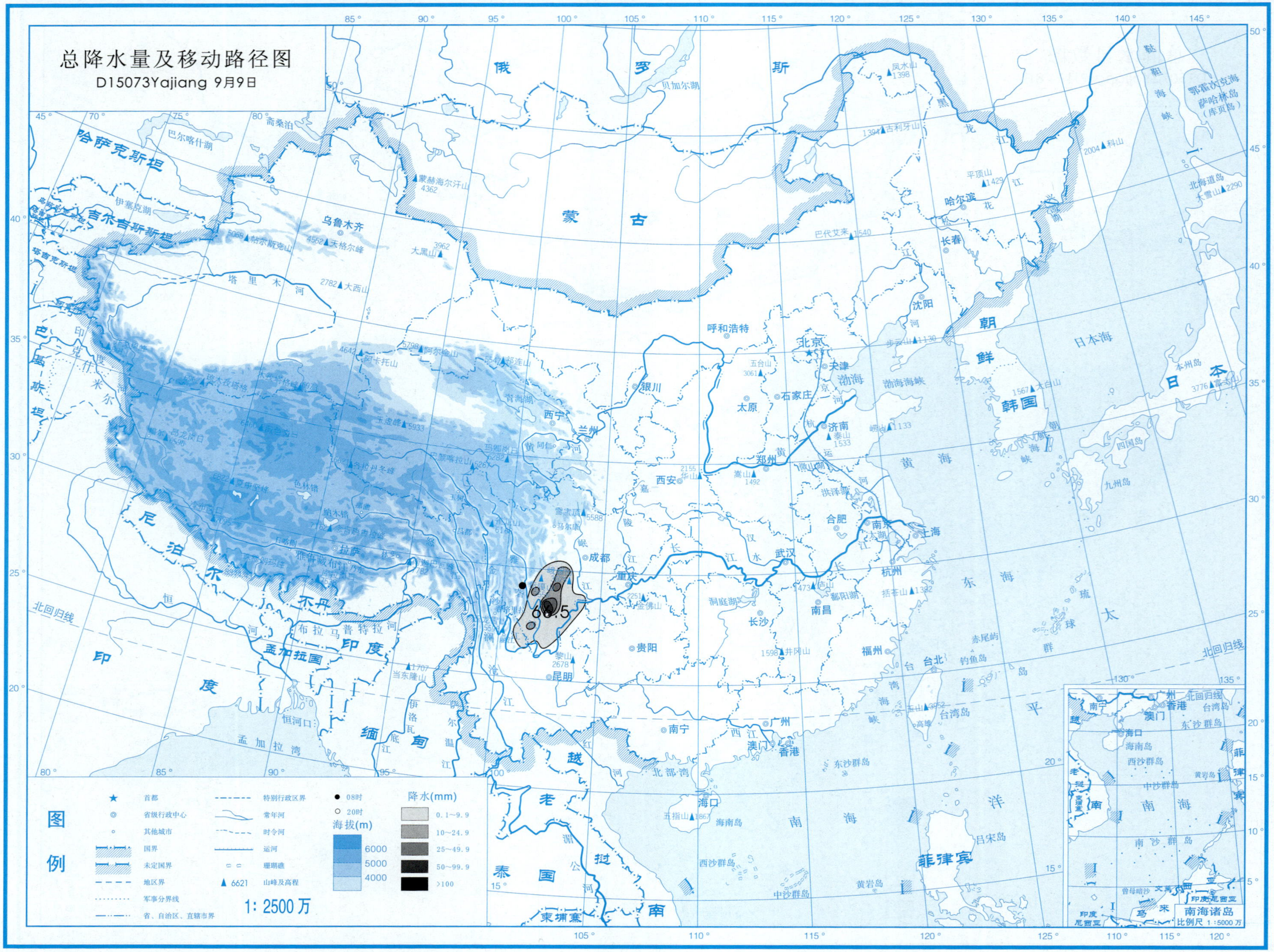

总降水量及移动路径图
D15073Yajiang 9月9日

总降水日数图

D15073Yajiang 9月9日

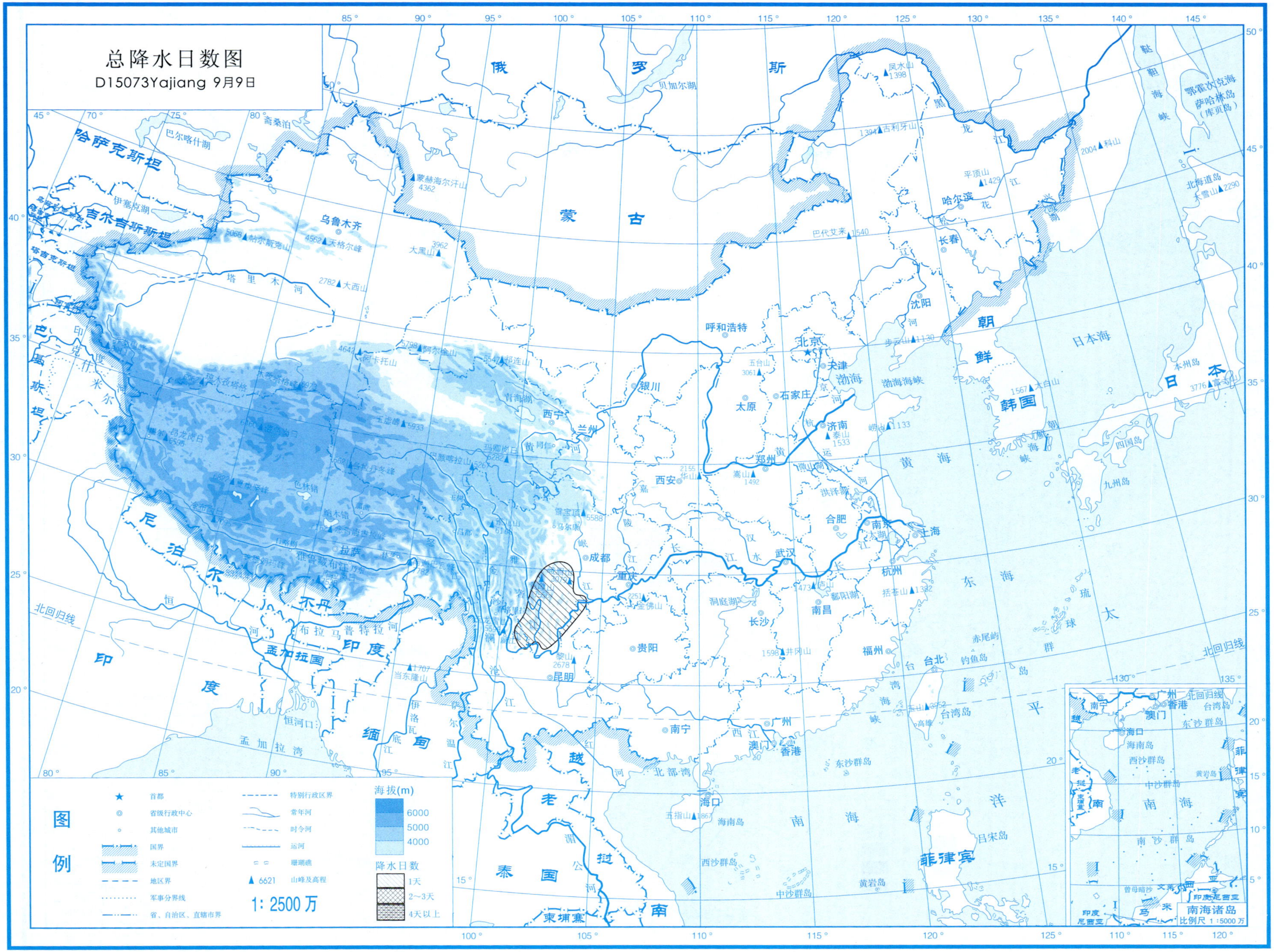

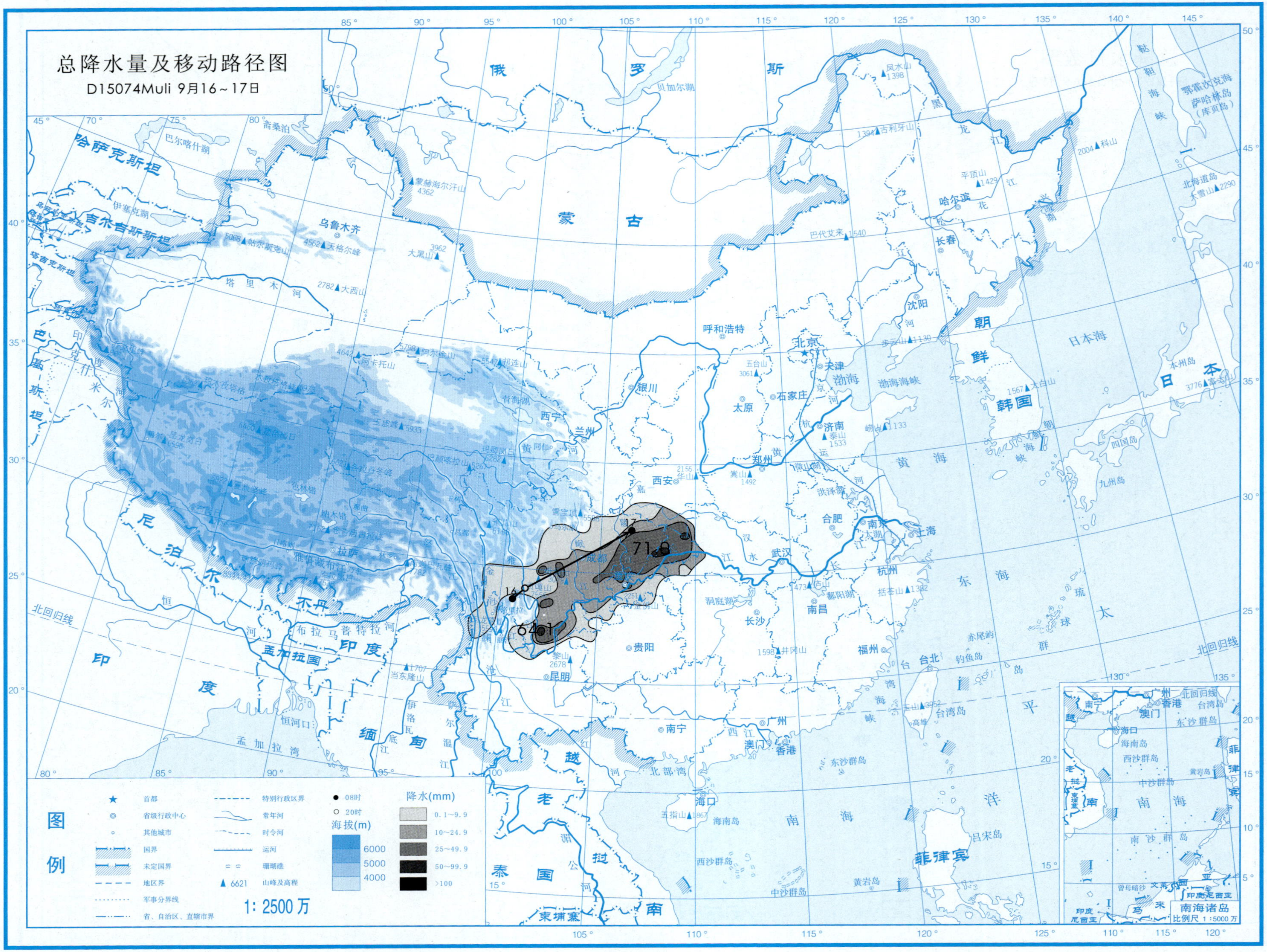
总降水量及移动路径图
D15074Muli 9月16～17日
图例
首都
省级行政中心
其他城市
国界
未定国界
地区界
军事分界线
省、自治区、直辖市界
特别行政区界
常年河
时令河
运河
珊瑚礁
6621 山峰及高程
08时
20时
海拔(m)
6000
5000
4000
降水(mm)
0.1～9.9
10～24.9
25～49.9
50～99.9
>100
1: 2500 万
南海诸岛
比例尺 1:5000 万
71.8
64.1
俄罗斯
蒙古
哈萨克斯坦
吉尔吉斯斯坦
塔吉克斯坦
巴基斯坦
尼泊尔
不丹
印度
孟加拉国
缅甸
老挝
泰国
柬埔寨
越南
朝鲜
韩国
日本
菲律宾
日本海
黄海
东海
渤海
南海
太平洋
北回归线
北京
天津
石家庄
太原
呼和浩特
沈阳
长春
哈尔滨
银川
兰州
西宁
西安
郑州
济南
合肥
南京
上海
杭州
武汉
南昌
长沙
福州
台北
贵阳
昆明
成都
南宁
广州
香港
澳门
海口
乌鲁木齐
拉萨

总降水日数图

D15074Muli 9月16～17日

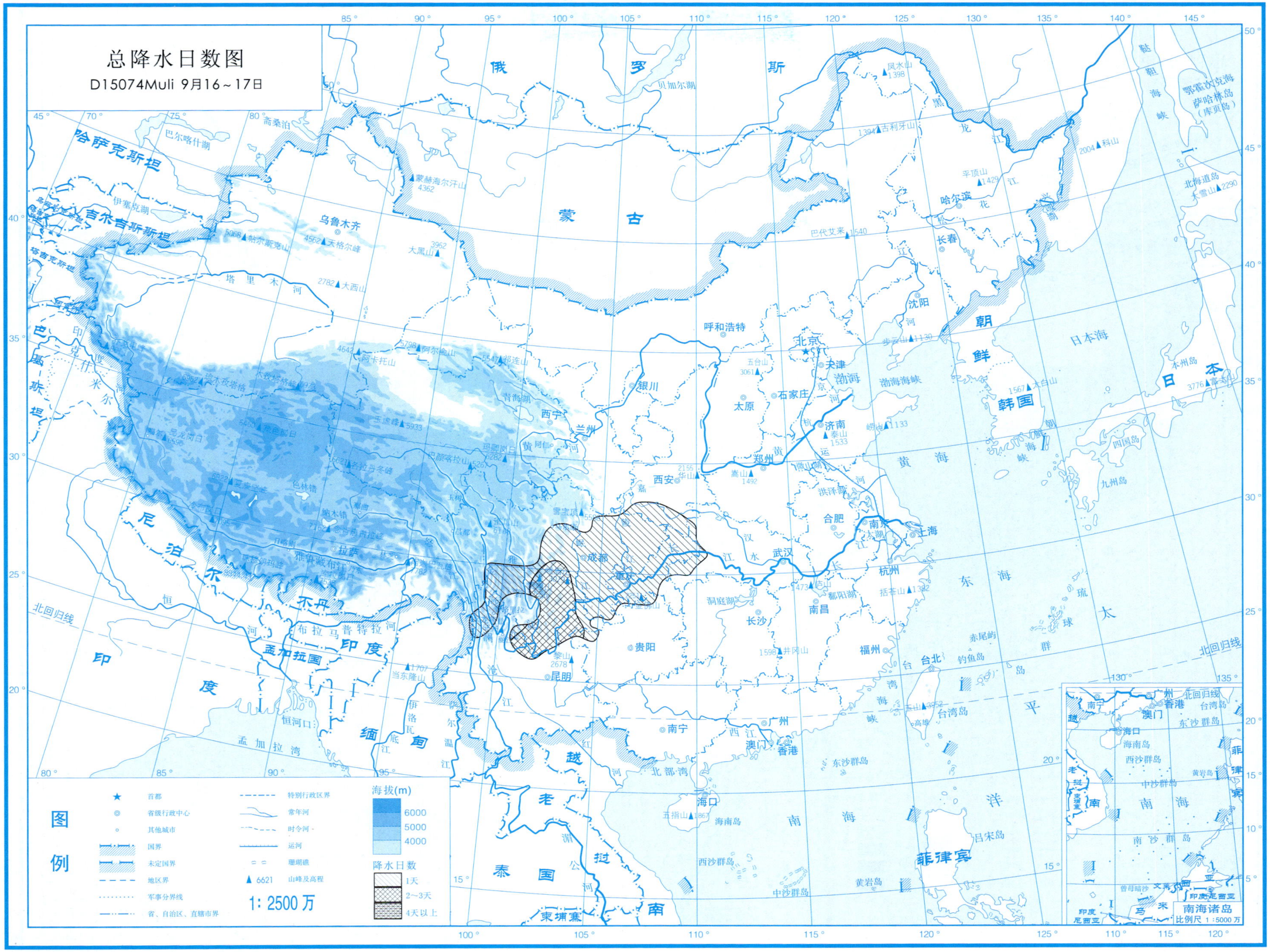

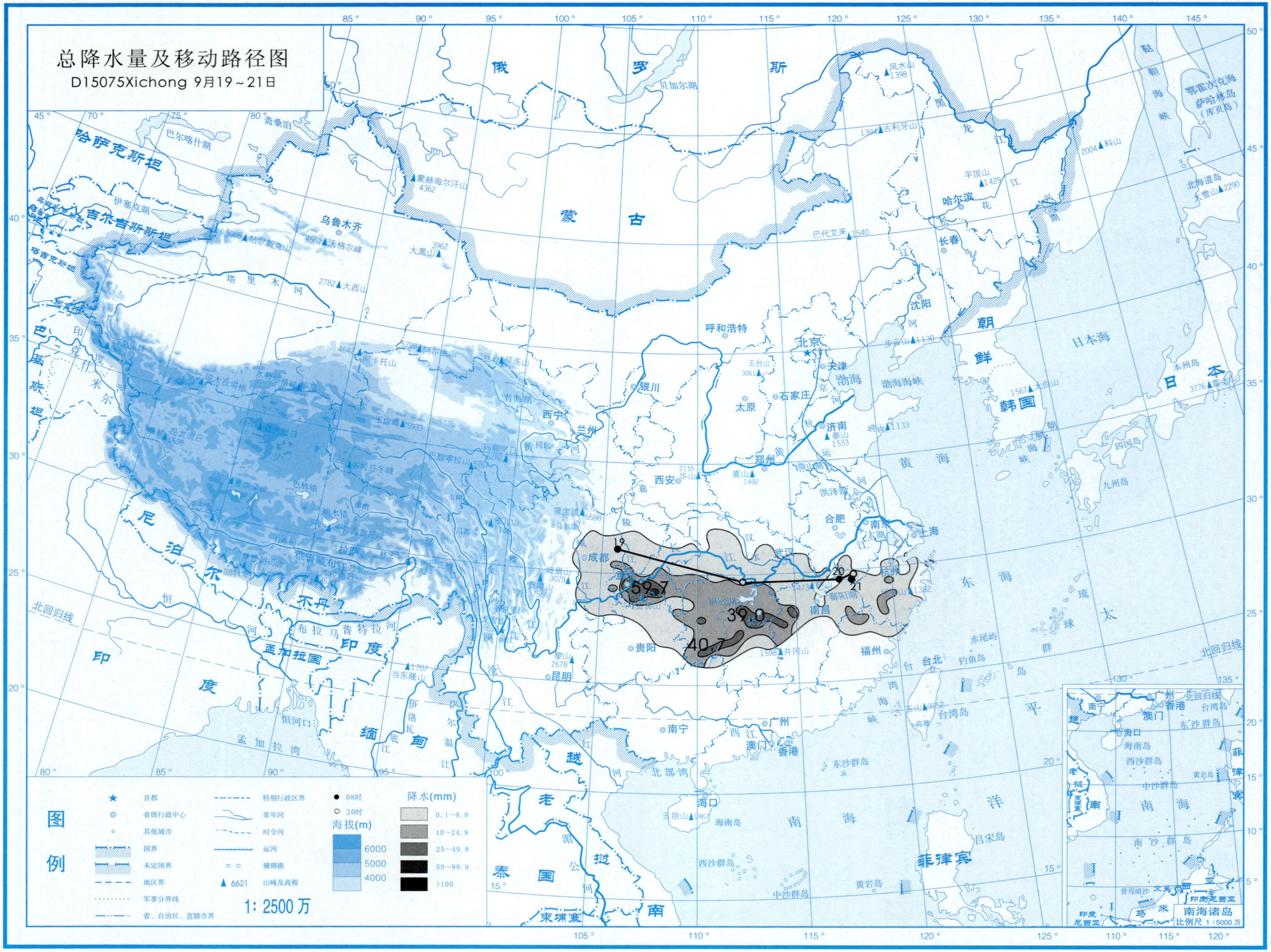
总降水量及移动路径图
D15075Xichong 9月19～21日
图例
首都
省级行政中心
其他城市
国界
未定国界
地区界
军事分界线
省、自治区、直辖市界
特别行政区界
常年河
时令河
运河
珊瑚礁
山峰及高程
08时
20时
海拔(m)
6000
5000
4000
降水(mm)
0.1～9.9
10～24.9
25～49.9
50～99.9
>100
1: 2500万
南海诸岛
比例尺 1:5000万

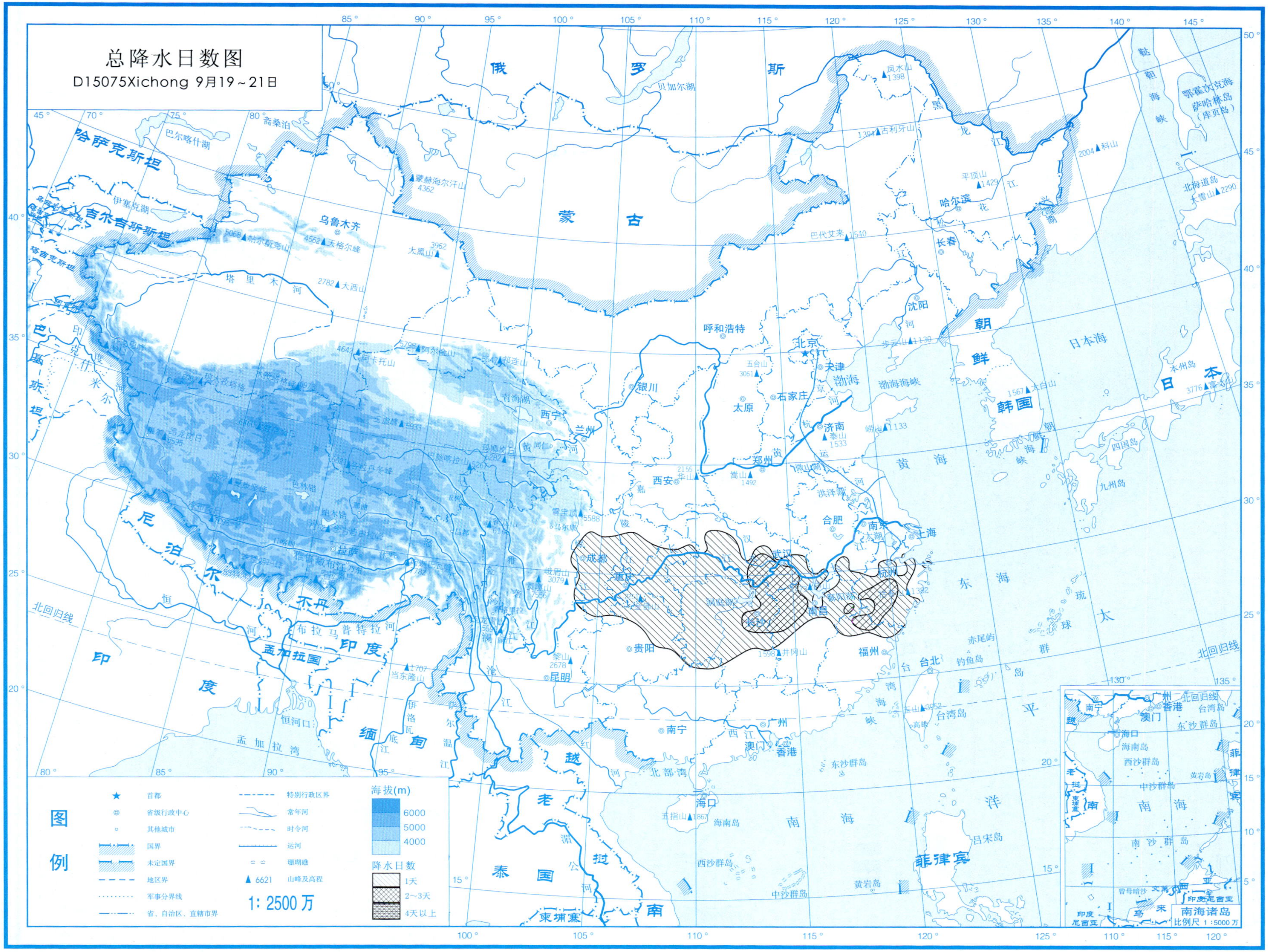

总降水日数图
D15075Xichong 9月19～21日
图例
首都
省级行政中心
其他城市
国界
未定国界
地区界
军事分界线
省、自治区、直辖市界
特别行政区界
常年河
时令河
运河
珊瑚礁
6621 山峰及高程
1: 2500 万
海拔(m)
6000
5000
4000
降水日数
1天
2～3天
4天以上
南海诸岛
比例尺 1:5000 万
北京
天津
石家庄
太原
呼和浩特
沈阳
长春
哈尔滨
济南
郑州
西安
银川
兰州
西宁
乌鲁木齐
拉萨
成都
重庆
贵阳
昆明
南宁
长沙
南昌
武汉
合肥
南京
上海
杭州
福州
台北
广州
香港
澳门
海口
俄罗斯
蒙古
哈萨克斯坦
吉尔吉斯斯坦
塔吉克斯坦
巴基斯坦
印度
尼泊尔
不丹
孟加拉国
缅甸
老挝
越南
泰国
柬埔寨
菲律宾
朝鲜
韩国
日本
渤海
黄海
东海
南海
日本海
太平洋

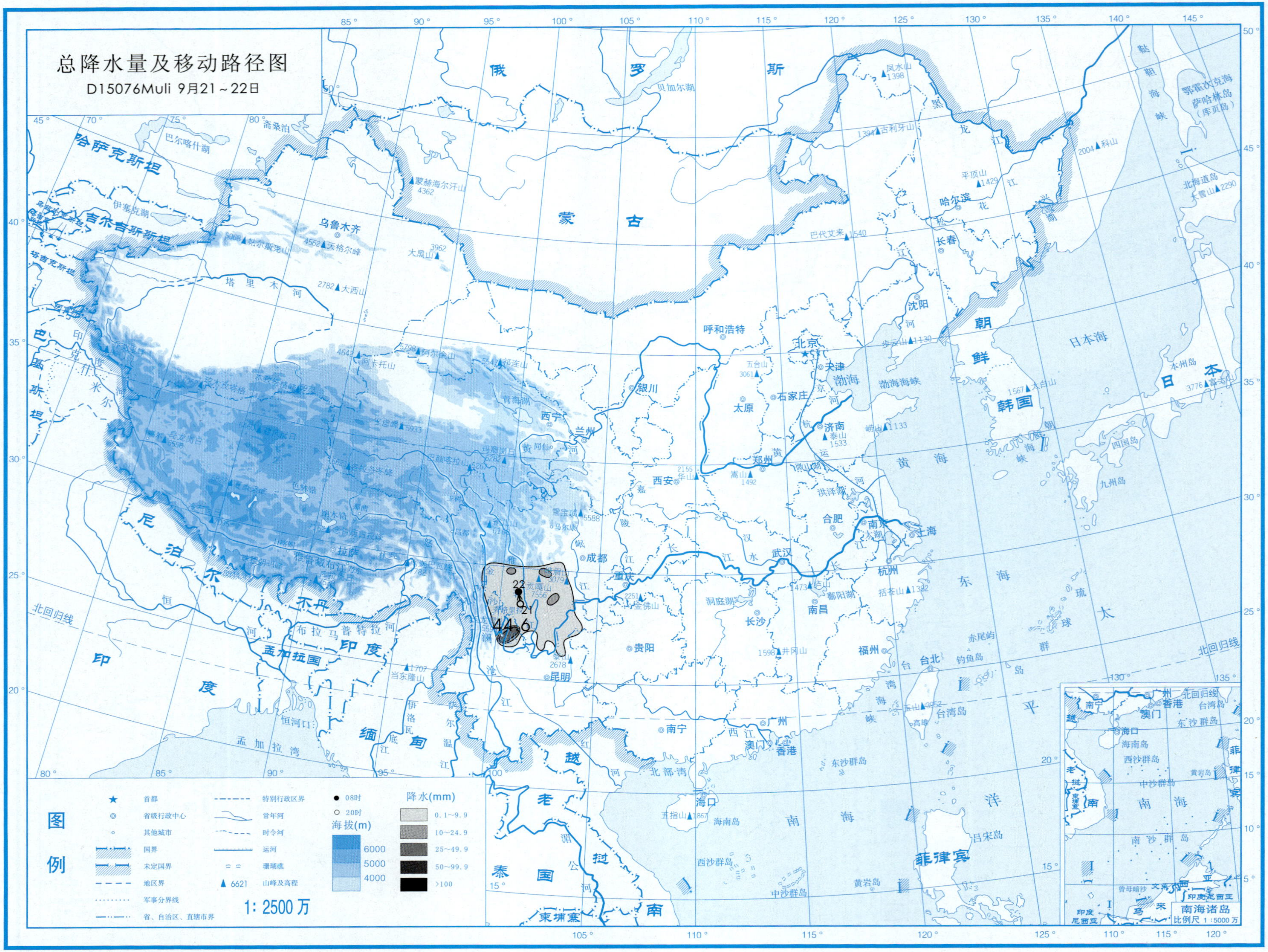
总降水量及移动路径图
D15076Muli 9月21～22日
图例
首都
省级行政中心
其他城市
国界
未定国界
地区界
军事分界线
省、自治区、直辖市界
特别行政区界
常年河
时令河
运河
珊瑚礁
6621 山峰及高程
08时
20时
海拔(m)
6000
5000
4000
降水(mm)
0.1～9.9
10～24.9
25～49.9
50～99.9
>100
1: 2500 万
南海诸岛
比例尺 1:5000 万

总降水日数图

D15076Muli 9月21～22日

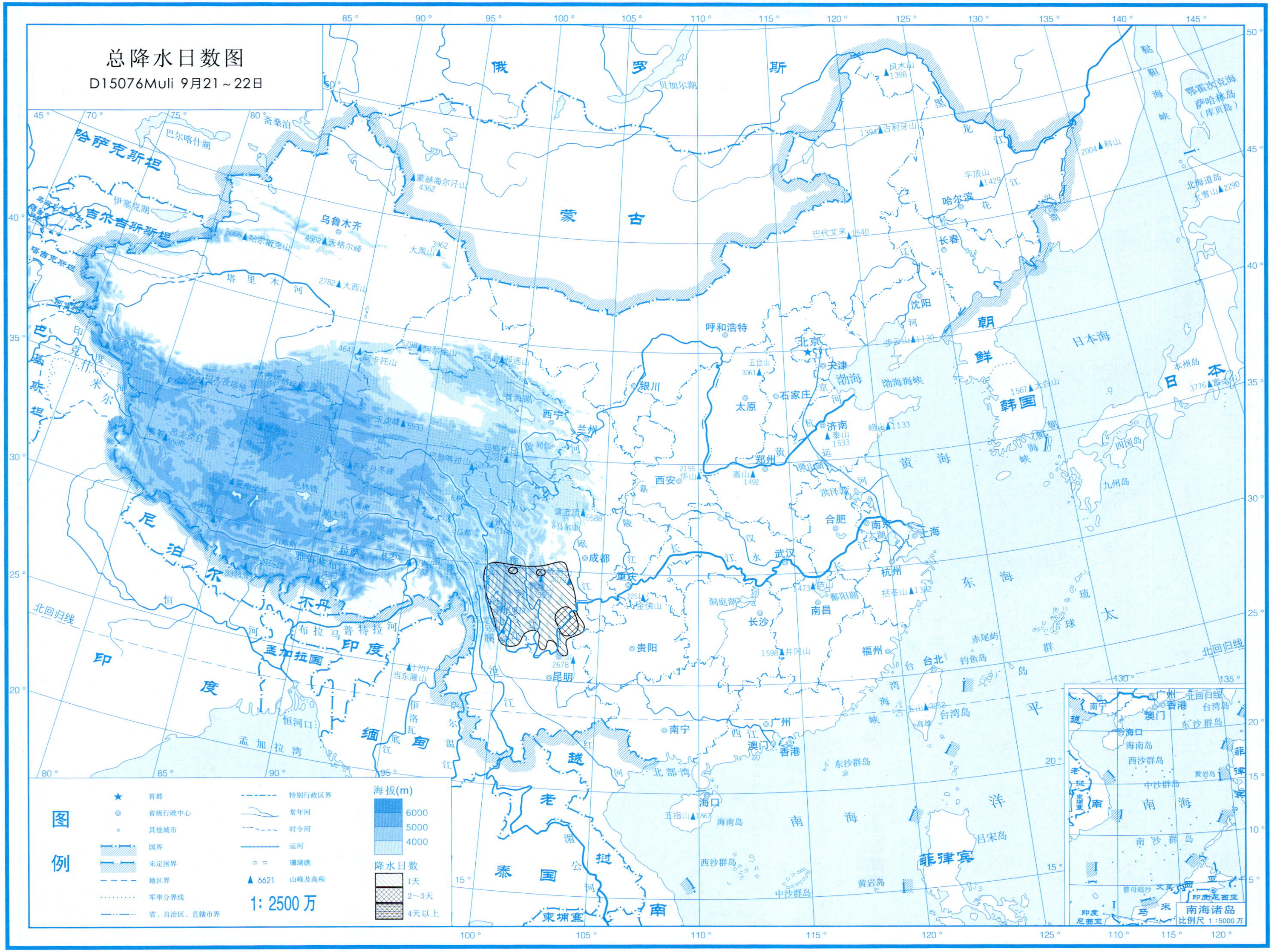

总降水量及移动路径图

D15077Pengshan 9月23～25日

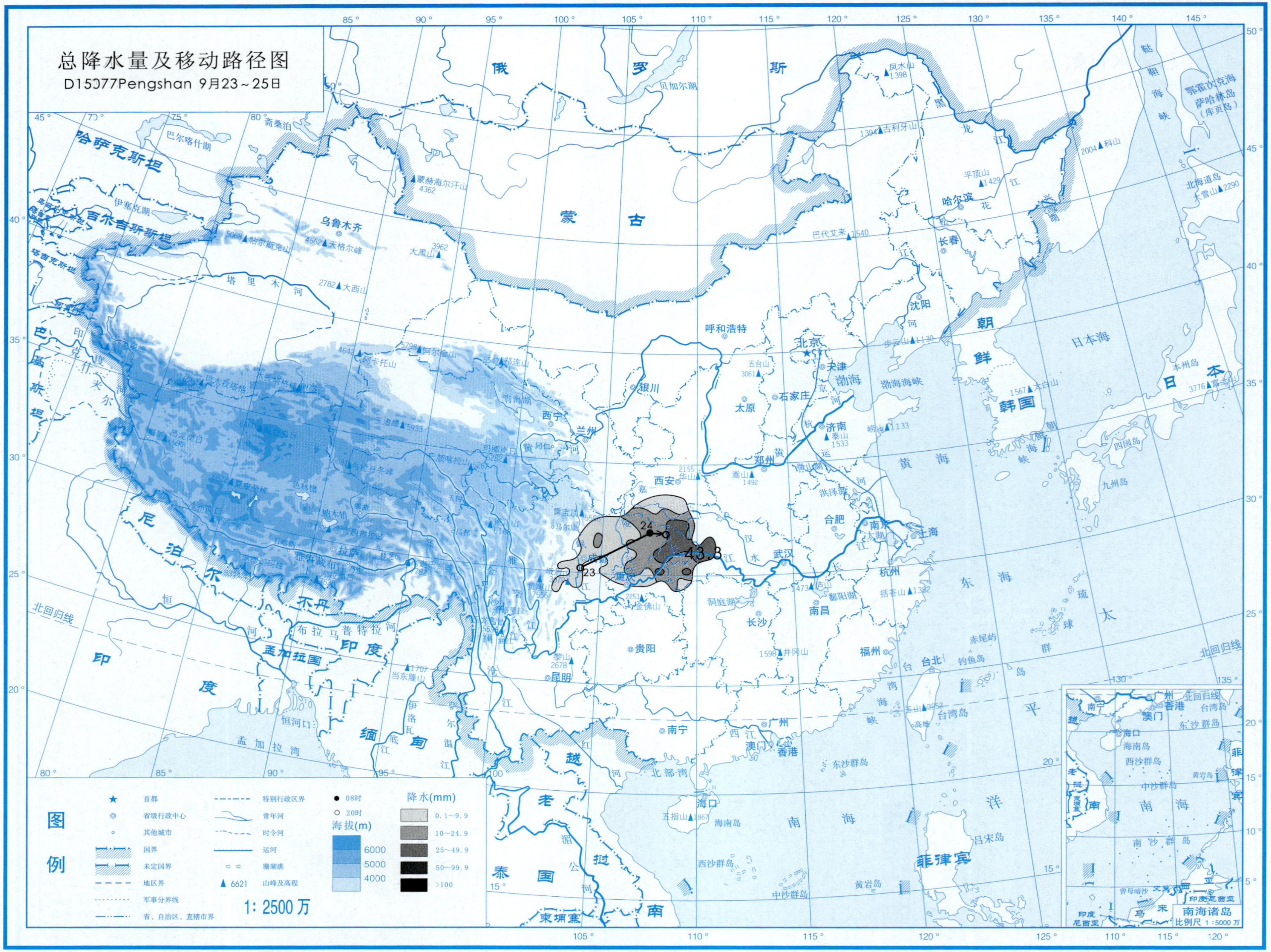

总降水日数图

D15077Pengshan 9月23～25日

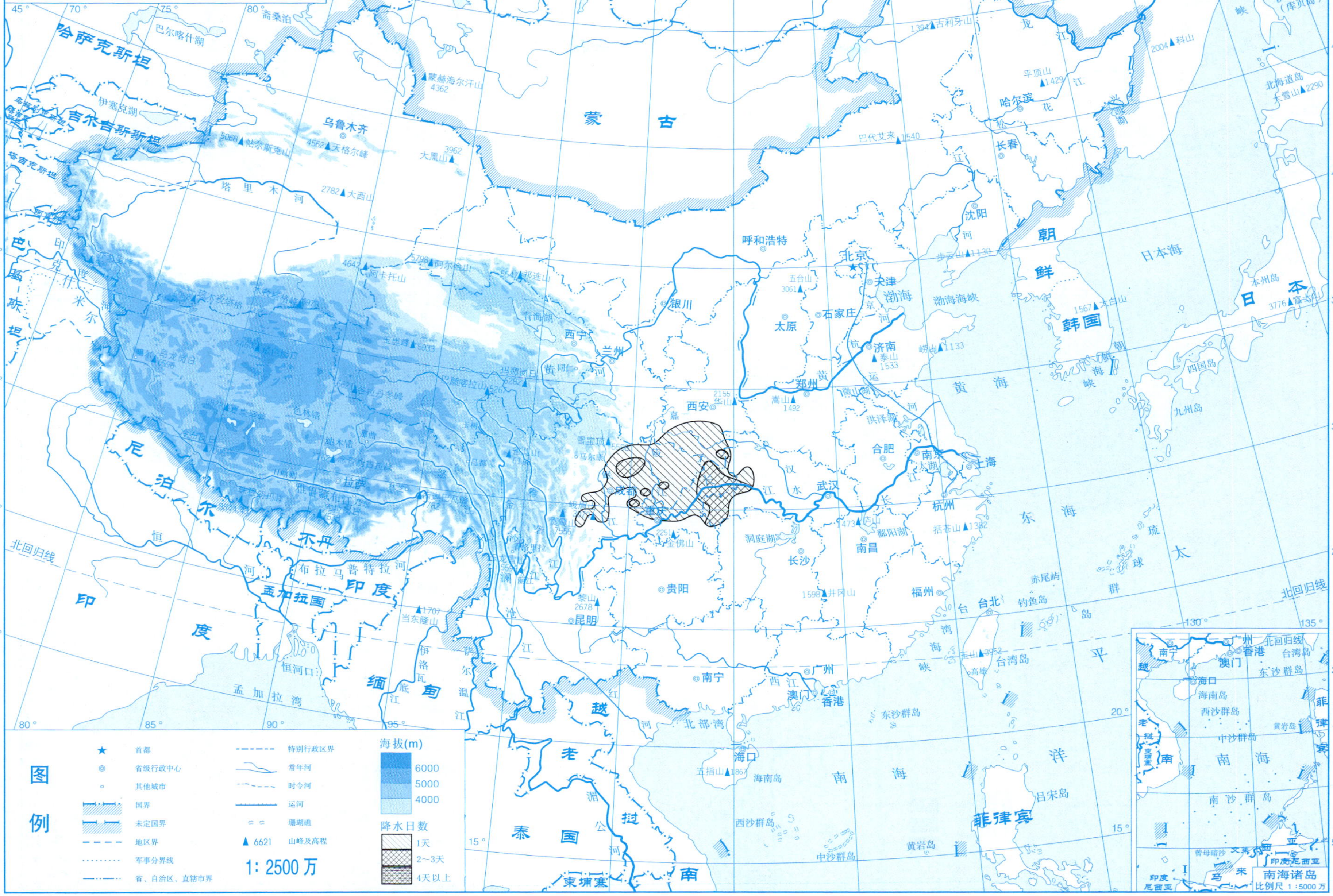

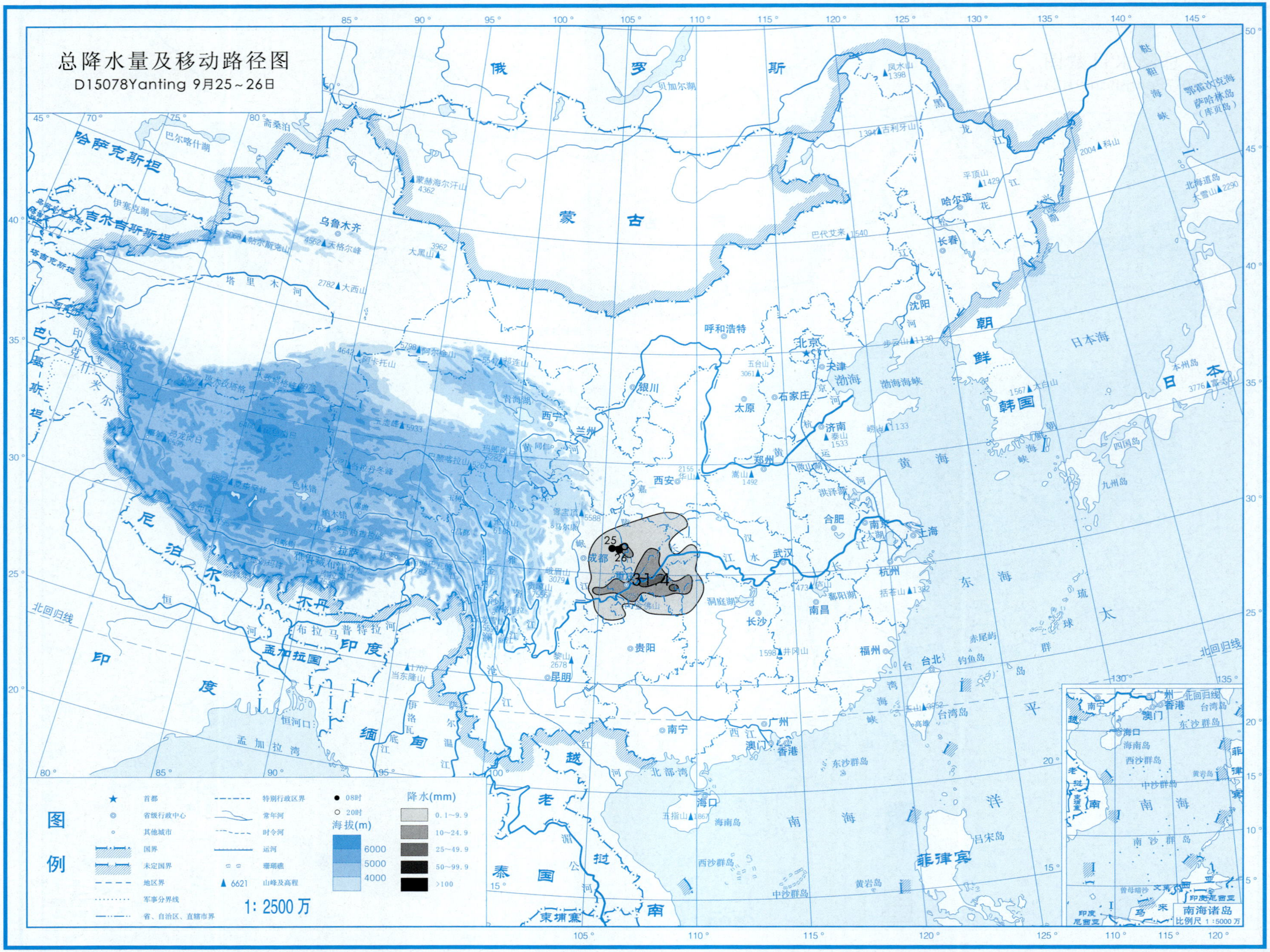
总降水量及移动路径图
D15078Yanting 9月25~26日
25
26
31
4
图例
首都
省级行政中心
其他城市
国界
未定国界
地区界
军事分界线
省、自治区、直辖市界
特别行政区界
常年河
时令河
运河
珊瑚礁
6621 山峰及高程
1: 2500 万
● 08时
○ 20时
海拔(m)
6000
5000
4000
降水(mm)
0.1~9.9
10~24.9
25~49.9
50~99.9
>100
俄罗斯
蒙古
哈萨克斯坦
吉尔吉斯斯坦
塔吉克斯坦
巴基斯坦
印度
尼泊尔
不丹
孟加拉国
缅甸
老挝
越南
泰国
柬埔寨
菲律宾
朝鲜
韩国
日本
乌鲁木齐
呼和浩特
北京
天津
石家庄
太原
银川
西宁
兰州
西安
郑州
济南
沈阳
长春
哈尔滨
成都
重庆
贵阳
昆明
南宁
广州
长沙
武汉
南昌
合肥
南京
上海
杭州
福州
台北
海口
香港
澳门
拉萨
黄海
东海
南海
渤海
日本海
太平洋
北回归线
南海诸岛
比例尺 1:5000 万

总降水日数图

D15078Yanting 9月25～26日

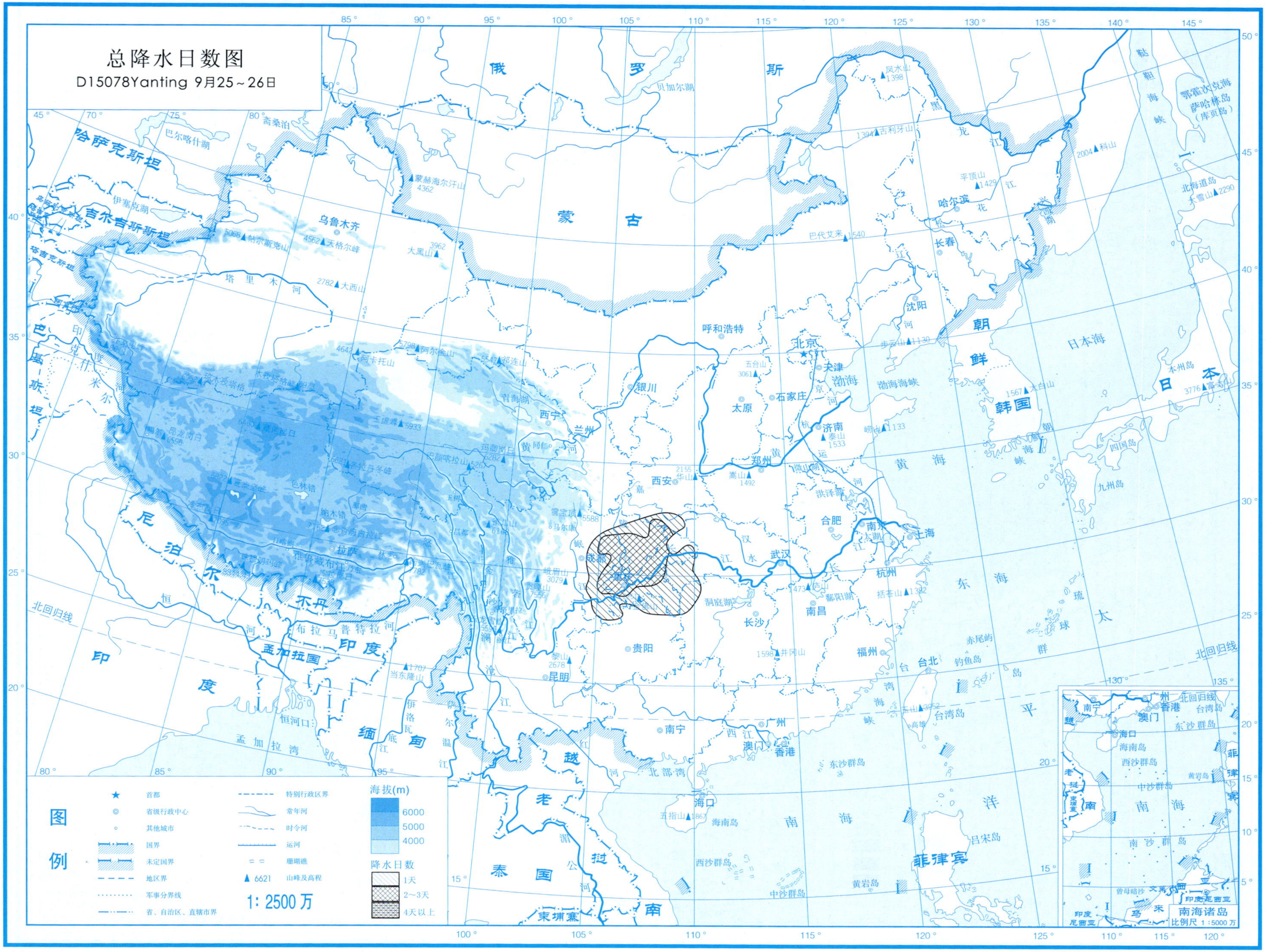

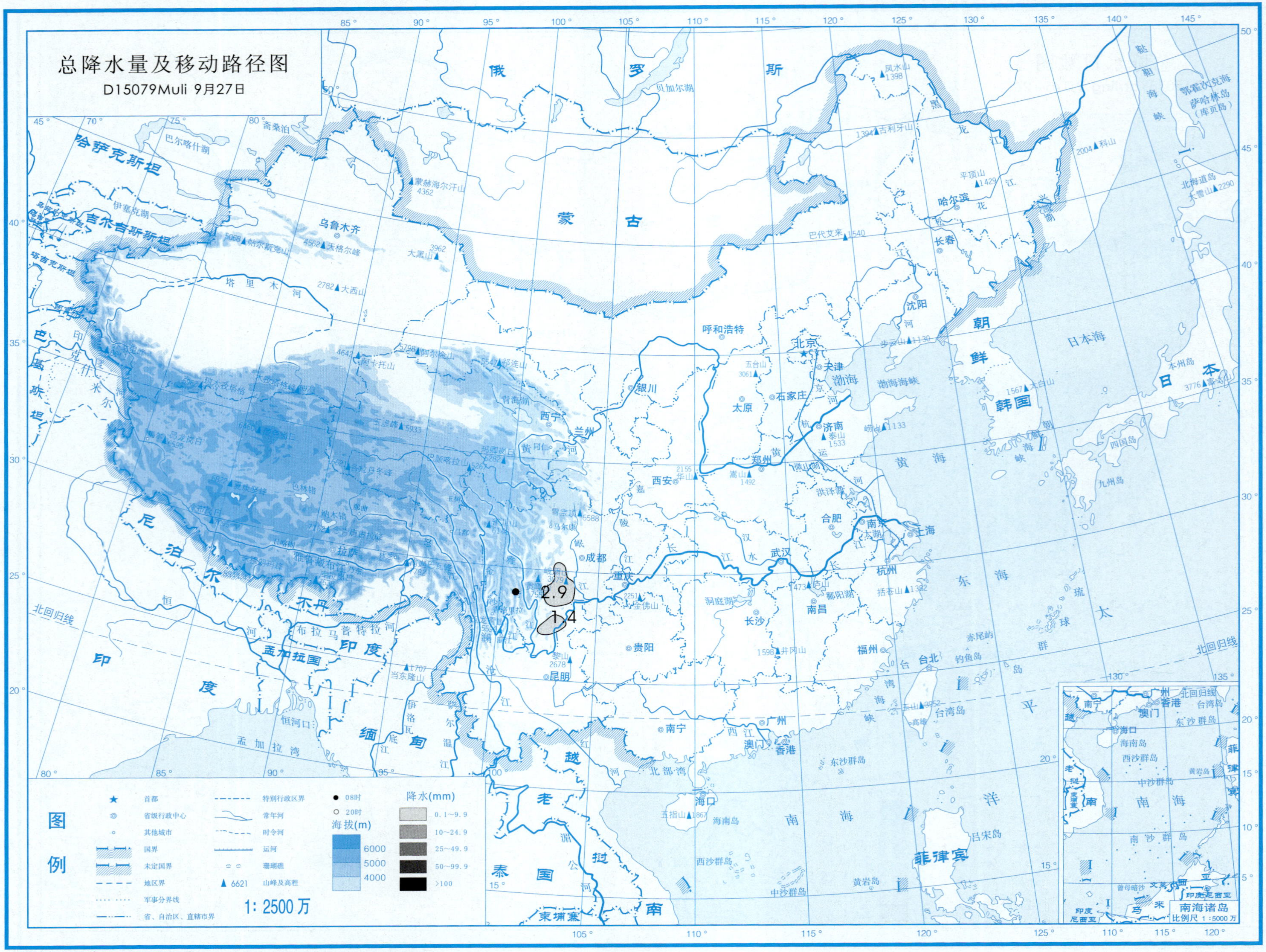

总降水量及移动路径图
D15079Muli 9月27日
2.9
1.4
图例
首都
省级行政中心
其他城市
国界
未定国界
地区界
军事分界线
省、自治区、直辖市界
特别行政区界
常年河
时令河
运河
珊瑚礁
山峰及高程
08时
20时
海拔(m)
6000
5000
4000
降水(mm)
0.1～9.9
10～24.9
25～49.9
50～99.9
>100
1: 2500万
南海诸岛
比例尺 1:5000万
俄 罗 斯
蒙 古
哈萨克斯坦
吉尔吉斯斯坦
塔吉克斯坦
巴基斯坦
尼 泊 尔
不丹
印 度
孟加拉国
缅 甸
老 挝
越 南
泰 国
柬埔寨
朝 鲜
韩国
日 本
菲律宾
北京
天津
上海
重庆
成都
昆明
贵阳
拉萨
西宁
兰州
银川
呼和浩特
哈尔滨
长春
沈阳
石家庄
太原
济南
郑州
西安
武汉
合肥
南京
杭州
南昌
长沙
福州
台北
广州
南宁
海口
香港
澳门
乌鲁木齐
渤海
黄 海
东 海
南 海
日本海
太 平 洋
北回归线

总降水日数图

D15079Muli 9月27日

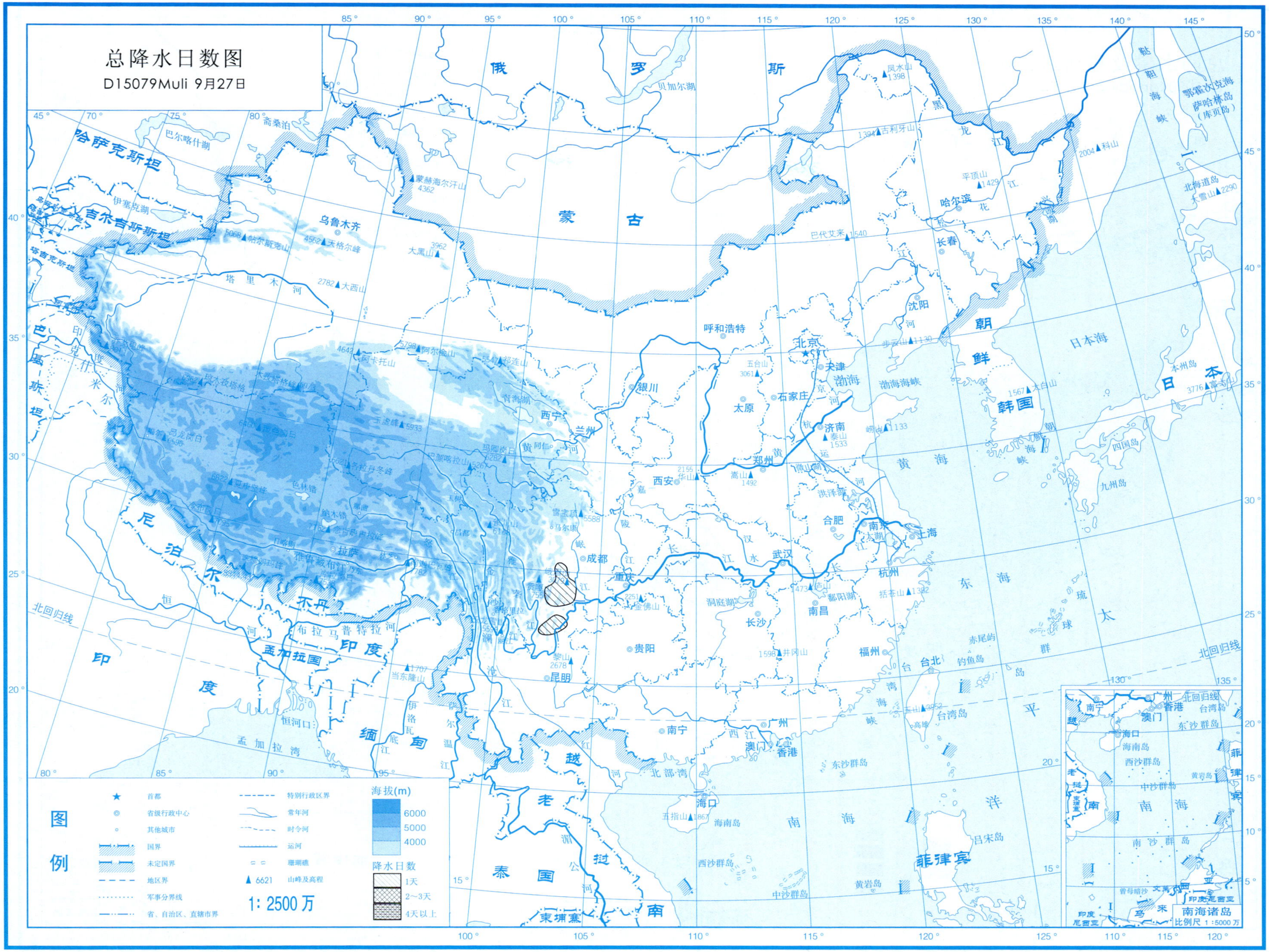

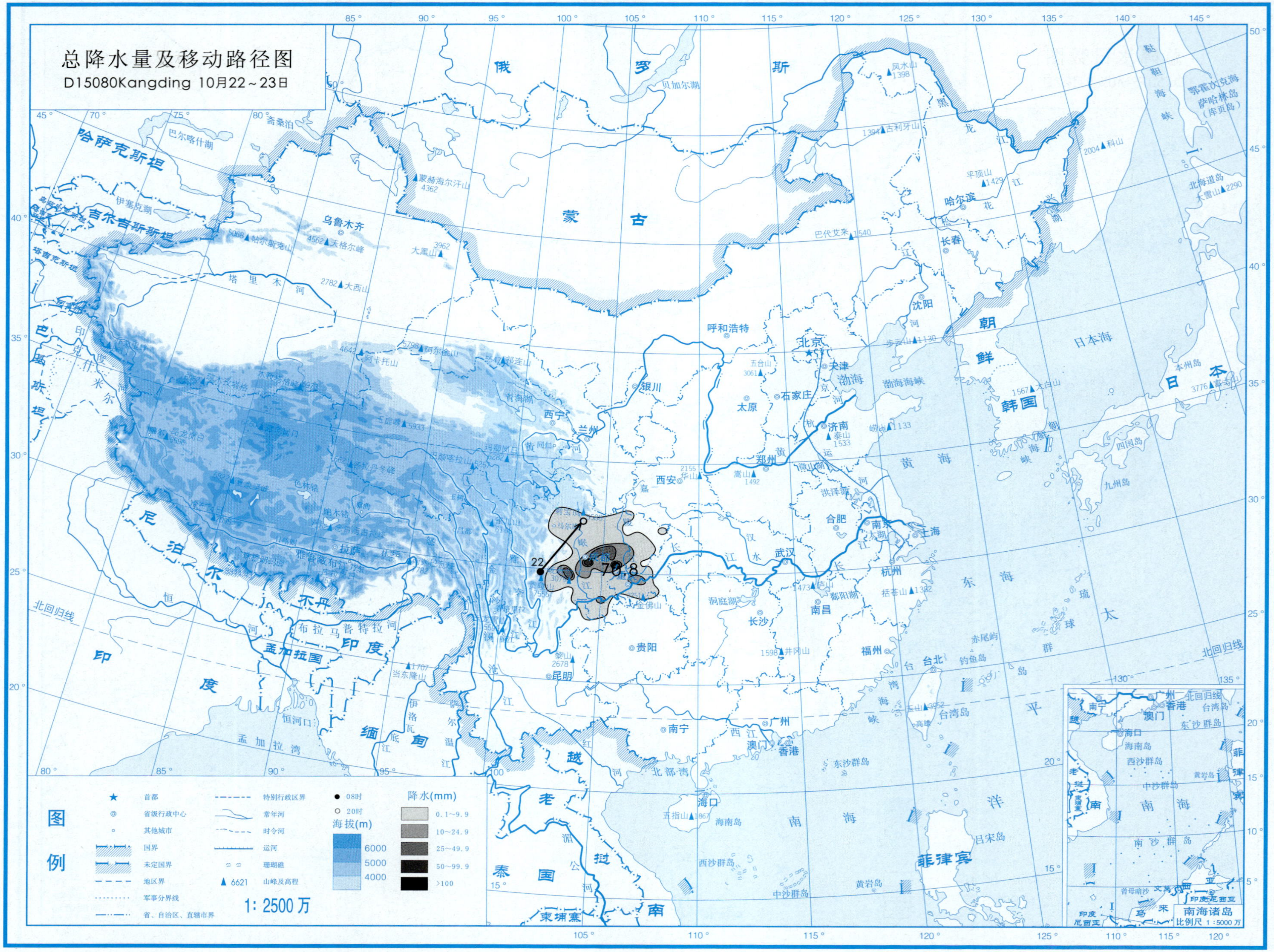
总降水量及移动路径图
D15080Kangding 10月22～23日
22
70.8
图例
首都
省级行政中心
其他城市
国界
未定国界
地区界
军事分界线
省、自治区、直辖市界
特别行政区界
常年河
时令河
运河
珊瑚礁
6621 山峰及高程
08时
20时
海拔(m)
6000
5000
4000
降水(mm)
0.1～9.9
10～24.9
25～49.9
50～99.9
>100
1：2500万
俄
罗
斯
蒙
古
哈萨克斯坦
吉尔吉斯斯坦
塔吉克斯坦
巴基斯坦
尼泊尔
不丹
孟加拉国
印度
缅甸
老挝
越南
泰国
柬埔寨
菲律宾
朝鲜
韩国
日本
北京
天津
石家庄
太原
呼和浩特
沈阳
长春
哈尔滨
济南
郑州
西安
银川
兰州
西宁
乌鲁木齐
拉萨
合肥
南京
上海
杭州
武汉
南昌
长沙
福州
台北
贵阳
昆明
南宁
广州
澳门
香港
海口
贝加尔湖
青海湖
洞庭湖
鄱阳湖
渤海
黄海
东海
南海
日本海
太平洋
北回归线
南海诸岛
比例尺 1：5000万

总降水日数图

D15080Kangding 10月22～23日

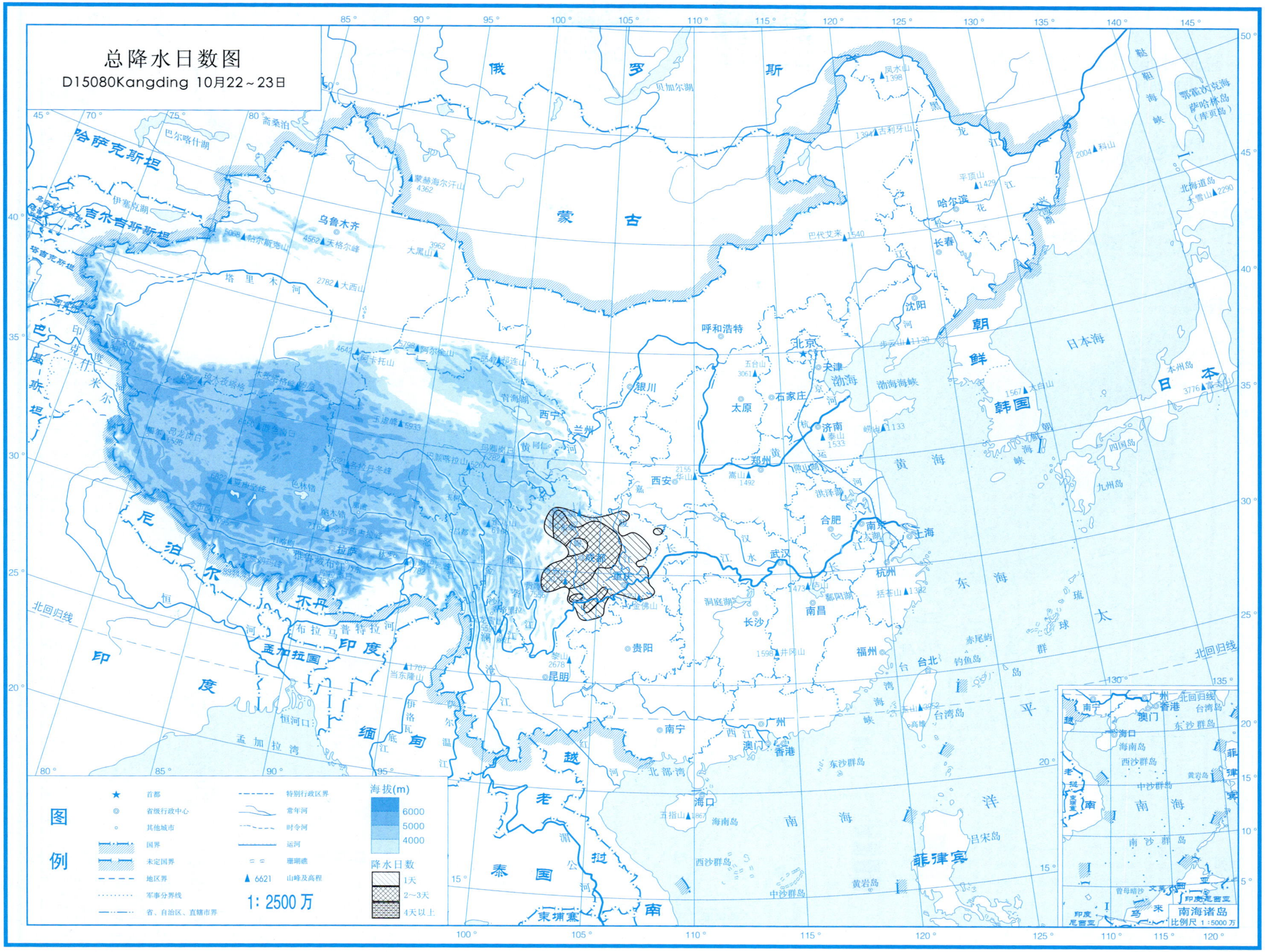

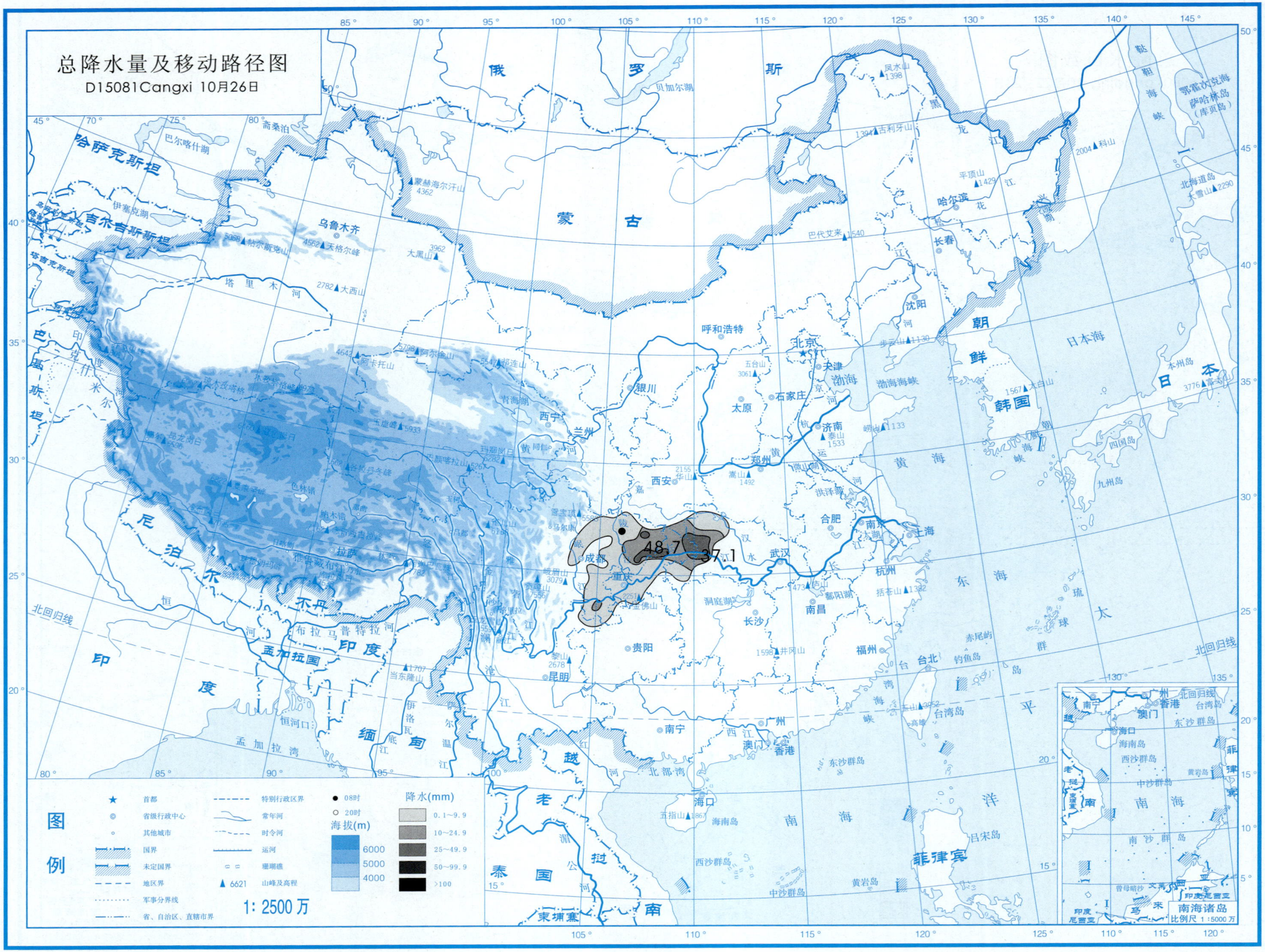
总降水量及移动路径图
D15081Cangxi 10月26日
48.7
37.1
图例
首都
省级行政中心
其他城市
国界
未定国界
地区界
军事分界线
省、自治区、直辖市界
特别行政区界
常年河
时令河
运河
珊瑚礁
6621 山峰及高程
08时
20时
海拔(m)
6000
5000
4000
降水(mm)
0.1~9.9
10~24.9
25~49.9
50~99.9
>100
1: 2500 万
南海诸岛
比例尺 1:5000 万

总降水日数图

D15081Cangxi 10月26日

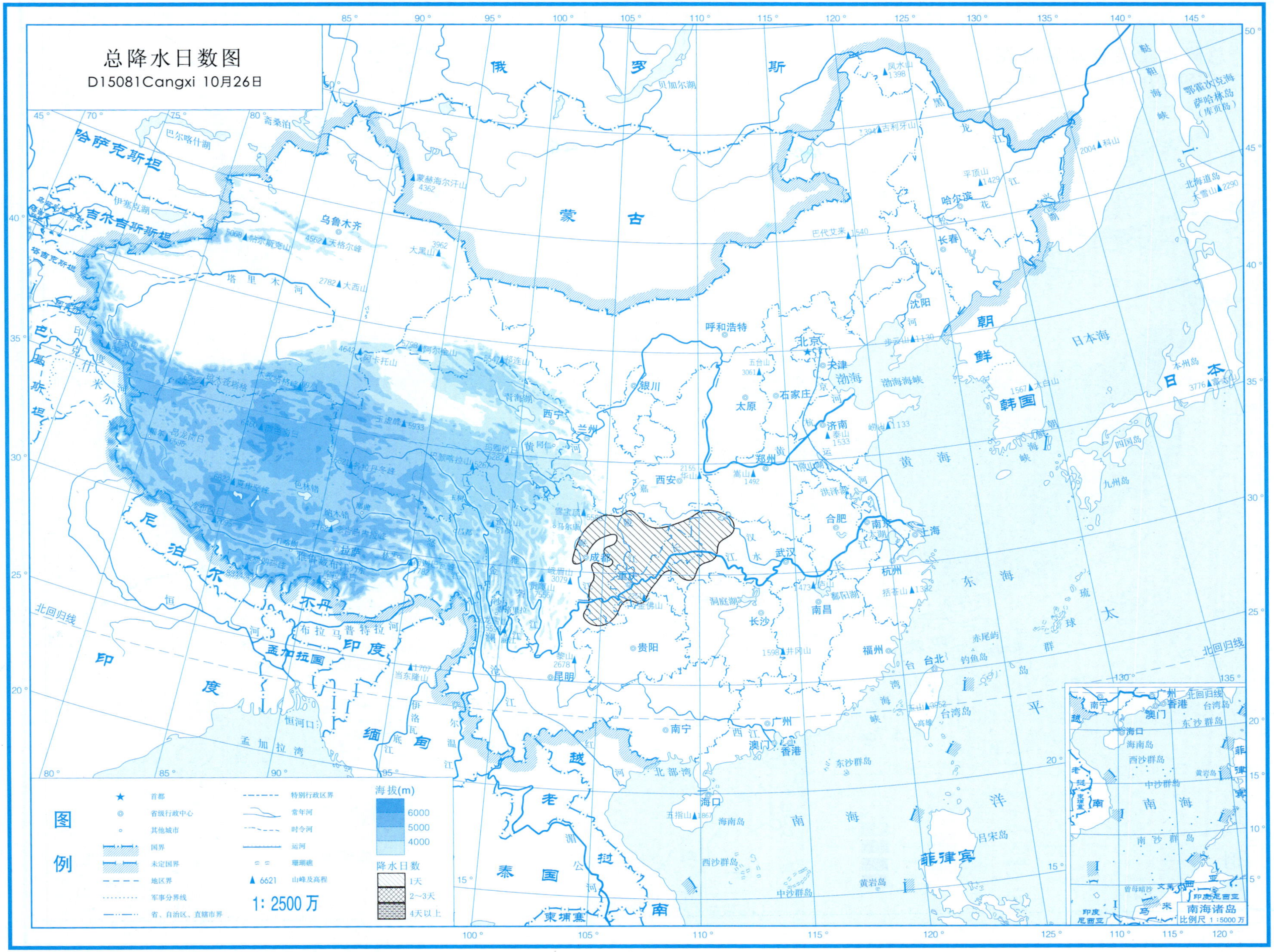

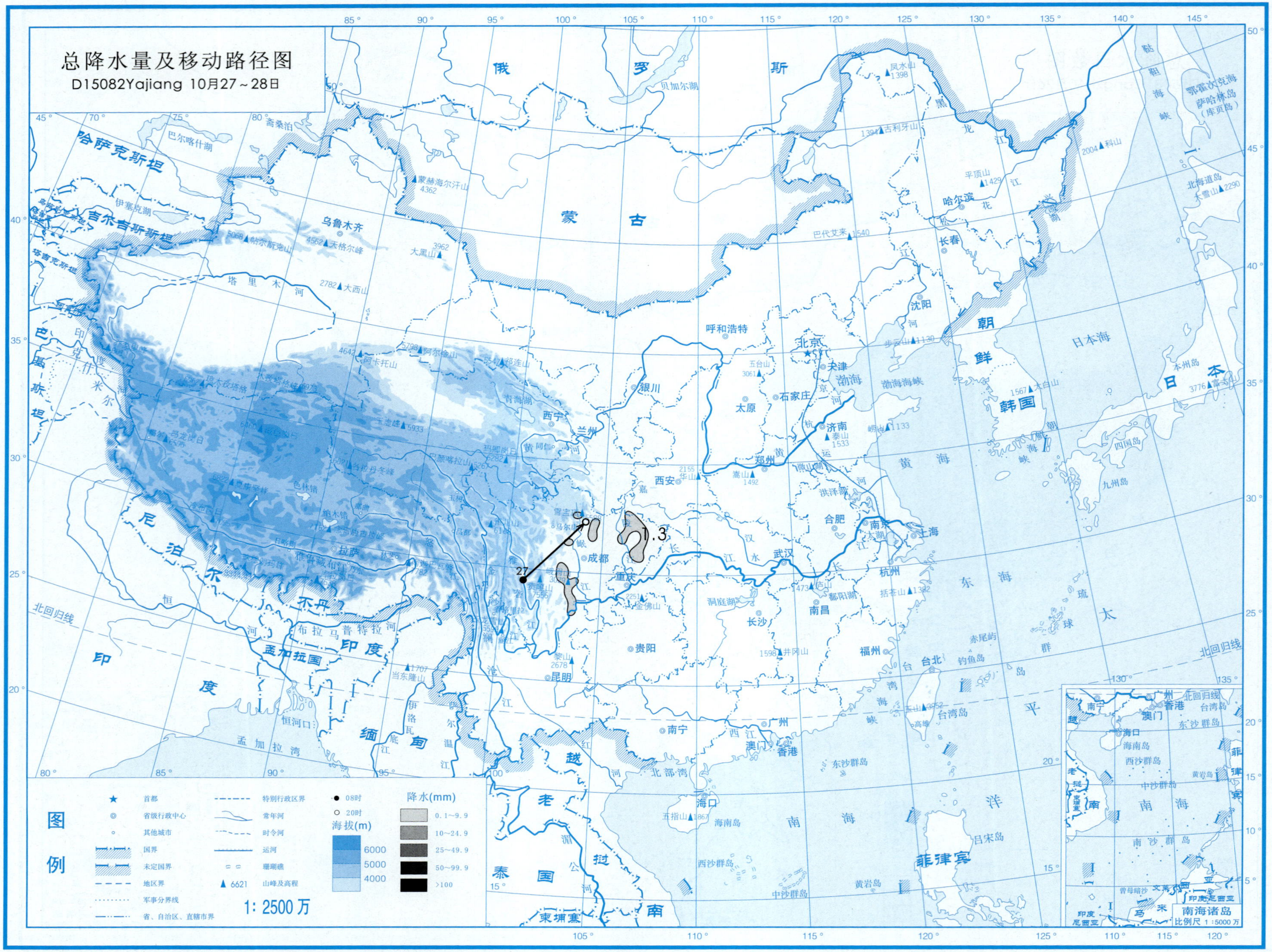
总降水量及移动路径图
D15082Yajiang 10月27～28日
图例
首都
省级行政中心
其他城市
国界
未定国界
地区界
军事分界线
省、自治区、直辖市界
特别行政区界
常年河
时令河
运河
珊瑚礁
6621 山峰及高程
08时
20时
海拔(m)
6000
5000
4000
降水(mm)
0.1～9.9
10～24.9
25～49.9
50～99.9
>100
1: 2500 万
南海诸岛
比例尺 1:5000 万

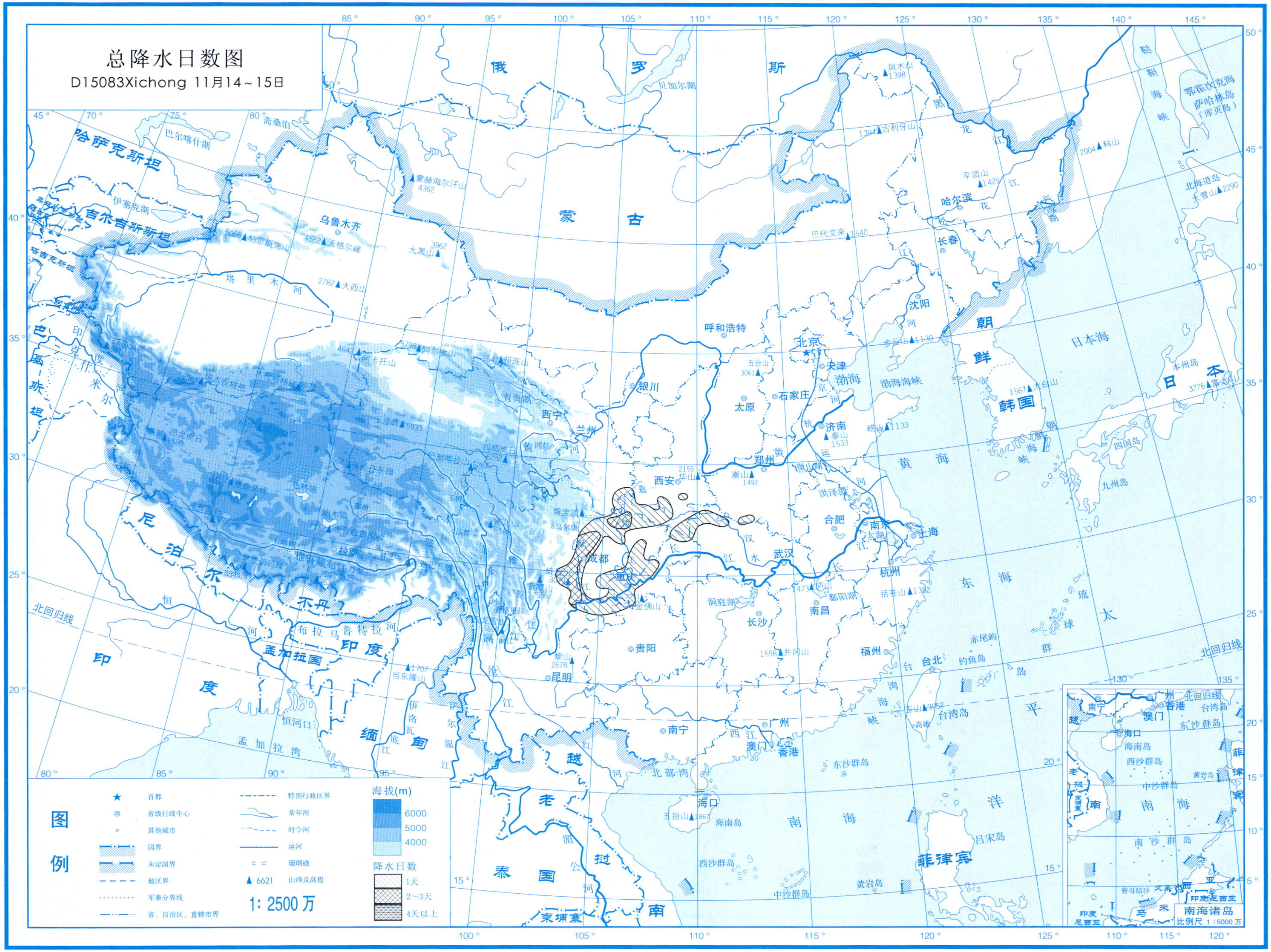
总降水日数图
D15083Xichong 11月14～15日
图例
首都
省级行政中心
其他城市
国界
未定国界
地区界
军事分界线
省、自治区、直辖市界
特别行政区界
常年河
时令河
运河
珊瑚礁
6621 山峰及高程
1：2500 万
海拔(m)
6000
5000
4000
降水日数
1天
2～3天
4天以上
南海诸岛
比例尺 1：5000 万

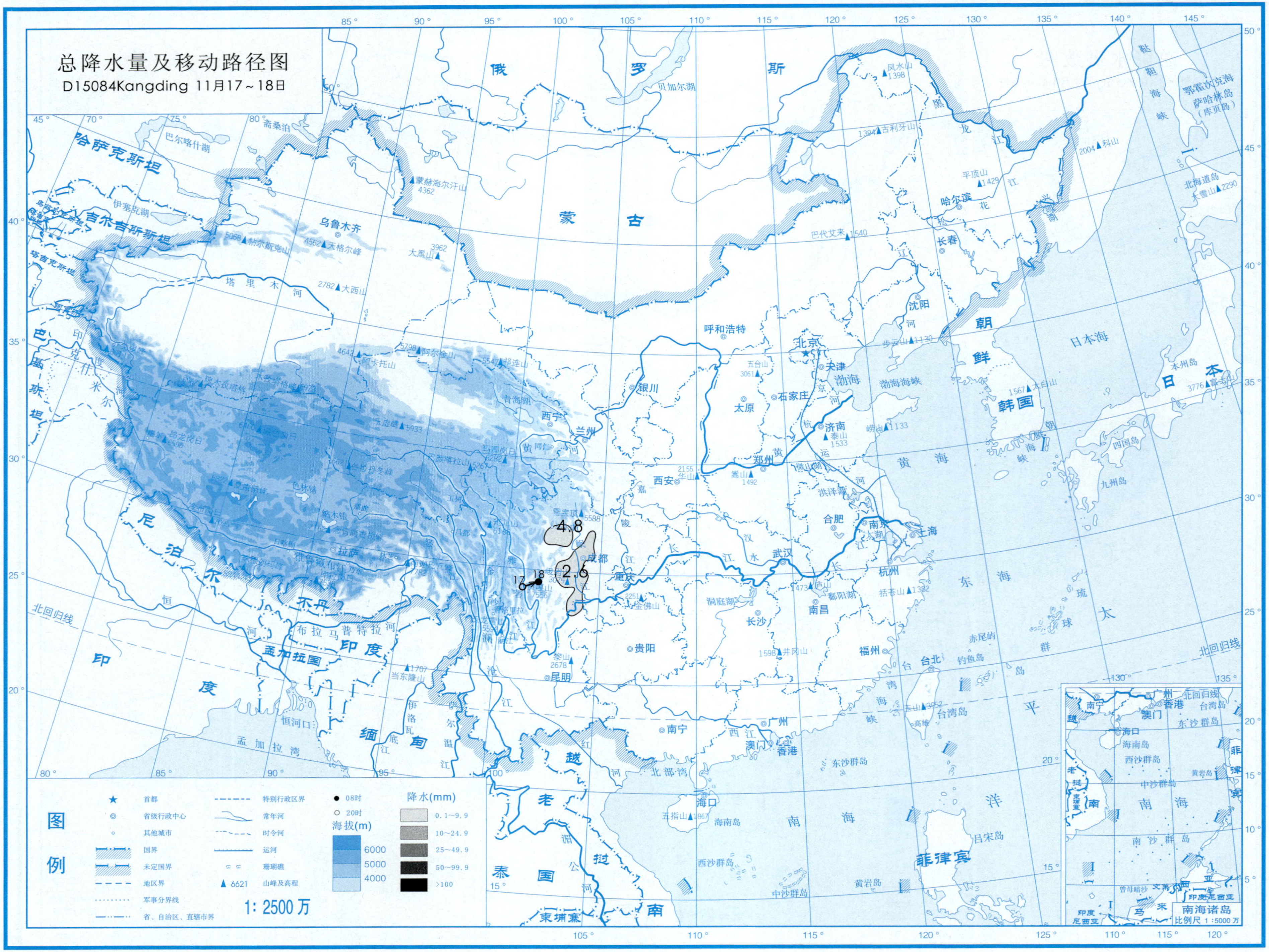
总降水量及移动路径图
D15084Kangding 11月17～18日
4.8
2.6
17
18
成都
重庆
图例
首都
省级行政中心
其他城市
国界
未定国界
地区界
军事分界线
省、自治区、直辖市界
特别行政区界
常年河
时令河
运河
珊瑚礁
6621 山峰及高程
08时
20时
海拔(m)
6000
5000
4000
降水(mm)
0.1～9.9
10～24.9
25～49.9
50～99.9
>100
1: 2500 万
南海诸岛
比例尺 1 :5000 万

总降水日数图

D15084Kangding 11月17～18日

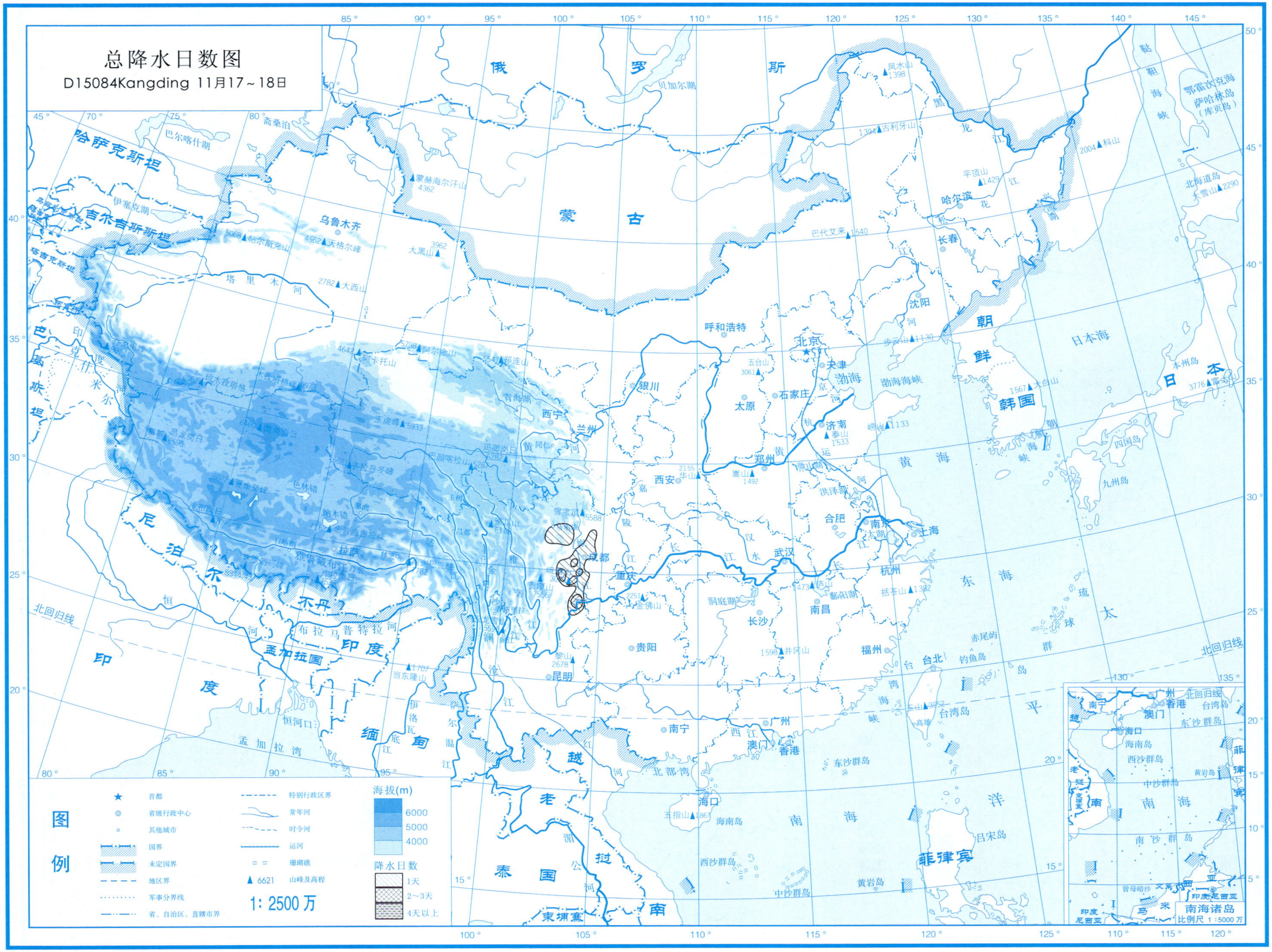

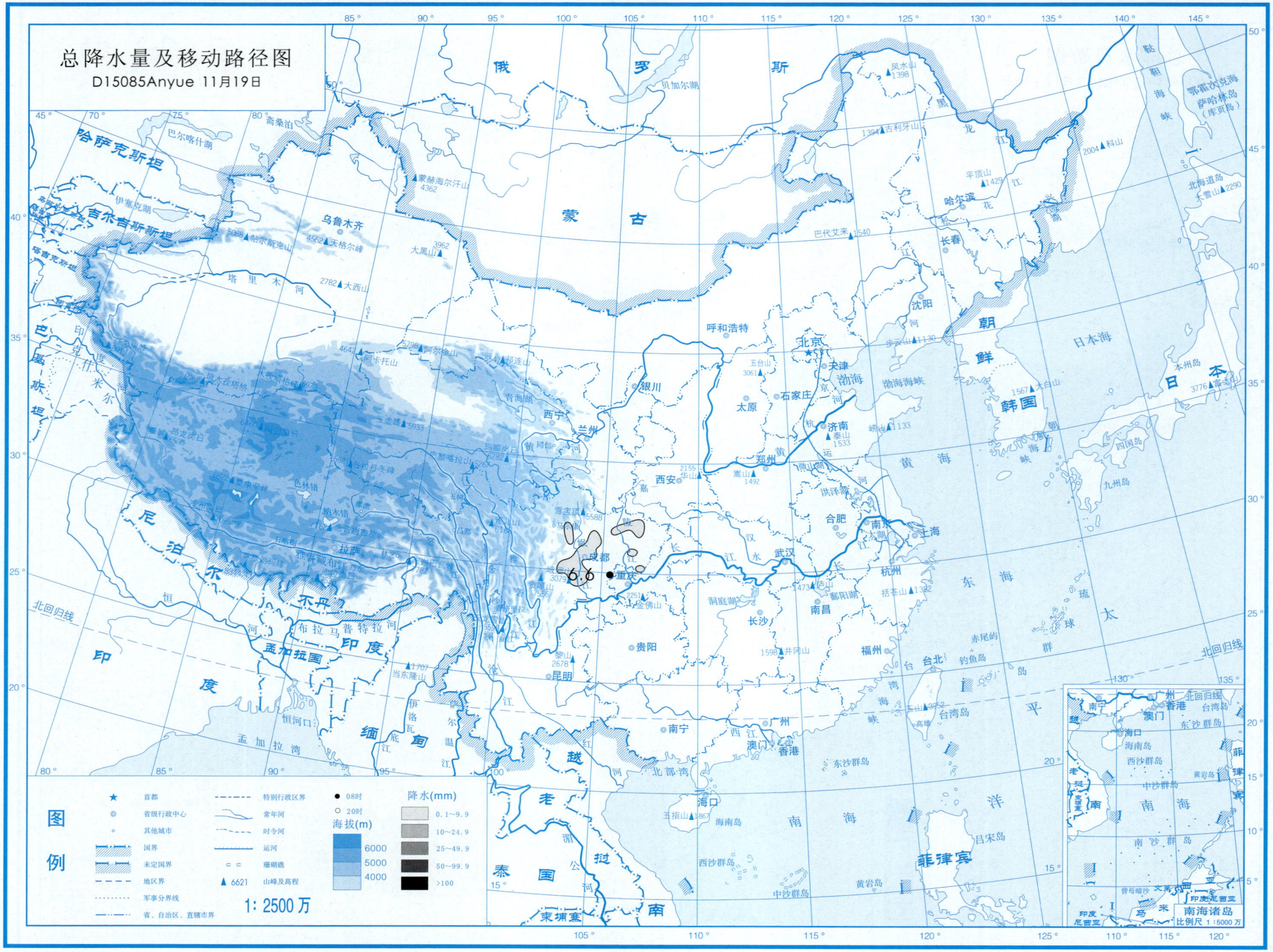

总降水量及移动路径图

D15085Anyue 11月19日

总降水日数图

D15085Anyue 11月19日

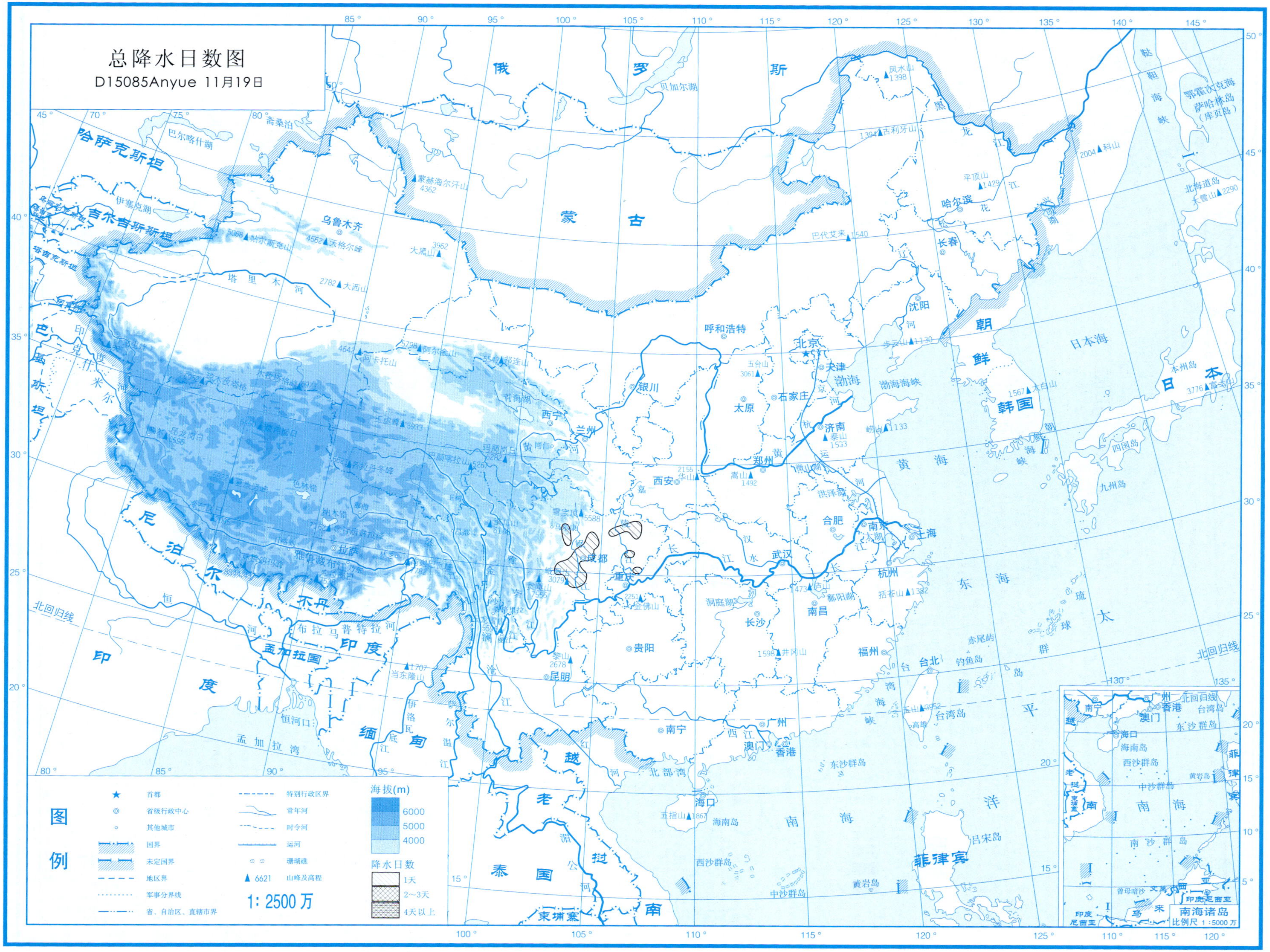

总降水量及移动路径图

D15086Muli 11月27～28日

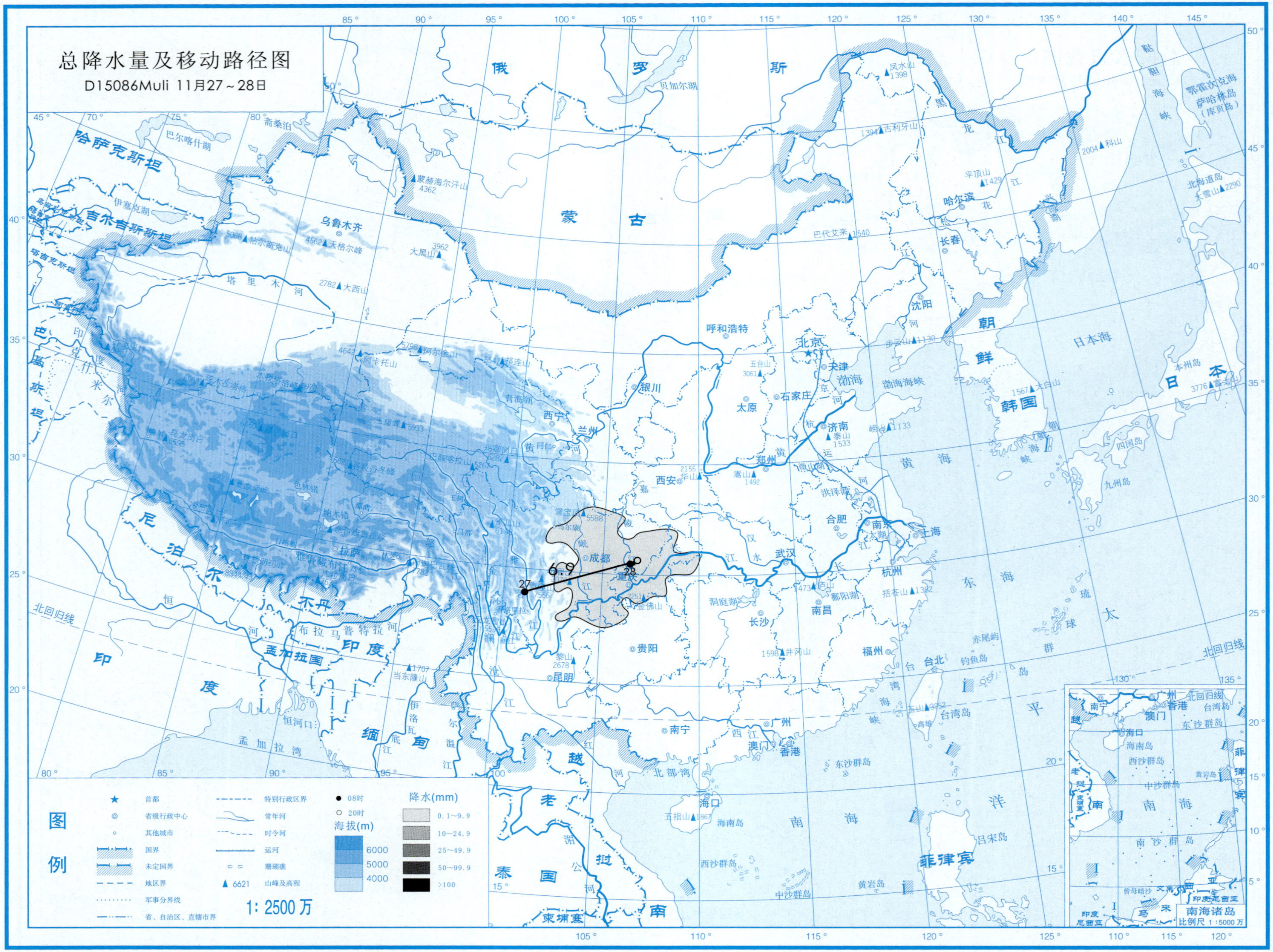

总降水日数图

D15086Muli 11月27～28日

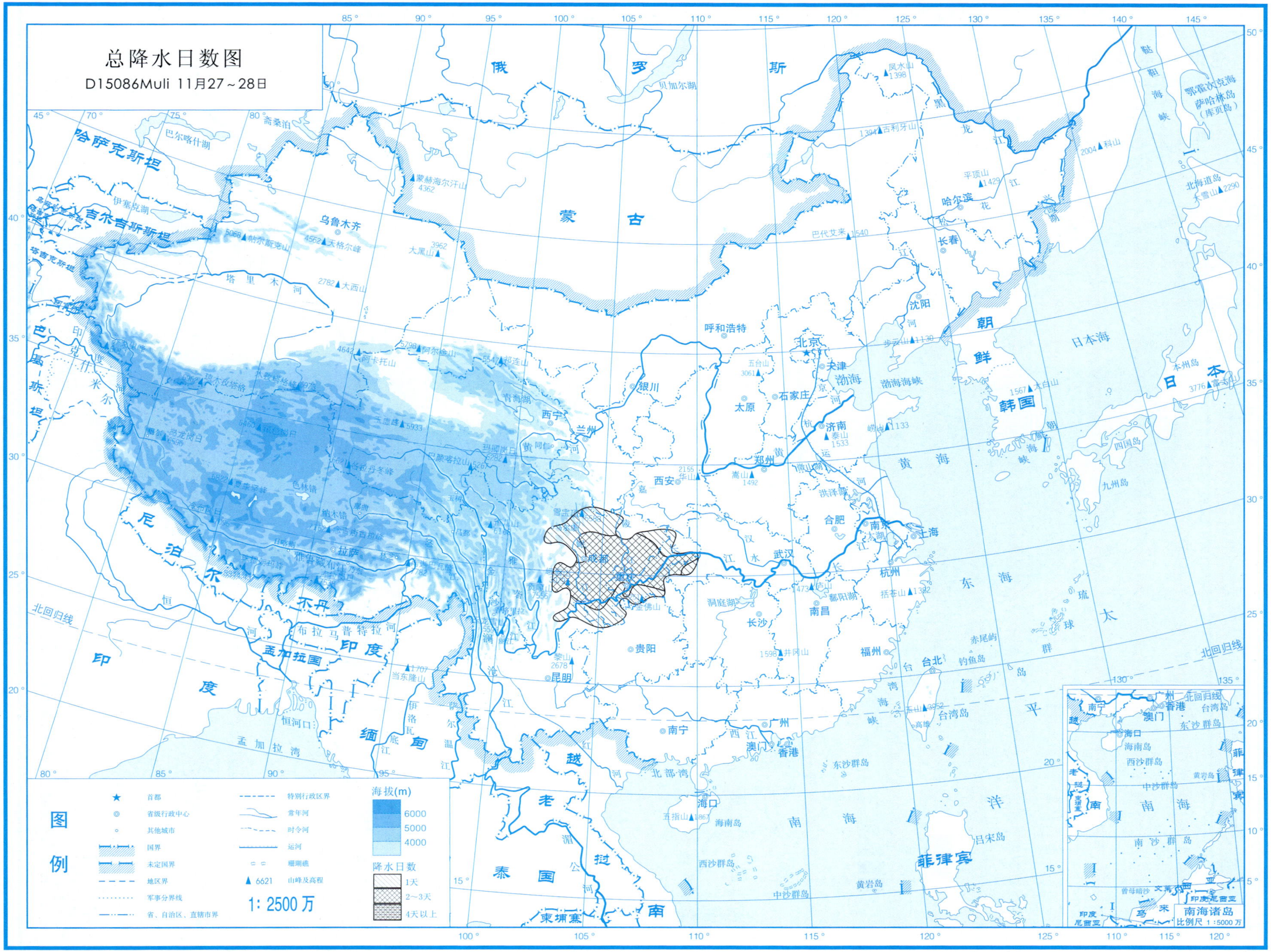

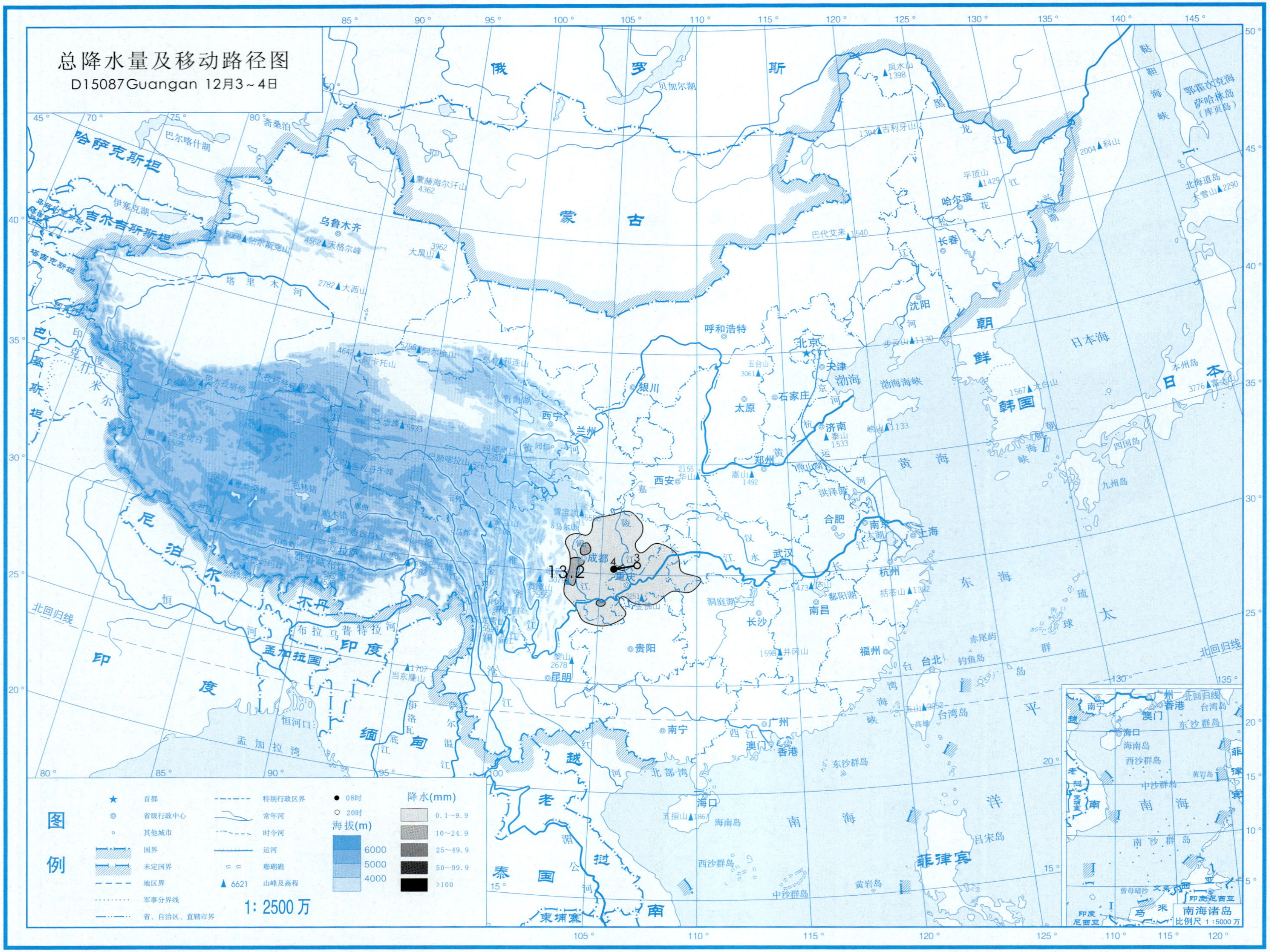
总降水量及移动路径图
D15087Guangan 12月3～4日
13.2
成都
重庆
3
4
图例
首都
省级行政中心
其他城市
国界
未定国界
地区界
军事分界线
省、自治区、直辖市界
特别行政区界
常年河
时令河
运河
珊瑚礁
6621 山峰及高程
● 08时
○ 20时
海拔(m)
6000
5000
4000
降水(mm)
0.1～9.9
10～24.9
25～49.9
50～99.9
>100
1: 2500 万
南海诸岛
比例尺 1 :5000 万

总降水日数图

D15087Guangan 12月3～4日

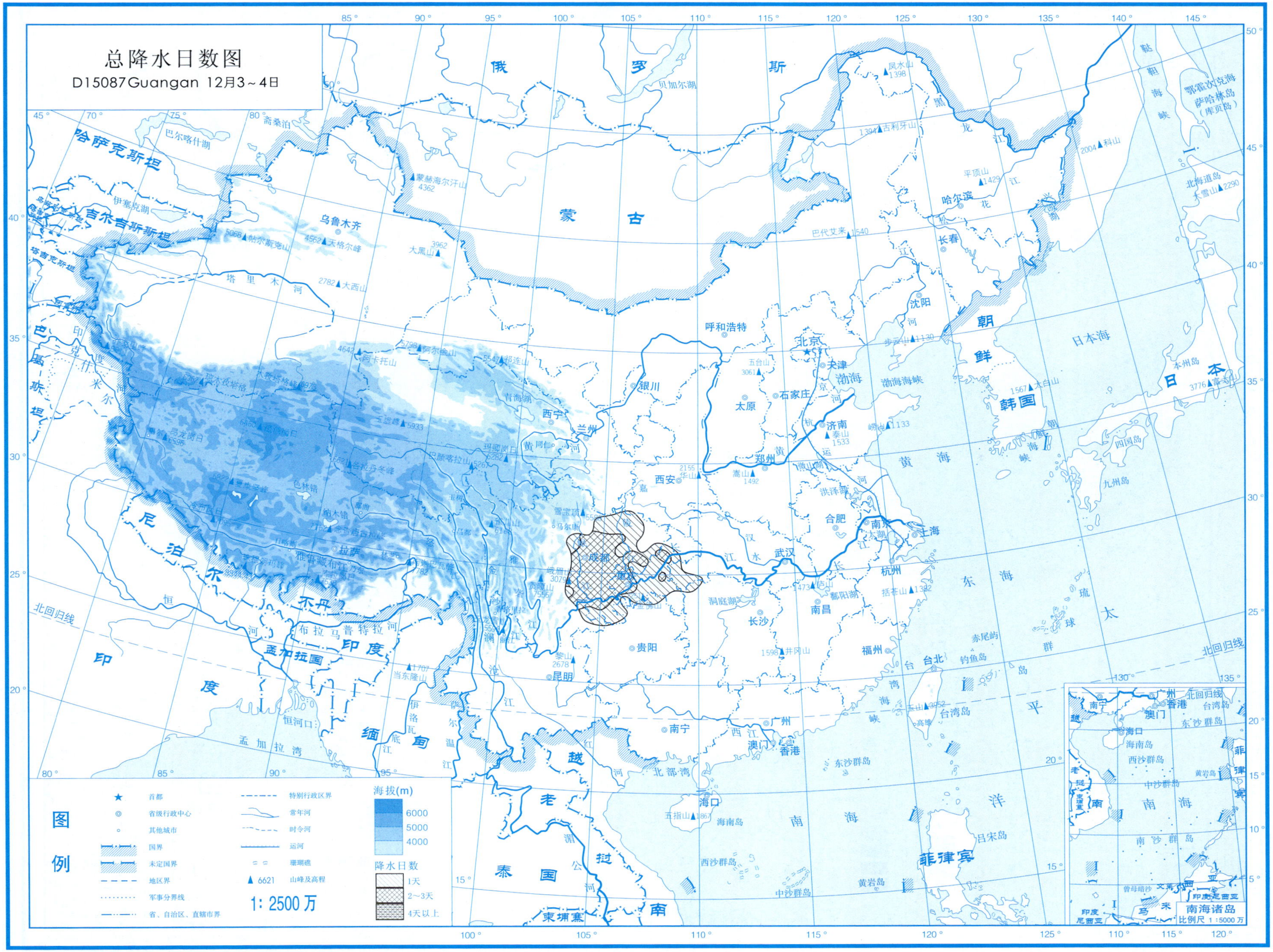

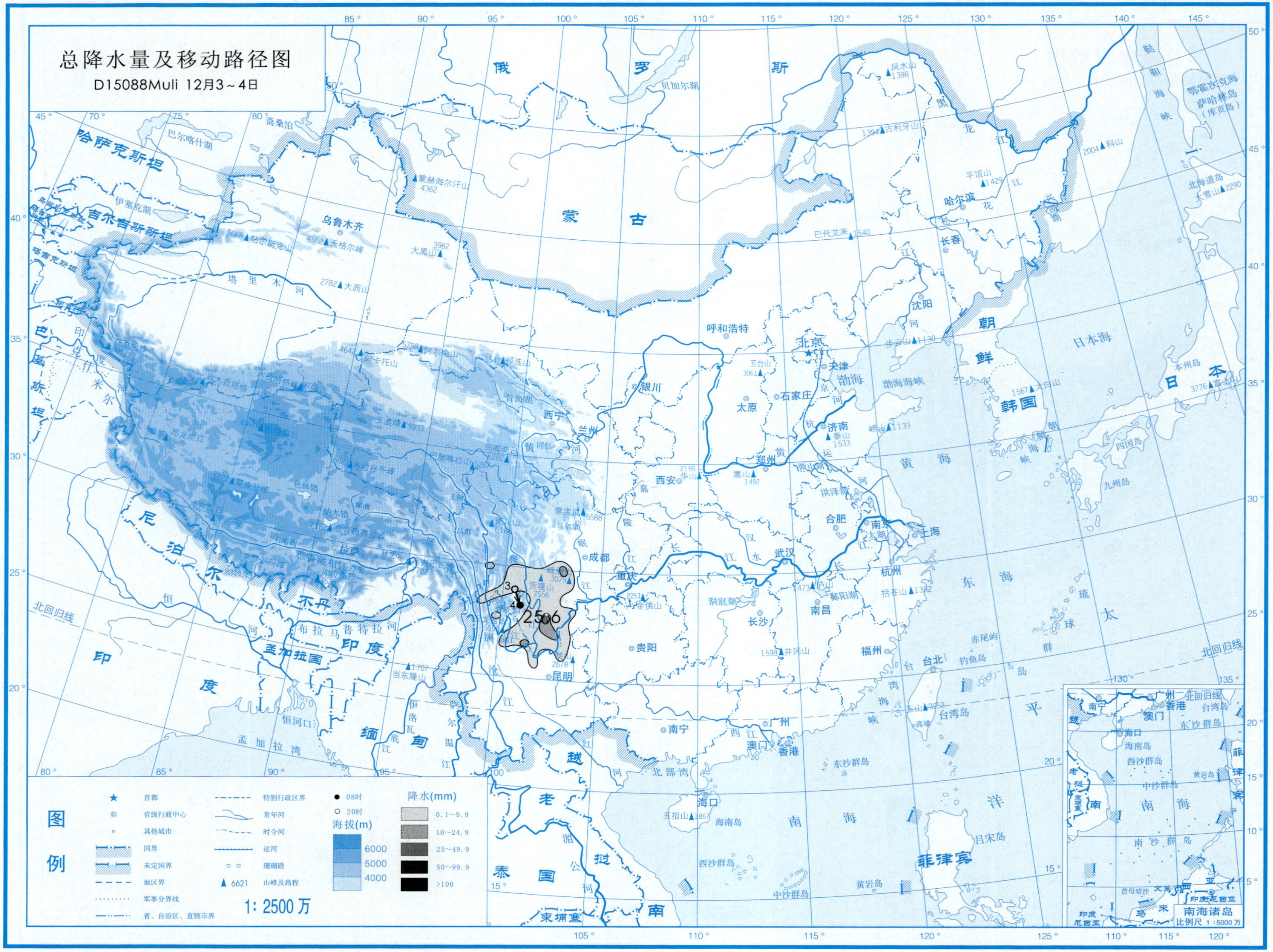
总降水量及移动路径图
D15088Muli 12月3～4日
图例
首都
省级行政中心
其他城市
国界
未定国界
地区界
军事分界线
省、自治区、直辖市界
特别行政区界
常年河
时令河
运河
珊瑚礁
山峰及高程
08时
20时
海拔(m)
6000
5000
4000
降水(mm)
0.1～9.9
10～24.9
25～49.9
50～99.9
>100
1: 2500 万
南海诸岛
比例尺 1:5000 万

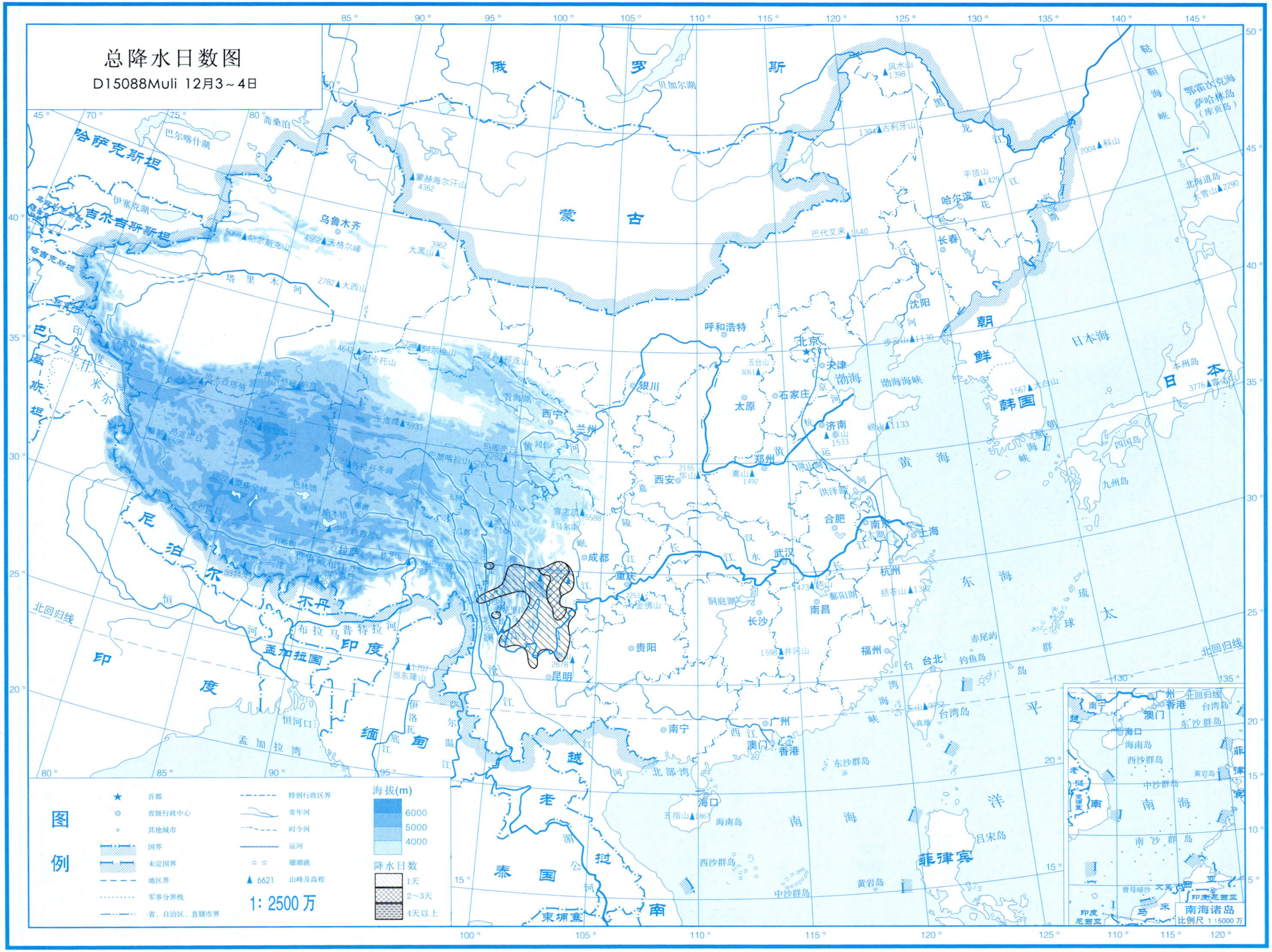
总降水日数图
D15088Muli 12月3～4日
图例
首都
省级行政中心
其他城市
国界
未定国界
地区界
军事分界线
省、自治区、直辖市界
特别行政区界
常年河
时令河
运河
珊瑚礁
6621 山峰及高程
海拔(m)
6000
5000
4000
降水日数
1天
2～3天
4天以上
1: 2500 万
南海诸岛
比例尺 1：5000 万
俄
罗
斯
蒙
古
哈萨克斯坦
吉尔吉斯斯坦
塔吉克斯坦
巴基斯坦
尼泊尔
不丹
孟加拉国
印度
缅甸
泰国
老挝
越南
柬埔寨
朝鲜
韩国
日本
菲律宾
北京
天津
石家庄
太原
呼和浩特
沈阳
长春
哈尔滨
上海
南京
杭州
合肥
福州
南昌
济南
郑州
武汉
长沙
广州
南宁
海口
成都
重庆
贵阳
昆明
拉萨
西安
兰州
西宁
银川
乌鲁木齐
台北
香港
澳门
贝加尔湖
巴尔喀什湖
伊塞克湖
斋桑泊
青海湖
洞庭湖
鄱阳湖
太湖
洪泽湖
日本海
渤海
黄海
东海
南海
太平洋
孟加拉湾
北部湾
台湾海峡
朝鲜海峡
鞑靼海峡
北回归线
海南岛
台湾岛
东沙群岛
西沙群岛
中沙群岛
南沙群岛
黄岩岛
钓鱼岛
赤尾屿
琉球群岛
吕宋岛
本州岛
北海道岛
九州岛
四国岛
萨哈林岛（库页岛）
鄂霍次克海
211

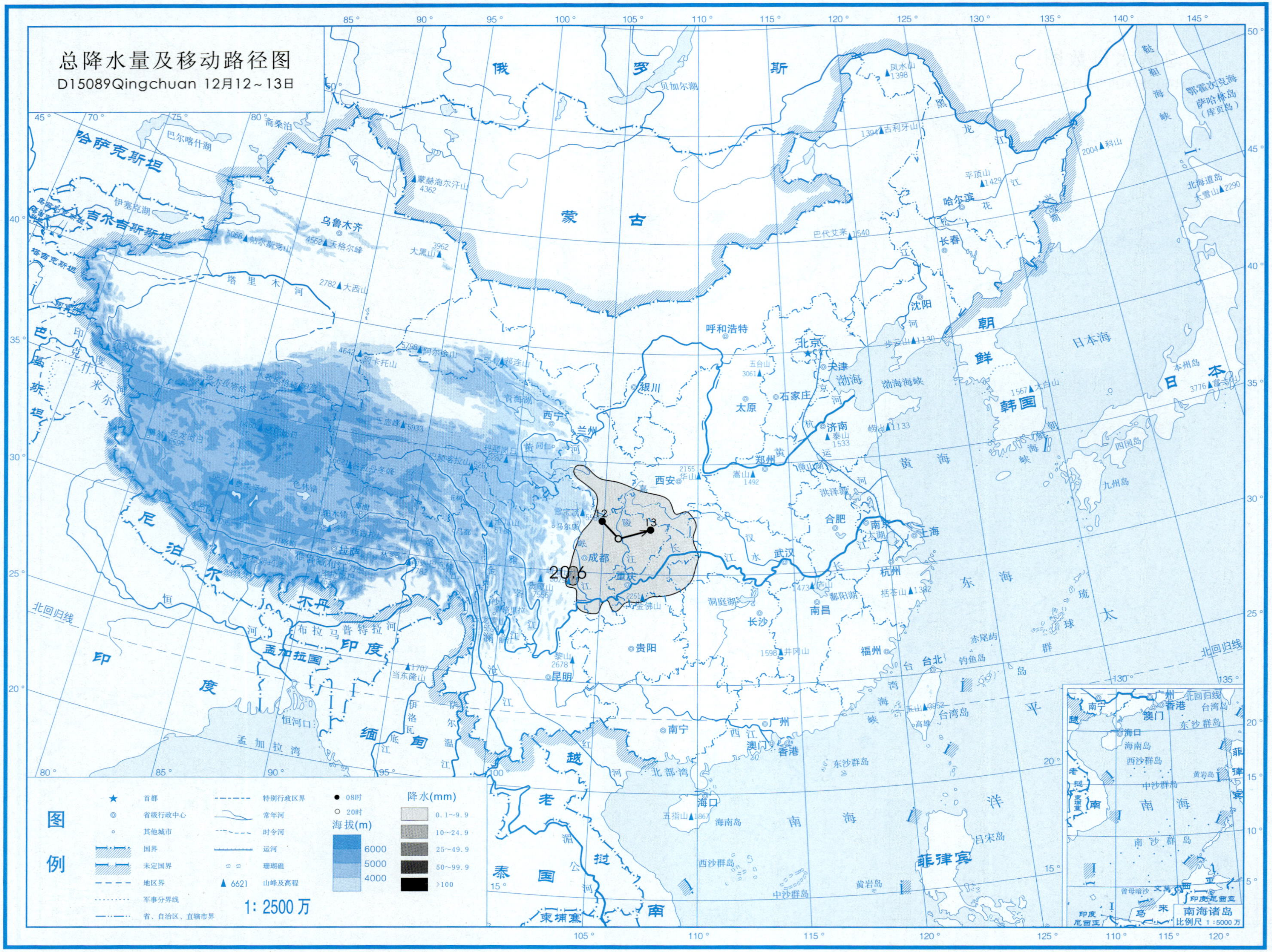
总降水量及移动路径图
D15089Qingchuan 12月12～13日
图例
首都
省级行政中心
其他城市
国界
未定国界
地区界
军事分界线
省、自治区、直辖市界
特别行政区界
常年河
时令河
运河
珊瑚礁
6621 山峰及高程
08时
20时
海拔(m)
6000
5000
4000
降水(mm)
0.1～9.9
10～24.9
25～49.9
50～99.9
>100
1:2500万
12
13
2016
成都
重庆
西安
武汉
北京
上海
南海诸岛
比例尺 1:5000万

总降水日数图

D15089Qingchuan 12月12～13日

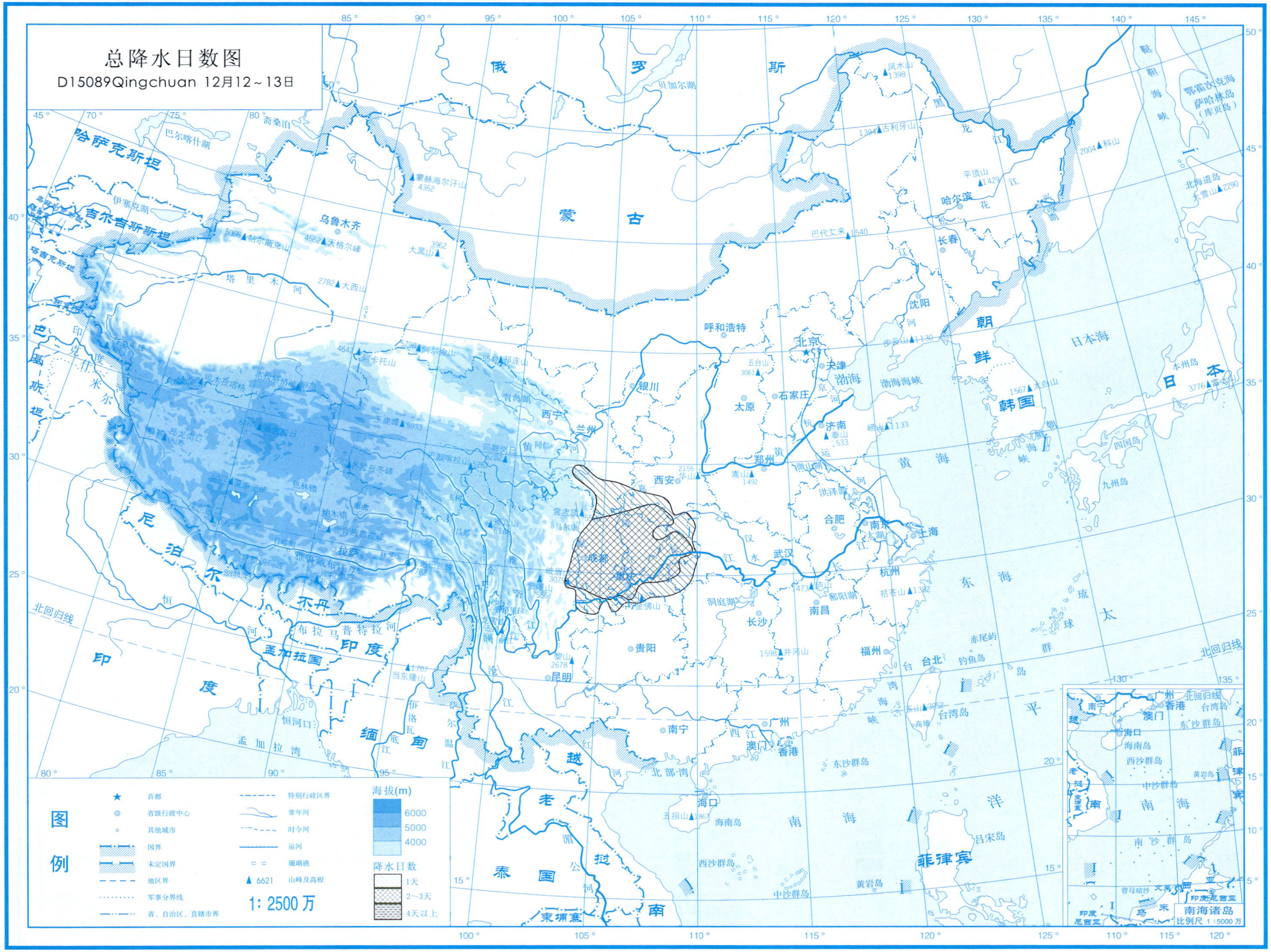

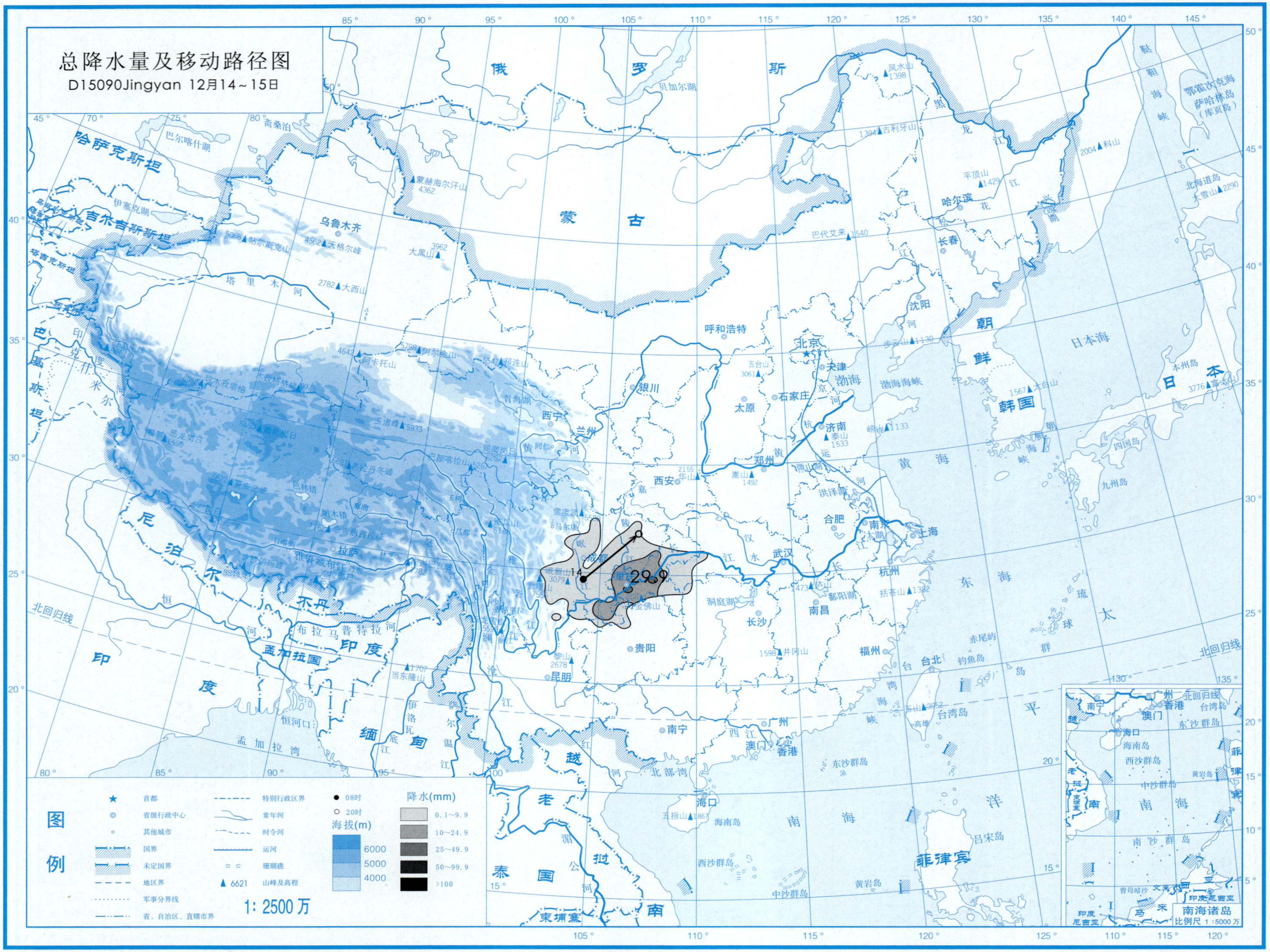
总降水量及移动路径图
D15090Jingyan 12月14～15日
图例
首都
省级行政中心
其他城市
国界
未定国界
地区界
军事分界线
省、自治区、直辖市界
特别行政区界
常年河
时令河
运河
珊瑚礁
6621 山峰及高程
08时
20时
海拔(m)
6000
5000
4000
降水(mm)
0.1～9.9
10～24.9
25～49.9
50～99.9
>100
1：2500万
29.9
南海诸岛
比例尺 1：5000万

总降水日数图

D15090Jingyan 12月14~15日

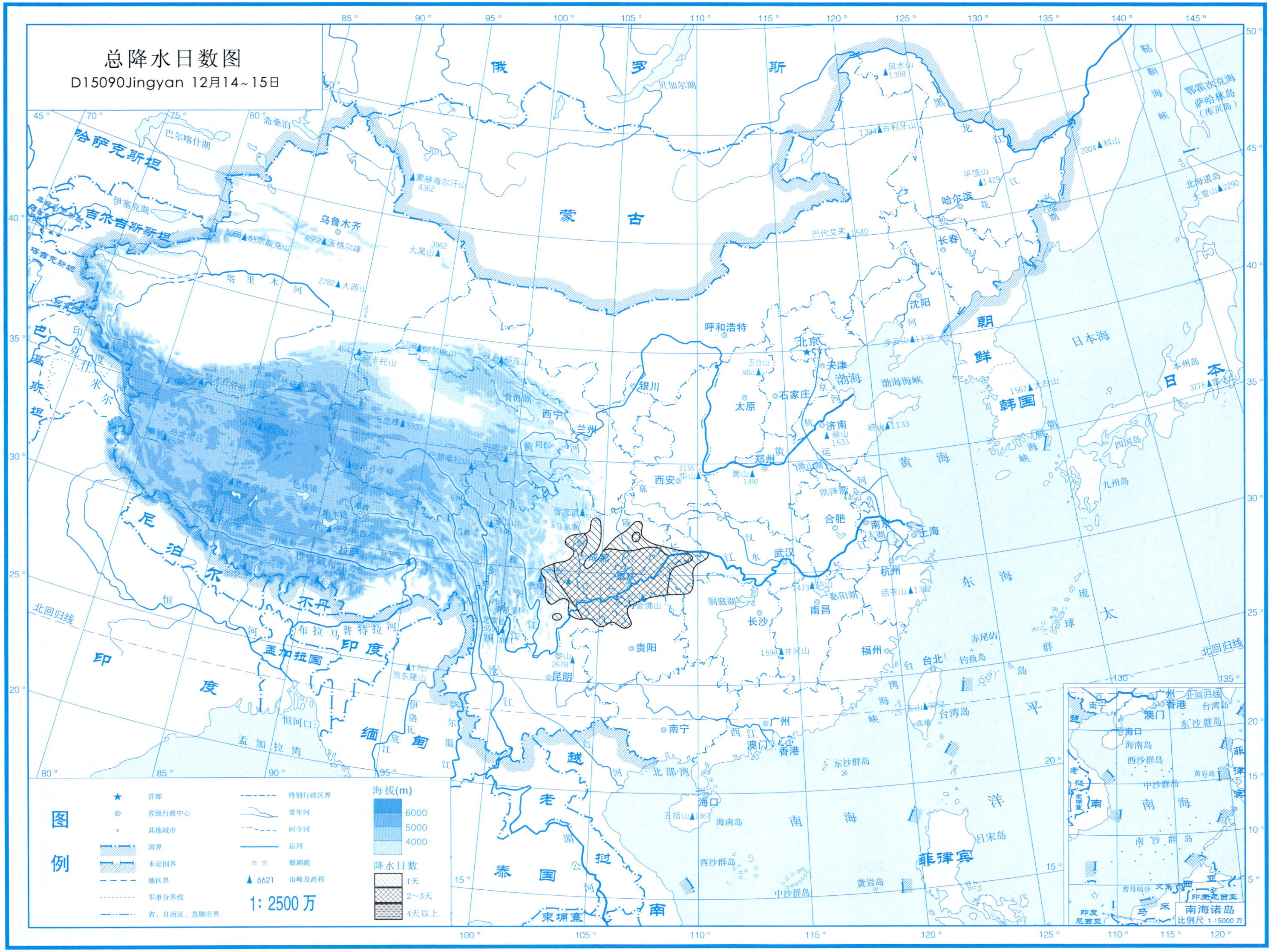

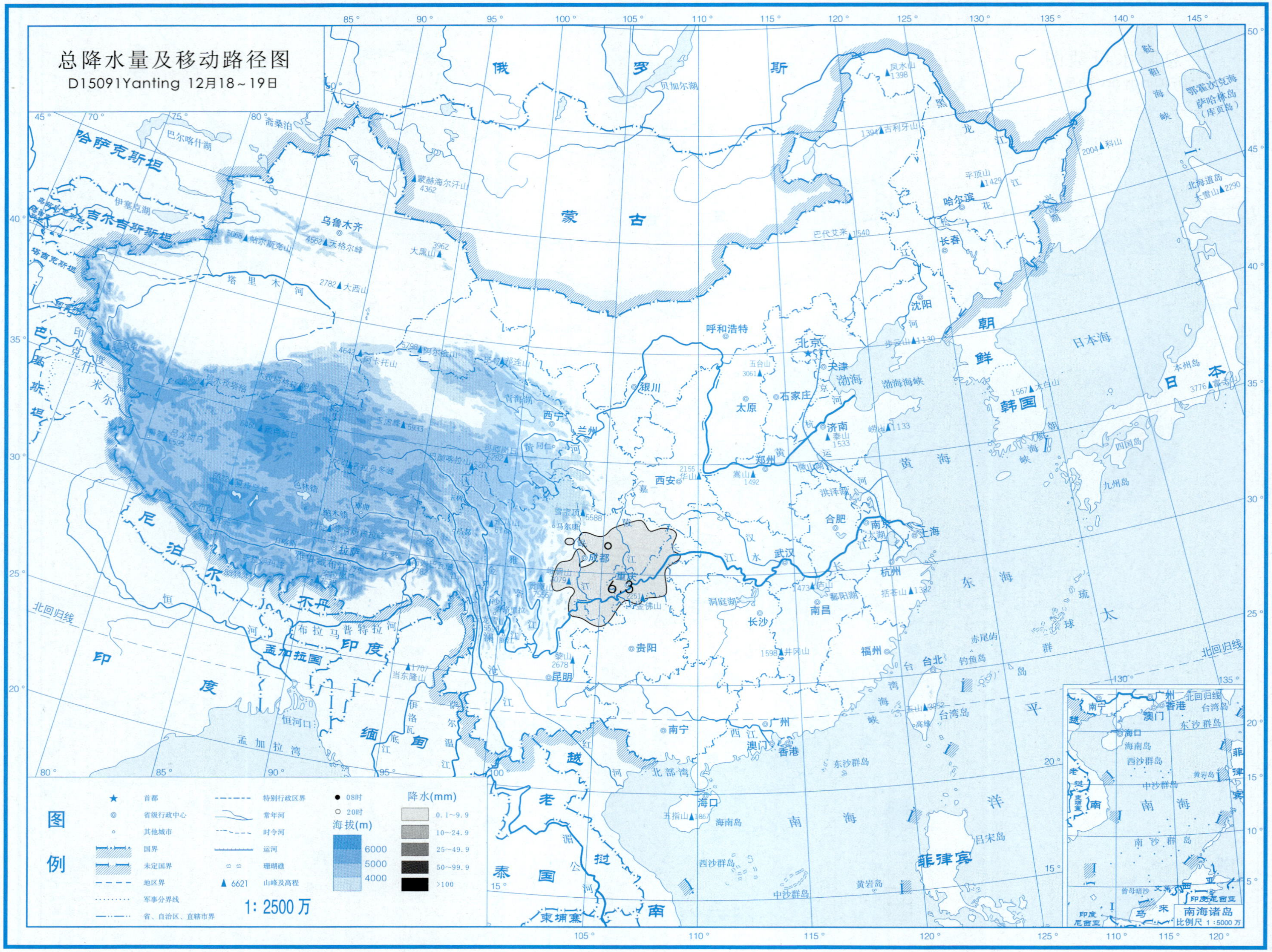
总降水量及移动路径图
D15091Yanting 12月18～19日
6.3
图例
首都
省级行政中心
其他城市
国界
未定国界
地区界
军事分界线
省、自治区、直辖市界
特别行政区界
常年河
时令河
运河
珊瑚礁
6621 山峰及高程
08时
20时
海拔(m)
6000
5000
4000
降水(mm)
0.1～9.9
10～24.9
25～49.9
50～99.9
>100
1: 2500 万
南海诸岛
比例尺 1:5000 万

总降水日数图

D15091Yanting 12月18~19日

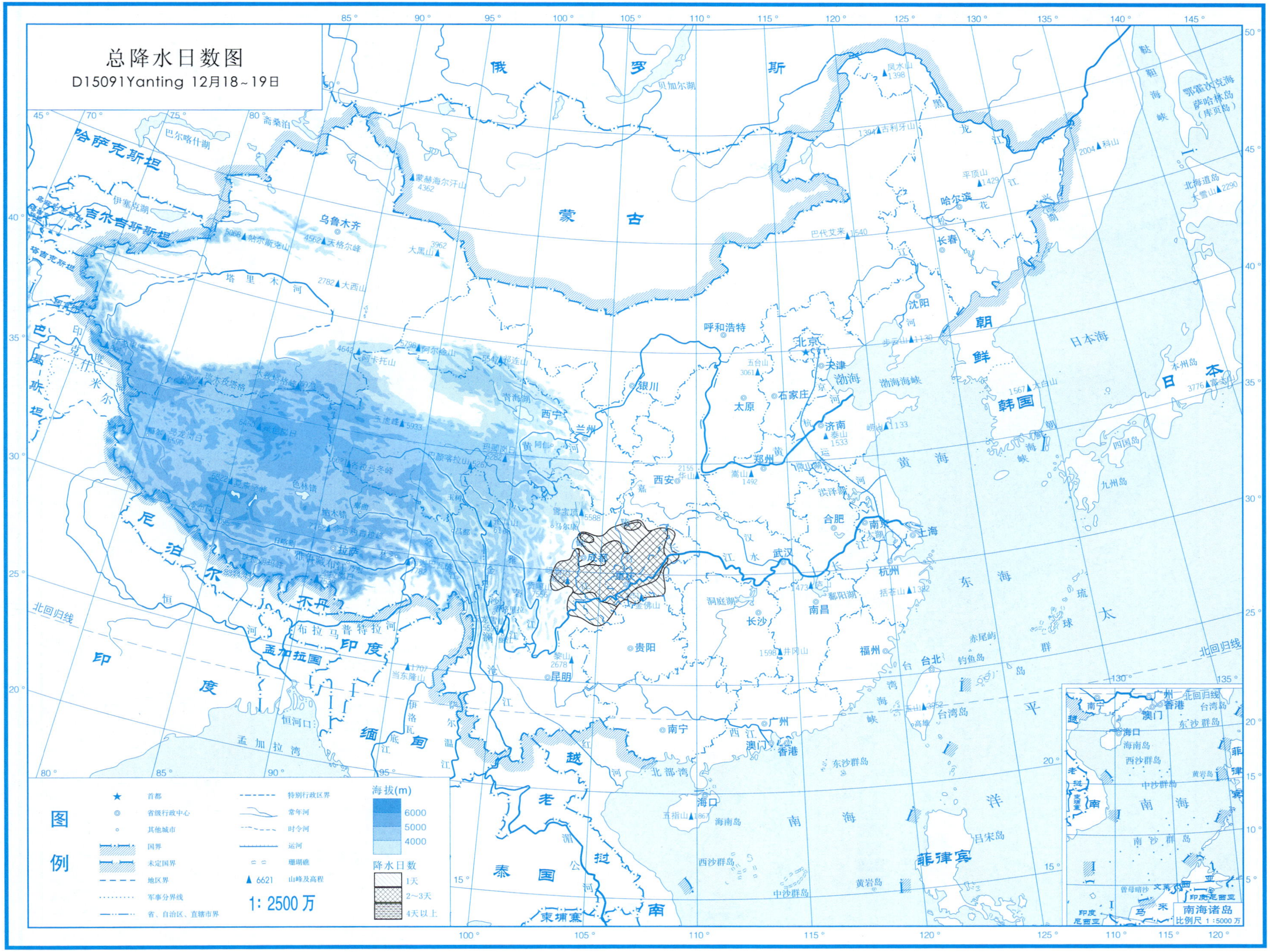

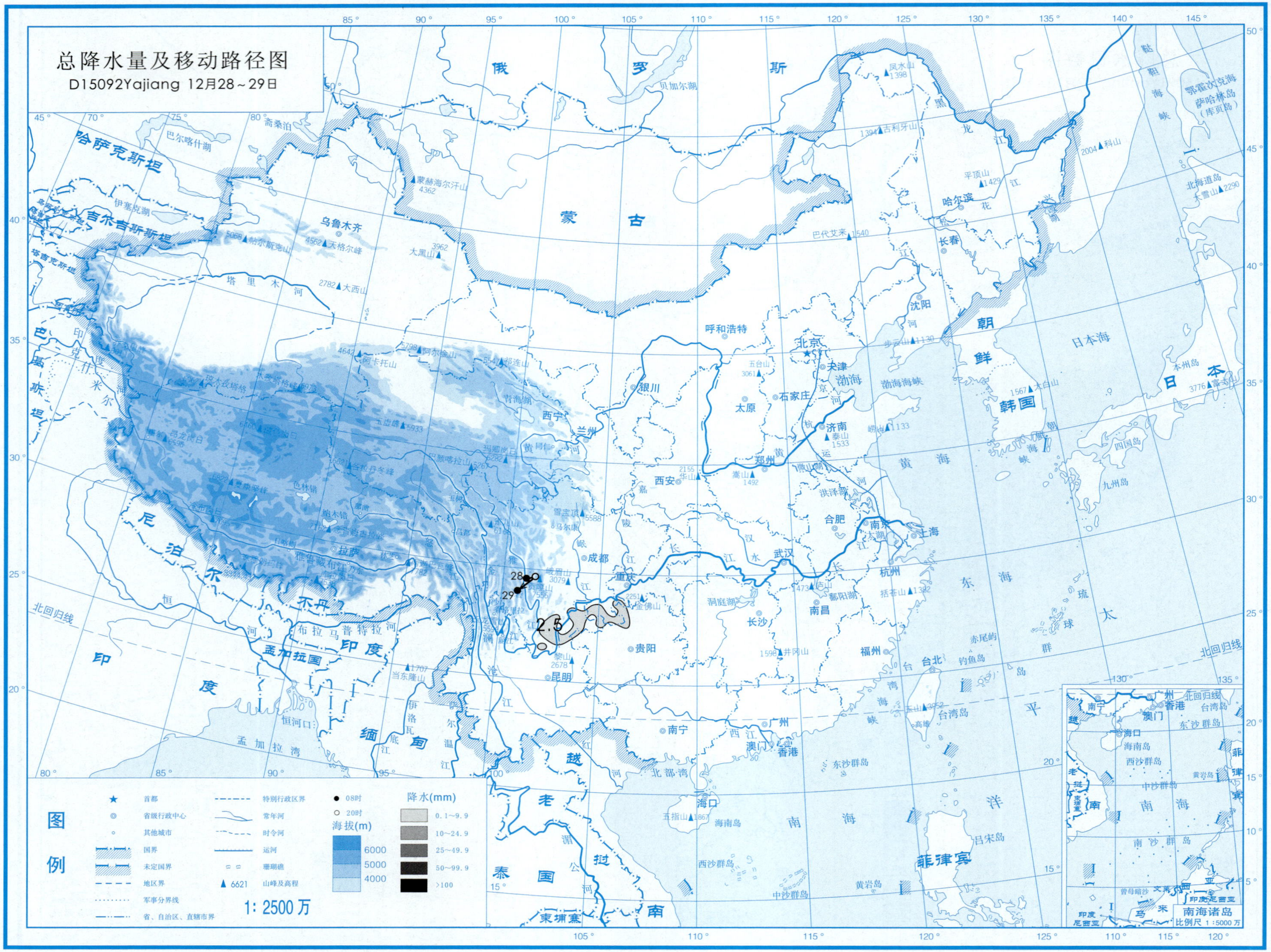
总降水量及移动路径图
D15092Yajiang 12月28～29日
28
29
2.5
图例
首都
省级行政中心
其他城市
国界
未定国界
地区界
军事分界线
省、自治区、直辖市界
特别行政区界
常年河
时令河
运河
珊瑚礁
6621 山峰及高程
08时
20时
海拔(m)
6000
5000
4000
降水(mm)
0.1～9.9
10～24.9
25～49.9
50～99.9
>100
1: 2500万
南海诸岛
比例尺 1:5000万
俄罗斯
蒙古
哈萨克斯坦
吉尔吉斯斯坦
塔吉克斯坦
巴基斯坦
印度
尼泊尔
不丹
孟加拉国
缅甸
老挝
越南
泰国
柬埔寨
菲律宾
朝鲜
韩国
日本
北京
天津
石家庄
太原
呼和浩特
沈阳
长春
哈尔滨
济南
郑州
西安
银川
兰州
西宁
乌鲁木齐
拉萨
成都
重庆
贵阳
昆明
南宁
广州
长沙
武汉
南昌
合肥
南京
上海
杭州
福州
台北
海口
香港
澳门
日本海
渤海
黄海
东海
南海
太平洋
北回归线

总降水日数图

D15092Yajiang 12月28～29日

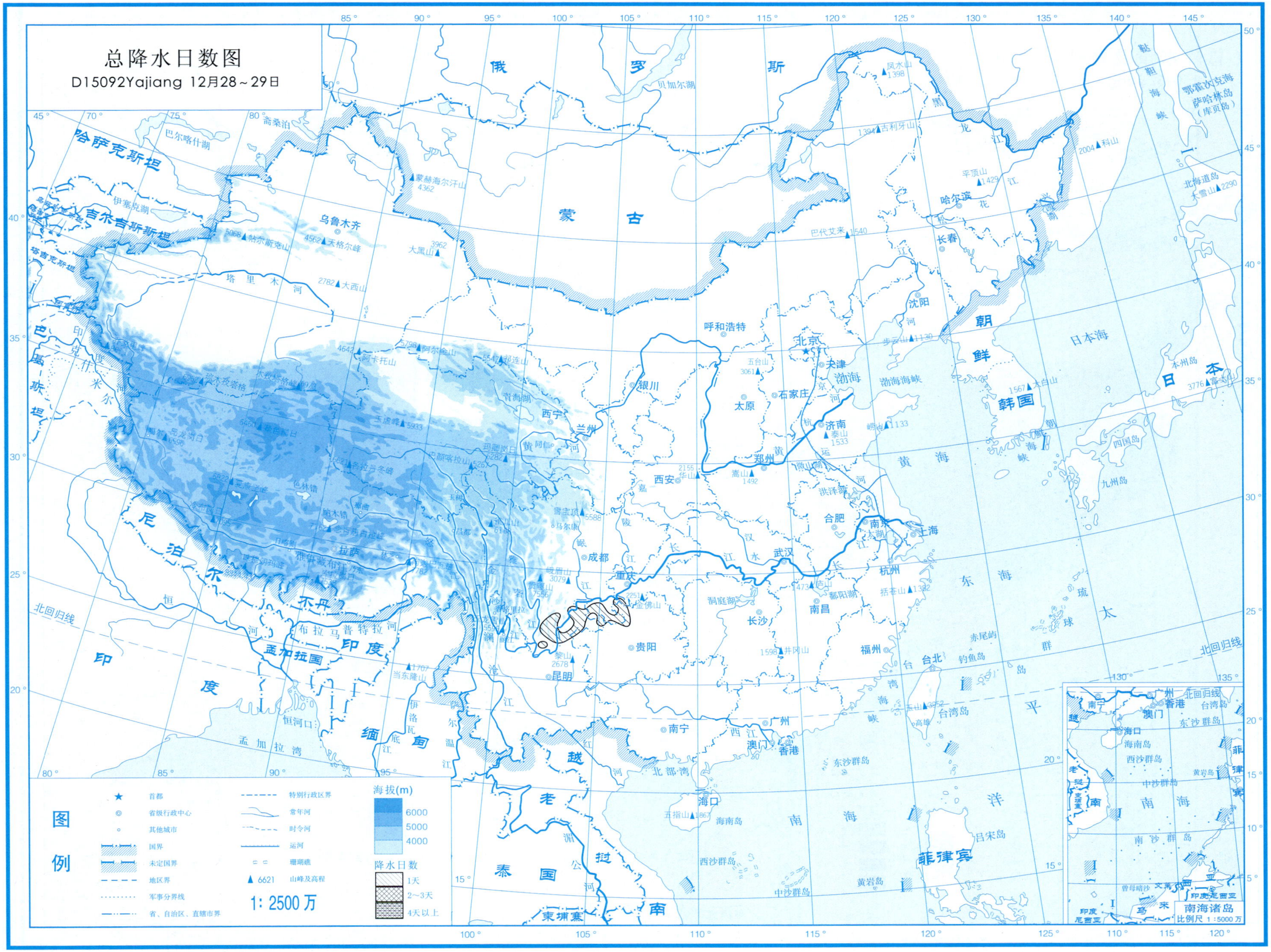

总降水量及移动路径图

D15093Ziyang 12月29～30日

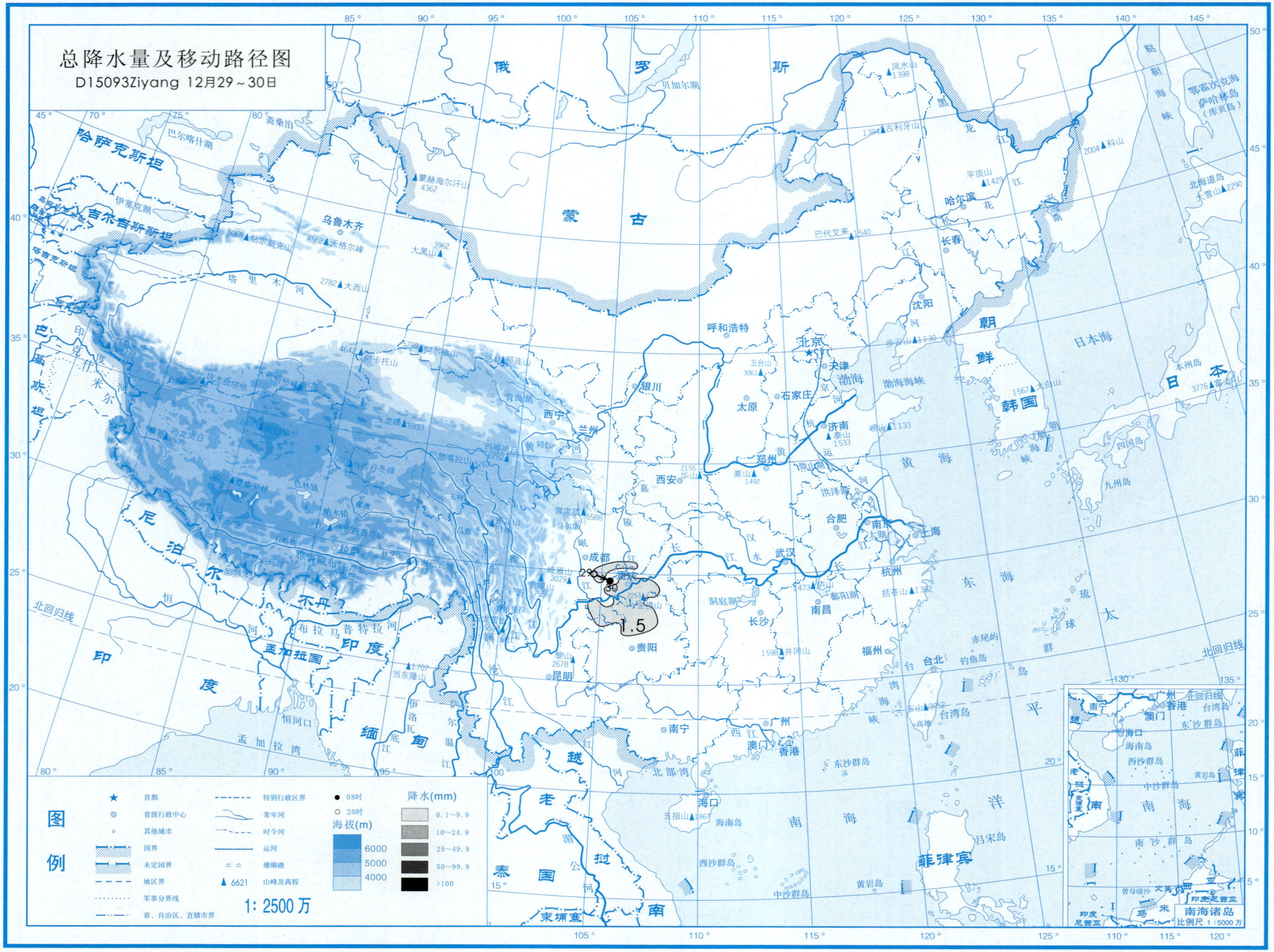

总降水日数图

D15093Ziyang 12月29～30日

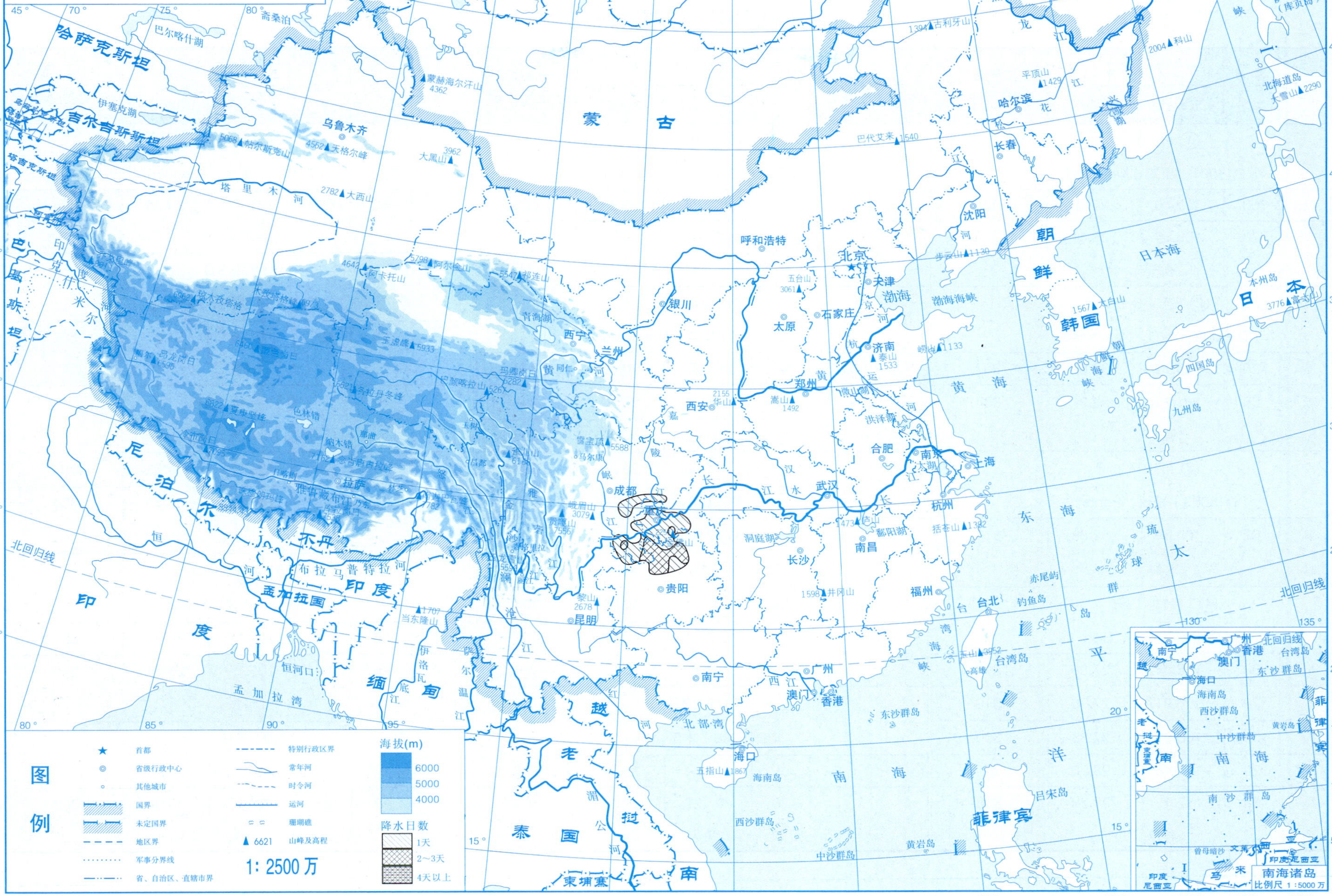

西南低涡中心位置资料表

月	日	时	中心位置		位势高度/位势什米
			东经/(°)	北纬/(°)	
①1月2日					
(D15001)康定，Kangding					
1	2	08	102.40	30.15	308
		20	106.66	28.41	310
消失					
②1月5~6日					
(D15002)南充，Nanchong					
1	5	20	105.79	30.69	303
	6	08	106.21	33.31	304
消失					
③1月8日					
(D15003)蓬溪，Pengxi					
1	8	08	105.69	30.88	310
消失					
④1月11~13日					
(D15004)毕节，Bijie					
1	11	08	105.44	27.56	310
		20	106.91	27.90	310
	12	08	108.05	27.38	309
		20	111.48	28.26	309
	13	08	112.45	27.28	308
消失					
⑤1月24日					
(D15005)康定，Kangding					
1	24	08	102.25	30.25	300
		20	104.07	30.07	304
消失					
⑥2月4~5日					
(D15006)梁平，Liangping					
2	4	08	107.80	30.49	309
		20	105.51	30.50	308
	5	08	106.37	30.35	309
		20	111.80	29.32	308
消失					
⑦2月6日					
(D15007)康定，Kangding					
2	6	08	101.71	30.06	304
		20	102.01	30.59	301
消失					
⑧2月7日					
(D15008)木里，Muli					
2	7	08	101.04	28.74	306
		20	101.27	27.34	307
消失					
⑨2月10日					
(D15010)康定，Kangding					
2	10	20	101.45	29.34	305
消失					
⑩2月13日					
(D15013)西充，Xichong					
2	13	08	105.95	31.07	305
消失					
⑪2月14~15日					
(D15011)南充，Nanchong					
2	14	20	105.78	30.78	300
	15	08	107.68	30.40	304
消失					
⑫2月15~16日					
(D15012)康定，Kangding					
2	15	20	101.11	29.28	303
	16	08	101.15	28.34	309
消失					
⑬2月19日					
(D15019)会理，Huili					
2	19	08	102.45	26.90	309
消失					

西南低涡中心位置资料表（续-1）

月	日	时	中心位置		位势高度/位势什米
			东经/(°)	北纬/(°)	
⑭ 2月25日（D15014）蓬安，Pengan					
2	25	08	106.49	31.23	302
		20	106.54	31.28	302
消失					
⑮ 3月6日（D15015）雅江，Yajiang					
3	6	20	101.06	30.40	300
消失					
⑯ 3月7日（D15016）苍溪，Cangxi					
3	7	20	106.06	32.05	301
消失					
⑰ 3月8~9日（D15017）松潘，Songpan					
3	8	20	103.37	32.88	307
	9	08	103.29	29.81	309
		20	105.15	30.34	310
消失					
⑱ 3月11日（D15018）康定，Kangding					
3	11	20	101.63	29.88	308
消失					
⑲ 3月12~14日（D15019）丹巴，Danba					
3	12	20	101.87	31.03	304
	13	08	106.24	31.31	306
		20	102.66	29.21	306
	14	08	105.57	30.31	309
消失					
⑳ 3月14日（D15020）绵阳，Mianyang					
3	14	20	104.99	31.51	307
消失					
㉑ 3月18~19日（D15021）松潘，Songpan					
3	18	20	103.54	32.76	303
	19	08	105.57	32.11	304
消失					
㉒ 3月20日（D15022）苍溪，Cangxi					
3	20	08	105.85	31.97	309
消失					
㉓ 3月22~23日（D15023）康定，Kangding					
3	22	20	101.63	29.53	308
	23	08	101.66	26.19	312
消失					
㉔ 3月28~29日（D15024）九龙，Jiulong					
3	28	20	101.42	28.71	308
	29	08	106.72	30.87	308
消失					

西南低涡中心位置资料表（续-2）

月	日	时	中心位置		位势高度/位势什米
			东经/(°)	北纬/(°)	
㉕ 4月4~7日					
（D15025）北川，Beichuan					
4	4	20	104.54	31.88	300
	5	08	106.74	31.38	305
		20	105.95	31.11	305
	6	08	105.48	31.69	305
		20	107.30	32.18	308
	7	08	109.38	31.43	309
消失					
㉖ 4月9日					
（D15026）木里，Muli					
4	9	08	101.61	28.29	306
		20	102.42	27.49	308
消失					
㉗ 4月11日					
（D15027）南充，Nanchong					
4	11	08	106.12	30.94	312
消失					
㉘ 4月14~15日					
（D15028）旺苍，Wangcang					
4	14	20	106.31	32.43	307
	15	08	111.82	31.74	305
消失					
㉙ 4月17~19日					
（D15029）南充，Nanchong					
4	17	20	106.24	30.75	302
	18	08	105.91	32.57	302
		20	107.77	32.44	304
	19	08	111.21	32.69	303
消失					
㉚ 4月19日					
（D15030）康定，Kangding					
4	19	20	101.56	30.00	308
消失					
㉛ 4月21~22日					
（D15031）木里，Muli					
4	21	08	100.80	28.03	309
		20	99.78	26.63	307
	22	08	100.32	27.63	307
消失					
㉜ 4月25日					
（D15032）理县，Lixian					
4	25	20	103.06	31.55	312
消失					
㉝ 4月26~28日					
（D15033）康定，Kangding					
4	26	20	101.61	29.66	310
	27	08	106.30	28.62	311
		20	103.89	28.18	311
	28	08	104.08	28.09	311
消失					
㉞ 4月30日~5月1日					
（D15034）康定，Kangding					
4	30	20	101.76	30.19	301
5	1	08	106.83	30.66	304
		20	111.50	32.50	304
消失					
㉟ 5月2日					
（D15035）木里，Muli					
5	20	08	100.88	28.85	309
消失					

西南低涡中心位置资料表（续-3）

月	日	时	中心位置		位势高度/位势什米
			东经/(°)	北纬/(°)	
㊱5月3~4日（D15036）遂宁，Suining					
5	3	08	105.69	30.62	309
		20	107.31	30.64	310
	4	08	108.62	31.21	310
消失					
㊲5月6~7日（D15037）九龙，Jiulong					
5	6	08	101.46	28.69	308
		20	100.64	28.85	306
	7	08	100.92	28.04	309
		20	101.36	29.04	306
消失					
㊳5月10~11日（D15038）盐源，Yanyuan					
5	10	20	101.45	27.45	307
	11	08	101.00	25.40	312
消失					

月	日	时	中心位置		位势高度/位势什米
			东经/(°)	北纬/(°)	
㊴5月11~12日（D15039）松潘，Songpan					
5	11	20	103.91	32.26	308
	12	08	103.43	32.74	309
		20	105.44	31.46	307
消失					
㊵5月19~20日（D15040）九龙，Jiulong					
5	19	08	101.53	28.92	308
		20	106.30	27.37	308
	20	08	108.02	26.20	309
		20	108.45	25.31	310
	21	08	115.00	27.12	311
		20	115.60	27.68	311
消失					

月	日	时	中心位置		位势高度/位势什米
			东经/(°)	北纬/(°)	
㊶5月22~24日（D15041）万源，Wanyuan					
5	22	08	107.70	31.87	307
		20	106.83	30.64	308
	23	08	107.50	29.83	308
		20	107.86	28.42	308
	24	08	107.71	29.88	308
消失					
㊷5月27日（D15042）康定，Kangding					
5	27	08	101.19	29.25	307
消失					
㊸5月28日（D15043）康定，Kangding					
5	28	08	101.59	29.87	305
		20	106.35	31.69	305
消失					
㊹5月29~30日（D15044）木里，Muli					
5	29	20	100.66	28.41	308
	30	08	102.49	27.22	312
消失					

西南低涡中心位置资料表（续-4）

月	日	时	中心位置		位势高度/位势什米
			东经/(°)	北纬/(°)	
㊺ 5月31日~6月3日					
（D15045）金堂，Jintang					
5	31	20	104.51	30.78	304
6	1	08	106.26	30.64	305
		20	106.02	30.17	307
	2	08	106.19	31.06	307
		20	106.02	31.67	309
	3	08	106.83	31.89	311
消失					
㊻ 6月4~5日					
（D15046）盐源，Yanyuan					
6	4	20	101.27	27.46	310
	5	08	99.11	27.87	309
消失					
㊼ 6月5~7日					
（D15047）平武，Pingwu					
6	5	20	104.51	32.41	308
	6	08	105.80	33.13	308
		20	106.57	30.45	308
	7	08	106.26	31.40	307
		20	112.15	31.83	308
消失					

月	日	时	中心位置		位势高度/位势什米
			东经/(°)	北纬/(°)	
㊽ 6月8日					
（D15048）盐源，Yanyuan					
6	8	20	101.14	27.55	308
消失					
㊾ 6月12~14日					
（D15049）峨边，Ebian					
6	12	20	103.04	29.14	308
	13	08	107.17	31.76	308
		20	106.47	28.51	307
	14	08	105.68	30.46	309
		20	105.89	32.13	308
消失					
㊿ 6月14日					
（D15050）木里，Muli					
6	14	08	101.21	28.25	306
消失					
(51) 6月17日					
（D15051）九龙，Jiulong					
6	17	08	101.49	28.92	306
		20	101.12	28.56	307
消失					

月	日	时	中心位置		位势高度/位势什米
			东经/(°)	北纬/(°)	
(52) 6月18~20日					
（D15052）丽江，Lijiang					
6	18	20	100.00	26.73	308
	19	08	100.27	27.61	306
		20	100.72	28.63	302
	20	08	101.45	28.20	310
消失					
(53) 6月21~23日					
（D15053）木里，Muli					
6	21	20	100.93	28.89	308
	22	08	100.71	30.21	307
		20	102.40	30.34	305
	23	08	101.22	29.26	304
消失					
(54) 6月28日					
（D15054）松潘，Songpan					
6	10	08	27.42	101.23	306
消失					

西南低涡中心位置资料表（续-5）

月	日	时	中心位置		位势高度/位势什米
			东经/(°)	北纬/(°)	
⑮ 6月29~30日（D15055）丹棱，Danling					
6	29	20	103.40	30.06	308
	30	08	106.59	31.19	307
消失					
⑯ 6月30日（D15056）九龙，Jiulong					
6	30	08	101.43	28.97	309
消失					
⑰ 7月2日（D15057）德昌，Dechang					
7	2	08	101.12	27.13	308
		20	102.21	27.00	305
消失					
⑱ 7月2~3日（D15058）武胜，Wusheng					
7	2	20	106.31	30.38	308
	3	08	105.97	30.62	308
		20	107.04	30.47	308
消失					
⑲ 7月8~9日（D15059）康定，Kangding					
7	8	20	101.74	30.28	308
	9	08	101.45	27.54	310
消失					
⑳ 7月13~17日（D15060）康定，Kangding					
7	13	20	101.33	29.40	307
	14	08	101.69	29.44	307
		20	106.94	30.37	306
	15	08	109.29	31.43	306
		20	112.95	31.25	306
	16	08	113.98	32.37	306
		20	116.24	31.97	306
	17	08	115.84	31.67	307
		20	115.05	31.15	307
消失					
(61) 7月21~23日（D15061）丹巴，Danba					
7	21	20	101.40	30.94	310
	22	08	106.85	30.55	308
		20	108.10	29.53	309
	23	08	112.06	30.04	309
消失					
(62) 7月30日（D15062）康定，Kangding					
7	3	20	101.13	29.34	310
消失					
(63) 8月6日（D15063）潼南，Tongnan					
8	6	08	106.01	30.37	311
		20	105.47	29.82	312
消失					
(64) 8月13日（D15064）木里，Muli					
8	13	08	100.86	28.58	311
消失					

西南低涡中心位置资料表（续-6）

月	日	时	中心位置		位势高度/位势什米
			东经/(°)	北纬/(°)	
⑥⑤ 8月15~20日					
（D15065）丹巴，Danba					
8	15	20	101.71	30.71	304
	16	08	101.82	31.05	308
		20	105.02	31.49	311
	17	08	105.63	30.45	310
		20	105.14	30.20	309
	18	08	106.06	31.21	309
		20	106.04	30.66	310
	19	08	112.15	31.73	312
		20	114.01	31.95	312
	20	08	118.71	33.73	312
消失					
⑥⑥ 8月17日					
（D15066）木里，Muli					
8	17	08	100.82	28.85	309
消失					
⑥⑦ 8月25~26日					
（D15067）古蔺，Gulin					
8	25	08	105.92	28.01	310
		20	106.42	27.78	311
	26	08	105.80	28.74	312
消失					
⑥⑧ 8月26~29日					
（D15068）丽江，Lijiang					
8	26	08	99.84	26.64	310
		20	101.16	29.44	306
	27	08	101.80	28.99	311
		20	106.51	27.74	311
	28	08	105.03	25.45	311
		20	106.09	25.14	310
	29	08	105.19	23.80	310
消失					
⑥⑨ 8月31日					
（D15069）康定，Kangding					
8	31	08	101.45	29.47	310
消失					
⑦⓪ 9月2~3日					
（D15070）雅江，Yajiang					
9	2	08	101.17	29.67	309
		20	101.04	30.40	305
	3	08	101.50	29.29	311
消失					
⑦① 9月5~6日					
（D15071）康定，Kangding					
9	5	08	101.17	29.41	312
		20	106.80	28.12	313
	6	08	106.18	26.78	312
消失					
⑦② 9月7~8日					
（D15072）雅江，Yajiang					
9	7	20	100.98	29.42	304
	8	08	100.93	29.65	309
消失					
⑦③ 9月9日					
（D15073）雅江，Yajiang					
9	9	08	100.98	29.17	310
消失					

西南低涡中心位置资料表（续-7）

月	日	时	中心位置		位势高度/位势什米
			东经/(°)	北纬/(°)	
⑭ 9月16~17日（D15074）木里，Muli					
9	16	08	100.68	28.66	310
		20	101.21	29.12	306
	17	08	106.67	32.02	313
消失					
⑮ 9月19~21日（D15075）西充，Xichong					
9	19	08	105.80	31.11	313
		20	112.35	29.70	312
	20	08	117.35	29.62	311
		20	118.12	29.83	311
	21	08	117.98	29.61	312
消失					
⑯ 9月21~22日（D15076）木里，Muli					
9	21	20	101.09	28.41	302
	22	08	100.92	28.91	310
消失					
⑰ 9月23~24日（D15077）彭山，Pengshan					
9	23	20	103.93	30.29	306
	24	08	107.50	31.95	306
		20	108.32	31.86	308
消失					
⑱ 9月25~26日（D15078）盐亭，Yanting					
9	25	08	105.52	31.19	309
		20	106.22	31.31	309
	26	20	105.96	31.11	310
消失					
⑲ 9月27日（D15079）木里，Muli					
9	27	08	100.84	28.96	310
消失					
⑳ 10月22日（D15080）康定，Kangding					
10	22	08	101.82	29.86	312
		20	103.85	32.30	311
消失					
㉑ 10月22日（D15081）苍溪，Cangxi					
10	26	08	106.19	32.01	312
消失					
㉒ 10月27日（D15082）雅江，Yajiang					
10	27	08	101.02	29.51	311
		20	104.03	32.31	309
消失					
㉓ 11月14~15日（D15083）西充，Xichong					
11	14	20	105.78	31.18	304
	15	08	110.43	33.01	306
消失					
㉔ 11月17~18日（D15084）康定，Kangding					
11	17	20	101.07	29.17	305
	18	08	101.86	29.53	310
消失					

西南低涡中心位置资料表（续-8）

月	日	时	中心位置		位势高度/位势什米
			东经/(°)	北纬/(°)	
㊁85 11月19日 （D15085）安岳，Anyue					
11	19	08	105.45	29.95	311
消失					
86 11月27~28日 （D15086）木里，Muli					
11	27	08	101.09	28.98	307
		20	106.78	30.67	308
	28	08	106.45	30.55	309
消失					
87 12月3~4日 （D15087）广安，Guangan					
12	3	20	106.90	30.46	311
	4	08	105.74	30.27	311
消失					
88 12月3~4日 （D15088）木里，Muli					
12	3	20	100.65	28.98	305
	4	08	100.96	28.33	308
消失					
89 12月12~13日 （D15089）青川，Qingchuan					
12	12	08	104.95	32.36	301
		20	105.82	31.57	303
	13	08	107.48	32.05	305
消失					
90 12月14日 （D15090）井研，Jingyan					
12	14	08	104.15	29.68	306
		20	106.95	31.89	306
消失					
91 12月18日 （D15091）盐亭，Yanting					
12	18	20	105.25	31.27	306
消失					
92 12月28~29日 （D15092）雅江，Yajiang					
12	28	08	101.20	29.63	312
		20	101.66	29.72	308
	29	08	100.83	28.99	312
消失					
93 12月29~30日 （D15093）资阳，Ziyang					
12	29	20	104.60	29.98	312
	30	08	105.41	29.66	313
消失					